A CURA ESPONTÂNEA PELA CRENÇA

GREGG BRADEN

Autor dos *best-sellers A Matriz Divina, O Código de Deus*
e de *Os Códigos de Sabedoria*

A CURA ESPONTÂNEA PELA CRENÇA

QUEBRE O PARADIGMA DOS FALSOS LIMITES MATERIALISTAS DA CONSCIÊNCIA E CRIE VERDADEIROS MILAGRES EM SUA VIDA

Tradução
Newton Roberval Eichemberg

Editora
Cultrix
SÃO PAULO

Título do original: *The Spontaneous Healing of Belief.*

Publicado originalmente em 2009 por Hay House Inc.

1ª edição 2023./1ª reimpressão 2024.

Sou muito grato pela permissão por reproduzir um trecho de The Illuminated Rumi, traduções e comentário por Coleman Barks, Copyright © 1997. Reproduzido por cortesia da Broadway Books, divisão da Random House, Inc.

Agradecimentos adicionais pelas ilustrações licenciadas do acervo de imagens da Dreamstime, membro da P.A.C.A. e da C.E.P.I.C.

Editor: Adilson Silva Ramachandra
Gerente editorial: Roseli de S. Ferraz
Gerente de produção editorial: Indiara Faria Kayo
Editoração eletrônica: Ponto Inicial Design Gráfico
Revisão: Marcela Vaz

Dados Internacionais de Catalogação na Publicação (CIP)
(Câmara Brasileira do Livro, SP, Brasil)

Braden, Gregg

A cura espontânea pela crença : quebre o paradigma dos falsos limites materialistas da consciência e crie verdadeiros milagres em sua vida / Gregg Braden ; tradução Newton Roberval Eichemberg. – 1. ed. – São Paulo : Editora Cultrix, 2023.

Título original: The Spontaneous Healing of Belief.

ISBN 978-65-5736-238-9

1. Contágio (Psicologia social) 2. Crença e dúvida 3. Falácias comuns I. Título.

23-145709 CDD-299.935

Índices para catálogo sistemático:

1. Antroposofia 299.935
Aline Graziele Benitez - Bibliotecária - CRB-1/3129

Direitos de tradução para o Brasil adquiridos com exclusividade pela
EDITORA PENSAMENTO-CULTRIX LTDA., que se reserva a
propriedade literária desta tradução.
Rua Dr. Mário Vicente, 368 — 04270-000 — São Paulo, SP — Fone: (11) 2066-9000
http://www.editoracultrix.com.br
E-mail: atendimento@editoracultrix.com.br
Foi feito o depósito legal.

No instante em que recebemos nosso primeiro alento, somos infundidos com a única maior força do universo – o poder de traduzir as possibilidades de nossa mente na realidade do nosso mundo. No entanto, despertar plenamente nosso poder requer uma mudança sutil na maneira como pensamos sobre nós mesmos em nossa vida, uma mudança na crença.

Exatamente da maneira como o som cria ondas visíveis à medida que viaja através de uma gotícula de água, nossas "ondas de crença" produzem ondulações pelo tecido quântico do universo para se tornar nosso corpo e a nossa cura, abundância e paz – ou, ao contrário, a doença, a carência e o sofrimento – que experimentamos na vida. E exatamente da maneira como podemos sintonizar um som para mudar seus padrões, também podemos sintonizar nossas crenças para preservar ou destruir tudo o que estimamos, incluindo a própria vida.

Em um mundo maleável onde tudo, dos átomos às células, está mudando para se conformar às nossas crenças, somos limitados apenas pela maneira como pensamos sobre nós mesmos neste mundo.

Este livro é dedicado à aceitação por nós de tal poder aterrador e do nosso conhecimento de que tudo o que nos afasta do nosso amor maior, e dos milagres mais profundos, nada mais é que uma crença.

SUMÁRIO

INTRODUÇÃO

"Deixe-se atrair, silenciosamente, pelo impulso mais forte daquilo que você realmente ama."
– Rumi (cerca de 1207 d.C. – 1273 d.C.), poeta sufi

Certa vez, o físico pioneiro John Wheeler disse: "Se você não encontrou algo estranho durante o dia, então ele não foi um dia completo".[1]

Para um cientista, o que poderia ser mais estranho do que descobrir que simplesmente observando o nosso mundo em determinado lugar, de algum modo nós mudamos o que acontece em outro lugar?... No entanto, é precisamente isso o que as revelações da nova física estão nos mostrando. Até mesmo em 1935, o físico Albert Einstein, ganhador do Prêmio Nobel, reconheceu quão perturbadores podem ser tais efeitos quânticos, a ponto de chamá-los de "ação fantasmagórica a distância". Em um artigo que Einstein escreveu em coautoria com os destacados físicos Boris Podolsky e Nathan Rosen, ele declarou: "Nenhuma definição razoável de realidade seria capaz de permitir isso [a ação a distância]".[2]

Hoje, no entanto, reconhecemos com clareza que foram precisamente essas anomalias bizarras que desencadearam uma poderosa revolução na maneira como pensamos a respeito de nós mesmos e do universo. Durante a maior parte do século XX, cientistas lutaram para compreender o que a estranheza quântica estava nos dizendo sobre a maneira como a realidade funciona. É um fato documentado, por exemplo, que a consciência humana, sob certas condições, influencia a energia quântica – *o material de que tudo é feito*. E esse fato nos abriu a porta para uma possibilidade que empurra os limites do que fomos levados a acreditar sobre o nosso mundo no passado. Um crescente corpo de evidências sugere atualmente que esses resultados inesperados são mais do que apenas exceções isoladas. A questão é: "*Quanto mais*?"

Seriam os efeitos dos observadores ao influenciar seus experimentos realmente uma janela poderosa que nos dá acesso ao conhecimento da espécie de realidade em que vivemos? E se forem, então devemos perguntar: "Esses efeitos também nos dizem *quem somos* nesta realidade?" A resposta a ambas as perguntas é "sim": são precisamente essas as conclusões que as novas descobertas sugerem. Esses efeitos também são o porquê eu escrevi este livro.

Não Há Observadores

Os cientistas mostraram que, embora *possamos pensar* que estamos apenas observando nosso mundo, na verdade é impossível para nós simplesmente "observar" qualquer objeto ou fenômeno. Quer a nossa atenção esteja focada em uma partícula quântica durante um experimento de laboratório ou em qualquer foco de atenção – desde a cura de nosso corpo até o sucesso de nossa carreira e relacionamentos –, temos expectativas e crenças sobre aquilo a que estamos assistindo. Às vezes, estamos conscientes desses preconceitos, mas muitas vezes não. São essas experiências internas que se tornam parte daquilo em que estamos focados. Ao "observar", tornamo-nos parte daquilo que estamos observando.

Nas palavras de Wheeler, isso transforma todos nós em "participadores". O motivo? Quando focamos nossa atenção em um determinado lugar em um dado momento do tempo, envolvemos nossa consciência. E no imenso campo da consciência, parece que não há uma fronteira clara que nos diga onde *nós* paramos e o restante do universo começa. Quando pensamos sobre o mundo dessa maneira, fica claro o motivo que levava os antigos a acreditarem que tudo está conectado. Como energia, *está*.

À medida que os cientistas continuam a explorar o que significa ser participador, novas evidências apontam para uma conclusão inevitável: a de que vivemos em uma realidade interativa na qual mudamos o mundo ao nosso redor mudando o que acontece dentro de nós enquanto observamos – isto é, nossos pensamentos, sentimentos e crenças.

- **A Implicação:** Desde a cura da doença até a duração de nossa vida e ao sucesso de nossas carreiras e relacionamentos, tudo o que experimentamos como "vida" está diretamente ligado ao que acreditamos.

- **A Linha de Base:** Mudar nossa vida e nossos relacionamentos, curar nosso corpo e trazer paz às nossas famílias e nações requer uma mudança simples, mas precisa, na maneira como usamos a crença.

Para aqueles que aceitam o que a ciência nos levou a acreditar durante os últimos trezentos anos, até mesmo a simples consideração de que nossa experiência interior pode afetar a realidade não é nada menos que uma heresia. A própria ideia obscurece e mancha a zona de segurança que, tradicionalmente, separava ciência e espiritualidade – e nós de nosso mundo. Em vez de pensar em nós mesmos como vítimas passivas em um lugar onde, por exemplo, os fatos simplesmente "acontecem" sem motivo aparente, tal consideração agora nos coloca diretamente no assento do motorista da vida.

Nessa posição, encontramo-nos diante de evidências inegáveis confirmando que somos *nós* os arquitetos da nossa realidade. Com essa confirmação, também reconhecemos que somos detentores do poder de tornar as doenças obsoletas e de relegar a guerra a uma memória do nosso passado. De repente, a chave para transformar nossos maiores sonhos em realidade está ao nosso alcance. Tudo isso se volta para *nós*: "Onde nos encaixamos no universo? O que é isso que se supõe que devemos estar fazendo na vida?"

> Código de Crença 1:
> Experimentos mostram que o foco da nossa atenção muda a própria realidade e sugerem que vivemos em um universo interativo.

O que poderia ser mais importante do que responder a essas perguntas, compreender as implicações dessa revolução para nossa vida e descobrir o que isso significa para *nós*? Em um mundo onde as maiores crises da história humana registrada ameaçam atualmente nossa sobrevivência, as apostas não poderiam ser maiores.

As Falsas Suposições da Ciência

Embora a revolução na maneira como pensamos sobre nós mesmos tenha começado há quase cem anos, ela pode não ter sido reconhecida pela média das pessoas que seguem suas rotinas cotidianas. A mudança que isso traz para nossa vida acelerada de planejadores do dia a dia, de relacionamentos via internet e de *reality shows* está acontecendo em um nível tão sutil que poucas pessoas podem ter percebido que ela já começou.

Provavelmente, você não leu sobre isso no jornal da manhã. É improvável que a questão da "realidade" tenha sido o tópico da conversa nas reuniões semanais de sua equipe ou junto ao purificador de água no escritório... isto é, a menos que você seja um cientista trabalhando para compreender a natureza dessa realidade. Para *essas* pessoas, a revolução se parece com um imenso terremoto que é registrado "fora da escala" – enquanto nivela algumas das crenças mais sagradas da ciência. Seus efeitos estão trovejando em seus laboratórios, salas de aula e manuais didáticos como um estrondo sônico sem fim. Em seu rastro, esses efeitos estão deixando desatualizada uma ampla gama de ensinamentos, juntamente com a reavaliação dolorosa de crenças às quais desde há muito tempo nos agarrávamos e às quais até mesmo dedicávamos carreiras inteiras.

Embora possam parecer tranquilas, as transformações que essa revolução da realidade traz para nossa vida irrompeu com uma força que não se pode comparar com nada que tenha vindo do passado, pois as mesmas descobertas que dispararam as perguntas também nos levaram à conclusão de que "fatos" em que confiávamos durante trezentos anos para explicar o universo e o papel que desempenhávamos nele são falhos. Eles têm por base duas suposições que foram comprovadas como falsas:

- **Falsa Suposição 1:** O espaço entre os "objetos" é vazio. Novas descobertas nos dizem agora que essa suposição simplesmente não é verdadeira.

- **Falsa Suposição 2:** Nossas experiências internas de sentimento e crença não têm efeito no mundo além do âmbito de nosso corpo. Isso também se comprovou estar absolutamente errado.

Experimentos demolidores de paradigmas publicados em periódicos de ponta cujos artigos são revisados por pares revelam que estamos banhados em um campo de energia inteligente que preenche o que costumava ser considerado como um espaço vazio. Descobertas adicionais mostram que, para além de qualquer dúvida razoável, esse campo responde a nós – *ele se reorganiza* – na presença de nossos sentimentos e crenças que têm origem no coração. E essa é a revolução que muda tudo.

Isso significa que desde a época em que as "leis" da física de Isaac Newton foram formalizadas em sua obra lançada em 1687, *Philosophiae Naturalis Principia Mathematica* (*Princípios Matemáticos da Filosofia Natural*), baseamos o que aceitamos como nossas capacidades e limites em informações que são falsas ou, no mínimo, incompletas. Desde essa época, a maior parte da ciência passou a se arraigar na crença de que somos insignificantes no esquema geral das coisas. Isso nos tirou da equação da vida e da realidade!

Poderia nos causar admiração o fato de que muitas vezes nos sentimos impotentes para oferecer ajuda aos nossos entes queridos e a nós mesmos quando enfrentamos as grandes crises da vida? É de alguma maneira surpreendente que, com tanta frequência, sentimo-nos tão desamparados quando vemos nosso mundo mudando tão rapidamente que chegamos a descrevê-lo como "caindo aos pedaços"? De repente, tudo, desde capacidades e limitações pessoais até nossa realidade coletiva, está em jogo, ameaçado de cair nas garras de um caos total. É quase como se as condições do nosso mundo estivessem nos empurrando para dentro da nova fronteira da própria consciência, forçando-nos a redescobrir quem somos a fim de conseguirmos sobreviver ao que nós mesmos criamos.

A razão pela qual você é uma chave poderosa nessa revolução é que ela se baseia inteiramente em algo que você e eu estamos fazendo agora, neste exato momento. Sozinhos e juntos, individual e coletivamente, consciente e inconscientemente, todos nós estamos escolhendo a maneira como pensamos sobre nós mesmos e sobre *o que acreditamos* ser verdade a respeito de nosso mundo. Os resultados de nossas crenças nos cercam como nossa experiência cotidiana.

A revolução da compreensão científica sugere que, desde nossa saúde pessoal e nossos relacionamentos até a guerra e a paz globais, a realidade de nossa vida resulta, nada mais nada menos, de nossas "ondas de crença" moldando o "estofo" quântico do qual tudo é feito. Tudo está relacionado ao que aceitamos sobre nosso mundo, nossas capacidades, nossos limites e nós mesmos.

Os Fatos Inegáveis

"OK", você deve estar dizendo, "já ouvimos tudo isso antes. É ingênuo, e talvez até mesmo arrogante, sugerir que o universo é, de alguma maneira, afetado por nossas crenças pessoais. Os fatos não podem ser assim tão simples". Há vinte anos, como um cientista treinado nas maneiras convencionais a que a ciência sempre recorria para ver o nosso mundo no passado, eu teria concordado com você.

À primeira vista, parece não haver nada em nossa maneira tradicional de olhar o mundo que permita às nossas crenças internas realizar a mínima alteração possível no mundo, quanto mais conseguir mudar o próprio universo – isto é, até começarmos a examinar o que as novas descobertas estão nos mostrando. Embora os resultados dessas pesquisas que distorcem a realidade tenham sido publicados em alguns dos principais periódicos técnicos, eles costumam ser compartilhados no vocabulário do "cientifiquês", que mascara o poder do seu significado para uma pessoa sem acesso ao linguajar científico.

E é aí que entra a nossa revolução. De repente, não *precisamos* da linguagem da ciência para nos dizer que somos uma parte poderosa do nosso mundo. Nossa vida cotidiana nos *mostra* que nós somos. No entanto, o que acredito que estamos *pedindo* são as chaves para aplicar nosso poder ao que acontece em nosso mundo.

Suspeito que as gerações futuras verão nosso tempo na história como o ponto de mutação, quando as condições do planeta nos forçaram a descobrir como o universo realmente funciona e a aceitar o papel interativo que desempenhamos nele. Em vez de seguir os três primeiros séculos do imaginário científico que nos retrataram como vítimas impotentes na vida, a nova ciência sugere que somos exatamente o oposto. No fim da década de 1990 e início da de 2000, pesquisas revelaram os seguintes fatos:

- **Fato 1:** O universo, nosso mundo e nosso corpo são feitos de um campo de energia compartilhado, cientificamente reconhecido no século XX e agora identificado por nomes que incluem o holograma quântico, o campo, a mente de Deus, a mente da natureza e a Matriz Divina.[3]

- **Fato 2:** No campo da Matriz Divina, partículas ou outros objetos que estiveram conectadas fisicamente e depois foram separadas agem como se ainda estivessem ligadas, por meio de um fenômeno conhecido como *entrelaçamento* ou *emaranhamento*.[4]

- **Fato 3:** O DNA humano influencia diretamente o que acontece na Matriz Divina de uma maneira que parece desafiar as leis do tempo e do espaço.[5]

- **Fato 4:** A crença humana (e os sentimentos e emoções que a cercam) muda diretamente o DNA que afeta o que ocorre na Matriz Divina.[6]

- **Fato 5:** Quando mudamos nossas crenças a respeito de nosso corpo e de nosso mundo, a Matriz Divina traduz essa mudança na realidade de nossa vida. Deixar menor, sobreposto, como nas notas de rodapé [7 e 8].

Com essas e outras descobertas semelhantes em mente, precisamos nos fazer a pergunta que talvez seja a mais reveladora de todas: "*Nascemos com a capacidade natural de criar e de modificar nosso corpo e o mundo?*" Em caso afirmativo, precisamos estar dispostos a fazer uma pergunta ainda mais difícil: "*Que responsabilidade temos de usar nosso poder na presença daquelas que provavelmente são as maiores ameaças ao futuro de nossa vida, de nosso mundo e até mesmo de nossa espécie?*"

O Tempo é Agora

É claro que não sabemos tudo o que há para saber sobre como o universo funciona e o papel que desempenhamos nele. Embora novos estudos virão a nos revelar, sem dúvida, percepções mais profundas e aguçadas, poderíamos esperar por mais cem anos e ainda assim não ter todas as respostas. Um consenso de cientistas que cresce cada vez mais sugere que talvez não tenhamos à nossa disposição tanto tempo assim.

Vozes poderosas na comunidade científica, como Sir Martin Rees, professor de astrofísica da Universidade de Cambridge, sugerem que temos apenas chances iguais de sobreviver ao século XXI sem sofrer um grande revés.[9] Embora sempre tivemos de enfrentar desastres naturais, uma nova classe de ameaças, que Rees chama de "induzidas pelos seres humanos", agora também precisa ser levada em consideração.

Estudos emergentes, como os relatados na edição especial da *Scientific American* intitulada "Crossroads for Planet Earth" [Encruzilhadas para o Planeta Terra], de setembro de 2005, ecoam a advertência de Rees, dizendo-nos: "Os próximos cinquenta anos serão decisivos para determinar se a raça humana – *que hoje ingressa em um período único de sua história* – pode ou não garantir o melhor futuro possível para si mesma [os itálicos são meus]".[10]

Em uma série de ensaios escritos por especialistas em áreas que vão desde saúde global e consumo de energia até estilos de vida sustentáveis, o consenso geral entre esses autores é, simplesmente, o de que não podemos continuar a consumir energia da maneira como consumimos atualmente, nem implantar e dirigir a tecnologia de maneira tantas vezes inconsequente e irresponsável nem deixar que a população se expanda como vem fazendo se esperamos sobreviver mais cem anos. E para complicar ainda mais todos esses problemas, está a ameaça crescente de uma guerra mundial impulsionada, pelo menos em parte, pela competição pelos mesmos recursos cada vez mais escassos, e em vias de desaparecimento, que definiram os ensaios. Talvez a singularidade de nosso tempo seja descrita com maior acuidade pelo biólogo E. O. Wilson, da Universidade de Harvard. Wilson afirma que estamos prestes a ingressar no que ele chama de "gargalo", quando nossos recursos e nossa capacidade para resolver os problemas de nossos dias serão levados aos seus limites.

No entanto, a boa notícia à qual os especialistas fazem eco está no fato de que, "se os tomadores de decisão conseguirem ter acesso ao arcabouço correto, o futuro da humanidade estará assegurado por milhares de decisões mundanas... É nas questões mundanas que, normalmente, os avanços mais intensos e profundos são feitos".[11] Sem dúvida, há inúmeras escolhas que cada um de nós deverá ser solicitado a fazer em um futuro próximo. Porém, não posso deixar de pensar que uma das mais profundas – e talvez a mais simples – será a decisão de abraçar o que a nova ciência nos tem mostrado a respeito de quem somos e de qual é nosso lugar no universo.

Se pudermos aceitar as poderosas evidências de que a própria consciência e os papéis que desempenhamos nela são os elos perdidos das teorias a respeito de como a realidade funciona, então tudo muda. Nessa mudança, começamos de novo. Isso nos torna parte de tudo o que vemos e vivenciamos, em vez de nos separar ainda mais de nossas percepções.

E é por isso que essa revolução é tão poderosa. Ela recoloca todos nós – toda a humanidade – na equação do universo. Também nos coloca no papel que nos incumbe de resolver as grandes crises de nossos dias, em vez de deixá-las para uma geração futura ou simplesmente para o destino. Como somos arquitetos de nossa realidade, com o poder de reorganizar os átomos da própria matéria, que problema não pode ser resolvido e que solução poderia estar além de nosso alcance?

O Poder de Escolher é o Poder de Mudar

A perspectiva de confiar em algo *dentro de nós* para enfrentar os desafios do nosso tempo, em vez de depender da ciência e da tecnologia que lidam com nosso mundo exterior, pode ser um pouco perturbadora para algumas pessoas. "Como aprendemos a fazer algo tão poderoso e tão necessário?" é a questão que costuma surgir. Em geral, ela é seguida por outra: "Se este é o caminho do futuro, como vamos aprendê-lo agora – e aprendê-lo tão depressa?" Talvez ambas as perguntas tenham obtido suas respostas nas palavras do filósofo e poeta libanês do século XX Khalil Gibran.

Em seu livro clássico, *O Profeta*, Gibran nos lembra o que significa ter um grande dom e saber que seu poder já está dentro de nós. Ele declara: "Ninguém pode revelar nada a você, a não ser aquilo que já está meio adormecido no despontar de seu conhecimento".[12] Em palavras que são tão belas hoje quanto eram quando foram publicadas pela primeira vez em 1923,

Gibran nos diz que não podemos ser ensinados sobre aquilo que ainda não sabemos. E viemos ao mundo já sabendo como usar nossas crenças.

Portanto, este livro é menos sobre aprender a reescrever o código da realidade e mais sobre aceitar o fato de que já temos poder para fazê-lo – algo que foi explorado por muitos místicos no passado, inclusive pelo antigo poeta sufi Jalal ad-Din ar-Rumi. "Que seres estranhos nós somos", diz Rumi, "sentados no inferno no fundo da escuridão, temos medo de nossa própria imortalidade".[13] Com essas palavras, o grande místico descreve a ironia de nossa condição misteriosa neste mundo.

Por um lado, dizem-nos que somos seres frágeis e impotentes, que vivem em um mundo onde os fatos simplesmente "acontecem" sem razão aparente. Por outro lado, nossas tradições espirituais mais antigas e estimadas dizem-nos que há uma força que vive dentro de cada um de nós, um poder que nada no mundo pode tocar. Com essa força vem a promessa de sobreviver aos momentos mais sombrios da vida e a garantia de que tempos difíceis são apenas parte de uma jornada que nos leva a um lugar onde nenhum mal pode mais acontecer. Não é de causar surpresa o fato de que nos sintamos confusos, desamparados e, às vezes, até mesmo zangados enquanto testemunhamos o sofrimento de nossos entes queridos e compartilhamos a agonia do que às vezes parece o inferno no mundo à nossa volta.

Então qual é essa força? Somos vítimas desesperançadamente frágeis de eventos que estão além do nosso controle ou somos criadores poderosos abrigando capacidades adormecidas que estamos apenas começando a compreender? A resposta pode revelar a verdade de um dos mistérios mais profundos do nosso passado. É também o foco de algumas das maiores controvérsias nas discussões científicas da atualidade. A razão disso? Ambas as perguntas têm a mesma resposta: *"Sim!"*

Sim, ocasionalmente somos vítimas das circunstâncias. E sim, às vezes somos os poderosos criadores dessas mesmas circunstâncias. Desses papéis que vivenciamos, quais deles são determinados por escolhas que fazemos em nossa vida, *escolhas baseadas em nossas crenças*. Por meio do poder divino da crença humana, recebemos a capacidade igualmente divina de trazer à vida *aquilo em que* acreditamos, ou, mais claramente, de trazê-lo à vida na matriz de energia que nos banha e que nos envolve.

Por Que Este Livro?

Enquanto eu escrevia *The Divine Matrix*,* ficou imediatamente claro que nosso papel na aceitação de milagres poderia facilmente se perder, como uma barra lateral se perde na mensagem global do livro. Para descrever a linguagem da crença e como ela nos permite ser os arquitetos de nossa vida, seria necessário outro volume.

Nestas páginas, você descobrirá como curar as falsas crenças que podem tê-lo limitado no passado. Além disso, você...

- identificará crenças que revertem doenças em seu corpo.
- aprenderá crenças que criam relacionamentos duradouros, estimulantes e nutritivos em sua vida.
- descobrirá crenças que trazem paz para sua vida, sua família, sua comunidade e seu mundo.

Por mais diferentes que a paz, os relacionamentos e a cura pareçam entre si, todos se baseiam no mesmo princípio: a "linguagem" da crença e os sentimentos que temos a respeito daquilo em que acreditamos.

Por sua natureza, a exploração da crença é uma jornada profundamente pessoal. Cada um de nós tem uma visão um pouco diferente de nossas próprias crenças, ao mesmo tempo que encontra uma maneira de fazê-las se encaixarem nas crenças coletivas maiores de nossa cultura, dos nossos ensinamentos religiosos, e de nossas famílias e amigos. E uma vez que se trata de uma tal experiência, provavelmente existem tantas ideias sobre o que é a crença quantas são as pessoas que as têm.

Ao longo de todos os sete capítulos concisos deste livro, eu o convido a ingressar em uma maneira nova e possivelmente muito diferente de pensar sobre si mesmo, sua vida e seu mundo. Para alguns, essa maneira de ver as coisas é um desafio a tudo o que lhes foi ensinado. Para outros, desperta sua curiosidade apenas o suficiente para iniciar um novo caminho de autodescoberta.

---

* *A Matriz Divina: Uma Jornada Através do Tempo, do Espaço, dos Milagres e da Fé.* São Paulo: Cultrix, 2008.

Para todos, é importante saber já de antemão o que esperar das informações a seguir. Se você é como eu, então gostaria de saber para onde está indo antes de iniciar a jornada. Por essa razão, descrevi precisamente o que é este livro – e o que este livro *não* é:

– **Este** não é **um livro de ciência**. Embora eu compartilhe a ciência de ponta que nos convida a repensar nossa relação com o mundo, este trabalho não foi escrito para se colocar em conformidade com o formato ou os padrões de um manual científico escolar ou com um periódico técnico.

– **Este** não é **um ensaio de pesquisa científica revisado por pares**. Cada capítulo e cada comunicado de pesquisa *não* passaram pelo longo processo de revisão por parte de um conselho certificado ou de um painel selecionado de "especialistas" com um histórico de ver o nosso mundo através dos olhos de um único campo de estudo, seja ele a física, a matemática ou a psicologia.

– **Este** é **um guia bem pesquisado e bem documentado**. Foi escrito em um estilo de fácil leitura que descreve os experimentos, estudos de caso, registros históricos e experiências pessoais que apoiam uma maneira empoderadora de nos reconhecermos no mundo.

– **Este** é **um exemplo do que se pode realizar quando se cruza as fronteiras tradicionais da ciência e da espiritualidade**. Em vez de examinar os problemas de nosso tempo através dos olhos da natureza, artificialmente separados e isolados como física, química ou história, planeja-se preencher a lacuna entre a melhor ciência de hoje e a sabedoria atemporal de nosso passado, tecendo ambas conjuntamente em uma compreensão mais ampla do papel que desempenhamos na vida. O objetivo ao fazer isso é o de poder aplicar esse conhecimento para criar um mundo melhor – e, ao longo do caminho, descobrir mais sobre nós mesmos.

A Cura Espontânea pela Crença foi escrita com um propósito em mente: compartilhar uma mensagem empoderadora de esperança e possibilidade em um mundo onde somos levados com frequência a nos sentir desesperançados e impotentes.

Será que Realmente Queremos a Verdade?

Em outro de seus escritos, Rumi descreveu outras observações sobre a curiosa natureza de nossa relação com a realidade, dizendo: "Nós somos o espelho e o rosto no espelho. Nós somos a água doce e fria *e* somos o jarro que derrama [a água]". De maneira semelhante àquela pela qual Jesus nos disse que podemos nos salvar dando à luz aquilo que está dentro de nós, Rumi nos lembra que estamos continuamente criando realidade (às vezes conscientemente e às vezes *in*conscientemente) e fazemos isso *enquanto* experimentamos o que criamos. Em outras palavras, somos os artistas e também a arte, sugerindo que temos o poder de modificar e mudar nossa vida hoje, ao mesmo tempo que também escolhemos como a renovaremos amanhã.

Apesar de, para algumas pessoas, essas analogias empoderadoras serem uma nova e revigorante maneira de ver o mundo, para outras elas abalam os alicerces de suposições tradicionais há muito tempo bem arraigadas. Não é incomum ver cientistas proeminentes relutando em reconhecer as implicações de sua própria pesquisa quando ela revela que somos, de fato, poderosos criadores no universo.

Quando compartilho essa ironia com o público ao vivo, ela é muitas vezes recebida com uma resposta que ecoa uma frase clássica do filme *Questão de Honra* (*A Few Good Men*). No poderoso drama de 1992, quando o comandante da base da Baía de Guantánamo, o coronel Nathan Jessep (interpretado por Jack Nicholson), sujeito a um exame de tribunal por parte do tenente Daniel Kaffee (interpretado por Tom Cruise), é indagado a respeito da *verdade* sobre a misteriosa morte de um membro das forças armadas dos EUA na base. Reconhecendo que sua resposta seria excessiva para as pessoas da corte conseguirem suportá-la, Jessep responde com as palavras atemporais: "Vocês não seriam capazes de *lidar* com a verdade!"

Talvez o maior desafio que nos cabe enfrentar ao longo do nosso tempo histórico no mundo seja simplesmente este: "*Será que somos capazes de lidar com a verdade que pedimos a nós mesmos para descobrir?*" Será que temos coragem de aceitar quem somos no universo e o papel que nossa existência implica? Se a resposta for "sim", então também precisamos aceitar a responsabilidade que vem com o conhecimento de que podemos mudar o mundo mudando a nós mesmos.

Já vimos que as crenças amplamente difundidas de ódio, separação e medo podem destruir nosso corpo e nosso mundo mais depressa do que jamais poderíamos ter imaginado. Talvez tudo de que necessitamos seja uma pequena mudança na maneira como pensamos sobre nós mesmos, a fim de reconhecer a grande verdade de que somos, de fato, os arquitetos de nossa experiência. Somos artistas cósmicos expressando nossas crenças mais profundas na tela quântica do universo. Quais são as chances de que, ao transformar as crenças destrutivas de nosso passado em crenças de cura e de paz, que afirmam a vida, possamos mudar o mundo de hoje e também o futuro?

Talvez não tenhamos de fazer a nós mesmos essa pergunta por muito mais tempo. Novas descobertas sobre o poder da crença sugerem que estamos prestes a descobrir a resposta.

– Gregg Braden

Taos, Novo México

CAPÍTULO UM

Uma Nova Visão da Realidade: O Universo como um Computador-Consciência

"A história do universo é, na verdade, uma imensa computação quântica em andamento. O universo é um computador quântico."
– **Seth Lloyd**, professor do MIT e planejador
do primeiro computador quântico praticável

"Muito tempo atrás, o Grande Programador escreveu um programa que roda todos os universos possíveis em Seu Grande Computador."
– **Jürgen Schmidhuber**, pioneiro em inteligência artificial

Vivemos nossa vida com base no que acreditamos. Quando pensamos a respeito da verdade dessa afirmação, imediatamente reconhecemos uma realidade surpreendente: além de qualquer outra medida que podemos efetivamente *adotar* em nossa vida, as crenças que precedem nossas ações constituem o fundamento de tudo o que amamos, sonhamos, nos tornamos e realizamos.

Desde os rituais matinais que nos preparam para saudar em seguida o mundo a cada dia, passando pelas invenções que usamos para melhorar nossa vida, até a tecnologia que destrói a vida por meio da guerra – nossas rotinas pessoais, costumes comunitários, cerimônias religiosas e civilizações inteiras têm por base nossas crenças. Estas não apenas fornecem a estrutura para a maneira como vivemos nossa vida como também as mesmas áreas de estudo que no passado descartaram nossas experiências internas estão agora nos mostrando que a maneira como

> Código de Crença 2:
> Vivemos nossa vida com base no que acreditamos sobre nosso mundo, nós mesmos, nossas capacidades e nossos limites.

nos *sentimos* a respeito do mundo ao nosso redor é uma força que se estende *para dentro* deste mundo.

Dessa maneira, a ciência está alcançando nossas tradições espirituais e indígenas mais estimadas, as quais sempre nos disseram que o nosso mundo nada mais é que um reflexo do que aceitamos em nossas crenças.

Com tamanho acesso a esse poder que já desponta dentro de nós, dizer que nossas crenças são importantes para a vida é um eufemismo. Nossas crenças *são* vida! São onde ela começa e como ela se sustenta. Desde nossas respostas imunes e os hormônios que regulam e equilibram nosso corpo... até nossa capacidade para curar ossos, órgãos e pele – e até mesmo conceber vida – o papel da crença humana está rapidamente passando a ocupar o centro do palco nas novas fronteiras da biologia e da física quânticas.

Se nossas crenças têm tanto poder, e se vivemos nossa vida com base no que acreditamos, então a pergunta óbvia é: "De onde vêm nossas crenças?" A resposta pode surpreendê-lo.

Com poucas exceções, elas se originam com o que a ciência, a história, a religião, a cultura e a família nos contam. Em outras palavras, a essência de nossas capacidades e limites pode muito bem ter por base aquilo que *outras pessoas* nos dizem. Essa compreensão nos leva à próxima pergunta que precisamos fazer a nós mesmos:

Se nossa vida se baseia no que acreditamos,
podemos indagar: "E se essas crenças estiverem erradas?"

E se estivermos vivendo nossa vida envoltos em falsas limitações e suposições incorretas que outras pessoas formaram ao longo de gerações, séculos ou até mesmo milênios?

Por exemplo, nos foi ensinado que, de uma perspectiva histórica, somos insignificantes partículas de vida que percorrem breves momentos no tempo, limitadas pelas "leis" do espaço, dos átomos e do DNA. Essa visão sugere que só exerceremos pouco efeito sobre o que quer que seja durante nossa permanência neste mundo, e quando formos embora, o universo sequer terá notado a nossa ausência.

Embora as palavras dessa descrição possam soar um pouco ásperas, a ideia geral não está tão longe do que muitos de nós fomos atualmente condicionados a sustentar como verdadeiro. São precisamente essas crenças que, muitas vezes, nos fazem nos sentir pequenos e desamparados diante dos maiores desafios da vida.

E se formos mais do que isso? Poderia acontecer de sermos realmente seres muito poderosos disfarçados? E se formos representantes de um potencial miraculoso, nascidos neste mundo com capacidades além de nossos sonhos mais fantásticos – aqueles que simplesmente esquecemos sob as condições que nos entorpeceram no estado onírico de nos fazer crer que somos impotentes?

Como nossa vida mudaria se, por exemplo, descobríssemos que nascemos com o poder de reverter doenças? Ou se pudéssemos *escolher* a paz em nosso mundo, a abundância em nossa vida, e quanto tempo viveremos? E se descobríssemos que o próprio universo é diretamente afetado por um poder que escondemos de nós mesmos por tanto tempo que acabamos nos esquecendo de que ele é realmente nosso?

Uma descoberta tão radical mudaria tudo. Alteraria o que acreditamos sobre nós mesmos, o universo e o papel que desempenhamos dentro dele. Também é precisamente isso o que as descobertas realizadas na linha de frente em nossos dias estão nos mostrando.

Durante séculos, houve pessoas que se recusaram a aceitar as limitações que tradicionalmente definem o que significa viver neste mundo. Elas se recusaram a acreditar que nós simplesmente aparecemos no mundo por meio de um misterioso nascimento que desafia a explicação. Elas rejeitaram a ideia de que tal surgimento milagroso poderia ter o propósito de nos deixar viver em sofrimento, dor e solidão até deixarmos este mundo tão misteriosamente quanto nele chegamos.

Para responder ao anseio dessas pessoas por uma verdade maior, elas tiveram de se aventurar para além dos limites de seu condicionamento. Elas se isolaram – de amigos, da família e da comunidade – e se soltaram, *realmente se soltaram*, daquilo que lhes haviam ensinado sobre o mundo. E quando o fizeram, algo precioso e belo aconteceu na vida delas: Elas descobriram uma nova liberdade para si mesmas, a qual abriu uma porta de possibilidades para outras pessoas. Tudo começou quando fizeram uma pergunta que era tão ousada em sua época quanto é na nossa: "E se nossas crenças estiverem erradas?"

Como veremos na história do yogue que narraremos a seguir, a descoberta da liberdade que nos revela quem realmente somos ocorre quando nos rendemos absolutamente a tal possibilidade. Minha crença pessoal, no entanto, é a de que não precisamos viver em uma caverna fria e úmida, no meio do nada, para descobrir isso. Também sinto que a liberação pessoal começa com o compromisso individual de saber quem somos no universo. Quando cumprimos tal compromisso, tudo, desde a maneira como pensamos sobre nós mesmos até a maneira como amamos mudará. Todas as coisas precisam mudar, pois *nós* mudamos na presença dessas compreensões mais profundas.

Tudo retorna àquilo em que acreditamos.

Embora possa parecer simples demais para ser verdade, estou convencido de que o universo funciona exatamente dessa maneira.

Um Milagre Impresso na Pedra

No século XI d.C., o grande yogue tibetano Milarepa deu início a um retiro pessoal para dominar seu corpo, uma jornada que duraria até sua morte, aos 84 anos. No começo de sua vida, Milarepa já havia adquirido muitas habilidades yogues aparentemente milagrosas, como o poder de usar o "calor psíquico" para aquecer seu corpo nos rigorosos invernos tibetanos.

Depois de sofrer a dor insuportável de perder a família e amigos nas mãos de rivais da aldeia, ele empregou suas artes místicas para propósitos de retribuição e vingança. Ao fazer isso, matou muitas pessoas e lutou para encontrar significado no que havia feito. Certo dia, percebeu que havia usado indevidamente o dom de suas habilidades yogues e psíquicas, e por isso entrou em reclusão para encontrar a cura por meio de um domínio ainda maior. Em nítido contraste com a vida de abundância material que conhecera antes, Milarepa logo descobriu que não precisava de contato com o mundo externo. Ele se tornou um recluso.

Depois de esgotar seu suprimento inicial de comida, Milarepa sobreviveu graças à nutrição proporcionada por plantas ralas que cresciam perto de sua caverna. Durante muitos anos, as urtigas que cresciam nas planícies áridas do alto deserto do Tibete foram tudo o que ele comeu. Sem qualquer alimento substancial, roupas ou companheirismo para interromper seu foco interior, Milarepa viveu muitos anos com quase nada. Seu único contato humano era o ocasional peregrino que, inadvertidamente, tropeçava na caverna que lhe servia de abrigo. Os relatos daqueles que o encontraram por acidente descreveram uma visão assustadora.

A pouca roupa com a qual ele originalmente começou seu retiro havia se desgastado em pedaços esparsos de tecido que o deixavam praticamente nu. Por causa da falta de nutrição em sua dieta, Milarepa havia encolhido até pouco mais que um esqueleto vivo, com a cor dos seus longos cabelos, bem como de sua pele, convertida em um verde opaco por causa da overdose de clorofila. Ele parecia um andarilho fantasma! A privação que impôs a si mesmo, embora extremada, o levou ao seu objetivo de domínio yogue. Antes de sua morte, em 1135 d.C., Milarepa deixou uma prova de sua liberdade com relação ao mundo físico na forma de um milagre que os cientistas modernos dizem que simplesmente não deveria ser possível.

Durante uma peregrinação em grupo ao Tibete na primavera de 1998, escolhi uma rota que nos levaria diretamente à caverna de Milarepa e ao milagre que ele deixou para trás. Eu queria ver o lugar em que ele violou as leis da física para nos libertar de nossas crenças limitadas.

Dezenove dias depois do início dessa viagem, encontrei-me no retiro do grande yogue, de pé exatamente na posição em que ele esteve quase novecentos anos antes. Com meu rosto apenas alguns centímetros distante da parede da caverna, eu estava olhando diretamente para o mistério que Milarepa deixara para trás.

A caverna de Milarepa é um daqueles lugares que você precisa saber como encontrar para chegar lá. Não é um lugar onde simplesmente acontece de você estar durante um passeio casual pelo Tibete. A primeira vez que ouvi falar sobre o famoso yogue foi pela boca de um místico sikh que se tornou meu professor de yoga na década de 1980. Durante anos, estudei o mistério que circundava a renúncia de Milarepa, que o levou a se afastar de todas as posses mundanas, sua jornada por todo o planalto sagrado do Tibete central, e o que ele descobriu como místico devoto. Todo o estudo o conduziu a esse momento em sua caverna.

Olhei maravilhado para as paredes lisas e negras que me cercavam e só podia imaginar como seria viver, por tantos anos, em um ambiente tão frio, escuro e remoto. Embora Milarepa tenha morado em cerca de vinte retiros diferentes ao longo de seu tempo na solidão, foi seu encontro com um aluno nessa caverna em particular que a diferencia das outras.

Para demonstrar seu domínio yogue, Milarepa realizou duas façanhas que os céticos nunca duplicaram. A primeira foi a de mover sua mão através do ar com tamanha velocidade e força que ela criou uma "onda de choque" cujo estrondo sônico reverberou contra a rocha ao longo de toda a caverna. (Tentei fazer isso sozinho, sem sucesso.) A segunda façanha foi aquela que, para vê-la, eu esperei quase quinze anos, viajei meio mundo, e me aclimatei a algumas das elevações mais altas do mundo durante dezenove dias.

A fim de demonstrar seu domínio sobre os limites do mundo físico, Milarepa abriu uma das mãos e a colocou contra a parede da caverna, mais ou menos no nível dos ombros... *então, continuou a empurrar a mão mais para dentro da rocha à sua frente,* como se a parede não existisse! Quando fez isso, a pedra sob a palma de sua mão tornou-se macia e maleável, deixando a profunda impressão de sua mão para que todos a vissem. Quando o aluno que testemunhou essa maravilha tentou fazer o mesmo, está registrado que tudo o que ele conseguiu mostrar foi a frustração de uma mão ferida.

Quando abri a palma de minha mão e a coloquei sobre a impressão de Milarepa, pude sentir a ponta dos meus dedos aninhadas na forma da mão do yogue na posição precisa que seus dedos haviam ficado centenas de anos antes – um sentimento que foi ao mesmo tempo humilde e inspirador. O encaixe era tão perfeito que qualquer dúvida que eu tivesse sobre a autenticidade da impressão da mão desapareceu rapidamente. De imediato, meus pensamentos voltaram-se para o próprio homem. Eu queria saber o que estava acontecendo com Milarepa quando ele se fundiu com aquela rocha. "O que estava pensando? *O que estava sentindo?* Como ele desafiou as 'leis' físicas que nos dizem que dois 'objetos' (sua mão e a rocha) não podem ocupar o mesmo espaço ao mesmo tempo?"

Antecipando às minhas perguntas, nosso tradutor tibetano, Xjin-la (não é seu nome verdadeiro), respondeu, antes mesmo que eu lhe perguntasse. "Ele tem fé", afirmou, com uma voz de quem relatava um fato casual. "O *geshe* [grande professor] acredita que ele e a rocha não estão separados." Fiquei fascinado pela maneira como o nosso guia do século XX falava sobre o yogue de novecentos anos atrás no tempo verbal presente, como se ele estivesse na caverna conosco. "Sua meditação o ensina que ele é parte da rocha. A rocha não pode contê-lo. Para o *geshe*, esta caverna não é uma parede, e por isso ele pode se mover livremente como se a rocha não existisse."

"Ele deixou essa impressão para demonstrar seu domínio sobre si mesmo?", perguntei.

"Não", respondeu Xjin-la. "O *geshe* não precisa provar nada para ele mesmo. O yogue viveu neste lugar por muitos anos, mas nós vemos apenas uma impressão da mão." Procurei por sinais de outras pessoas em outros lugares da caverna rasa. Nosso guia estava certo – não vi nenhum. "A mão na rocha *não* é para o *geshe*", nosso guia continuou. "É para o seu aluno."

Fazia todo o sentido. Quando o discípulo de Milarepa viu seu mestre fazer algo que a tradição e outros professores diziam que não poderia acontecer, isso o ajudou a romper suas crenças sobre o que é possível. Ele viu a maestria de seu professor com seus próprios olhos. E como ele testemunhou o milagre pessoalmente, sua experiência disse à sua mente que ele não estava limitado ou tolhido pelas "leis" da realidade como eram conhecidas na época.

Por estar na presença de tal milagre, o aluno de Milarepa foi confrontado com o mesmo dilema que todos enfrentam ao escolher libertar-se dos limites de suas próprias crenças: ele teve de reconciliar a experiência pessoal do milagre de seu professor com o que as pessoas em torno dele acreditavam – as "leis" que eles aceitavam e que descreviam como o universo funciona.

O dilema é este: a visão de mundo que era abraçada pela família, por amigos e por pessoas da época do aluno pediam que ele aceitasse uma só maneira de ver o universo e como tudo funciona. Isso incluía a crença em que a rocha de uma parede de caverna é uma barreira para a carne de um corpo humano. Por outro lado, o aluno acabara de ver que há exceções a tais "leis". A ironia é que ambas as maneiras de ver o mundo estavam absolutamente corretas. Cada uma delas dependia da maneira como alguém escolheu pensar sobre ela em um determinado momento.

Eu me perguntei: "Será que o mesmo não poderia estar acontecendo em nossa vida atualmente?" Por mais forçada que esta questão possa soar à luz de nosso conhecimento científico e de nossos avanços tecnológicos, os cientistas da atualidade estão começando a descrever uma ironia semelhante. Usando a linguagem da física quântica, em vez de evidências de milagres yogues, um número crescente de cientistas na linha de frente das pesquisas sugere que o universo e tudo o que há nele "é" o que "é" *por causa* da força da própria consciência: nossas crenças e o que aceitamos como a realidade do nosso mundo. Curiosamente, quanto mais compreendemos a relação entre nossas experiências interiores e nosso mundo, menos forçada se torna essa sugestão.

Embora a história da caverna de Milarepa seja um exemplo poderoso da jornada de um homem para descobrir sua relação com o mundo, não precisamos nos isolar em uma caverna e comer urtigas até ficarmos verdes para descobrir a mesma verdade por nós mesmos! As descobertas científicas dos últimos cento e cinquenta anos já mostraram a existência da relação entre consciência, realidade e crença.

"Mas será que estamos dispostos a aceitar a relação que nos foi mostrada e a responsabilidade que vem com esse poder a fim de sermos capazes de aplicá-lo em nossa vida de maneira significativa?" Somente transpondo a barreira que leva ao futuro e que está no horizonte saberemos como responder a essa pergunta.

Sabemos que Existem Coisas que não Sabemos

Durante uma conferência de imprensa na sede da OTAN na Bélgica em junho de 2002, o então secretário de Defesa dos EUA, Donald Rumsfeld, descreveu o *status* da inteligência e da coleta de informações em um mundo pós-11 de setembro em uma declaração famosa: "... existem coisas conhecidas; existem coisas que nós sabemos que nós sabemos. Também sabemos que existem desconhecidos conhecidos; isto é, sabemos que existem algumas coisas que não sabemos. Mas também existem desconhecidos desconhecidos – aqueles que não sabemos que não sabemos".[1]

Em outras palavras, Rumsfeld estava dizendo que não temos todas as informações e *sabemos* que não as temos. Embora esse agora famoso discurso fosse dirigido para uma reunião da inteligência norte-americana em vista da guerra contra o terrorismo, pode-se dizer o mesmo a respeito do estado atual do conhecimento científico.

> Código de Crença 3:
> A ciência é uma linguagem – uma das muitas que descrevem a nós, o universo, nosso corpo e como tudo funciona.

Por mais bem-sucedida que a ciência tenha se mostrado em revelar as respostas para nossos mistérios mais profundos, algumas das maiores mentes do nosso tempo sugerem ostensivamente que a linguagem da ciência está incompleta. Em 2002, um periódico do Nature Publishing Group apresentou um editorial que descreve as virtudes do método científico. O texto afirmava: "Por sua natureza, mesmo em sua expressão mais exata e profunda, a ciência é incompleta em suas explicações, mas se autocorrige à medida que se afasta do ocasional caminho errado".[2] Embora a "autocorreção" das ideias científicas possa eventualmente de fato ocorrer, às vezes ela precisa de centenas de anos para conseguir dar esse passo, como demonstra o argumento que indaga se o universo está realmente conectado ou não por um campo de energia.

Essa limitação não é exclusiva de um único ramo de estudo, como a física ou a matemática. O médico e poeta do século XX Lewis Thomas, por exemplo, afirmou que, na vida real, "todos os campos da ciência são incompletos". Ele atribuiu as lacunas em nosso conhecimento à juventude da própria ciência, ao afirmar: "Qualquer que seja o registro de realizações feitas durante os últimos duzentos anos, [a maioria dos campos da ciência] ainda se encontra em seus estágios muito iniciais".[3]

Reconhecidamente, há enormes lacunas em nossa capacidade científica para descrever por que tudo é da maneira como é. Por exemplo, usando a linguagem da ciência, os físicos acreditam ter identificado com sucesso as quatro forças fundamentais da natureza e do universo: a *gravidade*, o *eletromagnetismo* e as *forças nucleares forte* e *fraca*. Embora saibamos sobre essas forças o suficiente para aplicá-las a tecnologias que vão desde microcircuitos até viagens espaciais, também sabemos que nossa compreensão a respeito delas ainda está incompleta. Podemos dizer isso com certeza, pois os cientistas ainda não conseguiram encontrar a esquiva chave que combina essas quatro forças em uma única descrição de como nosso universo funciona: uma *teoria do campo unificado*.

Embora novas teorias, como a teoria das supercordas, possam, em última análise, ser as portadoras da resposta, críticos fizeram uma boa pergunta que ainda aguarda uma resposta. As teorias das cordas da década de 1970, que acabaram por se tornar a teoria das supercordas, a qual foi formalmente aceita em 1984, foram todas desenvolvidas há mais de vinte anos. Se as teorias realmente funcionassem, então por que ainda são "teorias"? Com centenas das melhores mentes do planeta e o maior poder de computação da história do mundo, por que a teoria das supercordas malogrou em aliar com sucesso as quatro forças da natureza em uma única narrativa que nos conta como o universo funciona?

Sem dúvida, esse foi um dos grandes desapontamentos que assombraram Einstein até o fim de sua vida. Em uma carta de 1951 dirigida a seu amigo Maurice Solovine, o grande físico teórico confidenciou sua frustração. "A teoria do campo unificado foi aposentada", ele começava. "É tão difícil empregá-la matematicamente que não consegui verificar de nenhum modo sua veracidade, apesar de todos os meus esforços."[4]

Pode não causar surpresa o fato de que a ciência da atualidade não tenha todas as respostas. As descobertas da física quântica do século passado levaram a uma nova maneira, surpreendente e radical, de pensarmos sobre nós mesmos e sobre como o universo funciona. De fato, essa nova maneira de pensar é tão radical que se contrapõe diretamente àquilo que a ciência nos pediu para acreditar durante quase trezentos anos. Então, em vez de edificar sobre as certezas do que se acreditava no passado, as novas descobertas obrigaram os cientistas a repensar suas suposições a respeito de como o universo funciona. Em alguns casos, eles tiveram de voltar à estaca zero. Provavelmente, a maior mudança no pensamento foi a compreensão de que a própria matéria – o estofo de que tudo é feito – nem sequer existe da maneira como costumávamos pensar que existisse.

Em vez de pensar no universo como sendo feito de "objetos" – átomos, por exemplo – que estão separados e exercem pouco efeito sobre outros objetos, as teorias quânticas sugerem que o universo e nosso corpo são feitos de campos de energia em constante mudança, os quais interagem uns com os outros para criar nosso mundo de maneiras que só podem ser descritas como possibilidades em vez de certezas. Isso é importante para nós porque somos parte da energia que está realizando a interação. E é a nossa percepção desse fato que muda *tudo*.

Quando reconhecemos que estamos envolvidos na dança de energia que banha a criação, esse entendimento muda quem acreditamos que somos, o que sempre pensamos que o universo é, e como acreditamos que nosso mundo funciona. E, o que talvez seja o mais importante, transforma nosso papel de observadores passivos em poderosos agentes de mudança interagindo com o mesmo material – o mesmo estofo – de que todo o restante é feito. E nossa visão de onde vem esse material está, ela mesma, mudando muito rapidamente.

Partículas, Possibilidades e Consciência: Um Breve Olhar para a Realidade Quântica

Na visão mecanicista newtoniana do cosmos, as unidades fundamentais de construção que alicerçam o universo são partículas cujo comportamento pode ser conhecido e previsto em qualquer momento da sucessão temporal. Elas se parecem com as bolas de bilhar em uma mesa de sinuca: se temos a informação que descreve a força transmitida por uma bola quando ela bate em outra (velocidade, ângulo de colisão e assim por diante), então devemos ser capazes de prever para onde irá e como a bola que foi atingida se comportará. E se ela atingir outras novas bolas em sua jornada, saberemos para onde viajarão e também o quão depressa o farão. A chave aqui está no fato de que a visão mecanicista do universo concebe as menores unidades do material de que o nosso mundo é feito como *coisas*.

A física quântica olha para o universo de maneira diferente. Em anos recentes, cientistas desenvolveram a tecnologia que tornou possível documentar o comportamento estranho, e às vezes milagroso, da energia quântica, que forma a essência do universo e do nosso corpo. Por exemplo:

- A energia quântica pode existir sob duas formas muito diferentes: como partículas visíveis ou ondas invisíveis. A energia ainda está lá de qualquer maneira, apenas se fazendo conhecer sob diferentes formas.

- Uma partícula quântica pode estar apenas em um lugar, em dois lugares de uma só vez, ou até mesmo em muitos lugares simultaneamente. O interessante, no entanto, é que, independentemente de quão distantes esses locais possam estar fisicamente uns dos outros, as partículas agem como se ainda estivessem conectadas.

- As partículas quânticas podem se comunicar entre si em diferentes pontos no tempo. Elas não estão limitadas pelos conceitos de passado, presente e futuro. Para uma partícula quântica, então é agora e lá é aqui.

Esses fatos são importantes porque somos feitos das mesmas partículas quânticas que podem se comportar milagrosamente quando ficam sujeitas às condições corretas para isso. A questão é esta: "Se as partículas quânticas não estão limitadas pelas 'leis' da ciência – pelo menos como as conhecemos atualmente – e se somos feitos das mesmas partículas, então será que nós também podemos realizar fatos milagrosos?" Em outras palavras, será que o comportamento que os físicos chamam de "anômalo" está demonstrando nossos limites científicos, ou está na verdade nos mostrando algo mais? Poderia a liberdade no tempo e no espaço que essas partículas nos mostram estar nos revelando a liberdade que é possível em nossa vida?

Se acompanharmos com nossa sondagem todas as pesquisas, documentações e experiências diretas daqueles que transcenderam os limites de suas próprias crenças, acredito, sem reservas, que a resposta é um compacto *sim*.

A única diferença entre essas partículas isoladas e nós mesmos está no fato de que somos feitos de uma enormidade delas, ligadas por meio do misterioso "estofo" que preenche os lugares que costumávamos considerar como "espaço vazio" – uma forma de energia que estamos apenas começando a compreender. É o recente reconhecimento dessa estranha forma de energia pela ciência *mainstream* que nos projetou em uma maneira nova e quase holística de ver a nós mesmos no universo.

> **Código de Crença 4:**
> Se as partículas de que somos feitos podem se comunicar umas com as outras instantaneamente, podem estar em dois lugares ao mesmo tempo, e podem até mesmo mudar o passado graças a escolhas feitas no presente, então nós também podemos.

Em 1944, Max Planck, o homem que é considerado por muitos como o pai da teoria quântica, chocou o mundo ao dizer que existe uma "matriz" de energia que fornece a planta – o projeto do arcabouço (*blueprint*) – do nosso mundo físico.[5] Nesse lugar de pura energia, tudo começa, desde o nascimento das estrelas e do DNA até nossos relacionamentos mais profundos, a paz entre as nações e a cura pessoal. A disposição de abraçar a existência da matriz por parte da ciência *mainstream*, com sua abordagem convencional, é tão nova que os cientistas ainda precisam até mesmo concordar com um nome único para batizá-la.

Alguns simplesmente a chamam de "campo". Outros se referiram a ela usando expressões que variam desde "holograma quântico", de sonoridade mais técnica, até nomes que sugerem uma realidade quase espiritual, como "mente de Deus" e "mente da natureza". Em meu livro de 2007, no qual descrevi a história e a prova do campo, chamei a atenção para o efeito de ponte que tem se evidenciado entre a ciência e a espiritualidade, referindo-me a ela como a *Matriz Divina*. A prova experimental de que a matriz de Planck é real fornece agora o elo perdido que estende a ponte entre nossas experiências espirituais de crença, imaginação e prece com os milagres que vemos no mundo ao nosso redor.

A razão pela qual as palavras de Planck são tão poderosas vem do fato de terem mudado para sempre a maneira como pensamos a respeito do nosso corpo, do nosso mundo e do nosso papel no universo. Elas implicam no fato de que somos muito mais do que simplesmente os "observadores" que os cientistas descreveram, passando os olhos, durante um breve momento, por imagens de uma criação que já existe. Por meio da conexão que une tudo que existe, os experimentos têm atualmente mostrado que afetamos diretamente as ondas e partículas do universo. Em poucas palavras, o universo responde às nossas crenças. É essa diferença – pensar em nós como criadores poderosos em vez de observadores passivos – que se tornou o ponto crucial de algumas das maiores controvérsias que ocorreram entre várias das maiores mentes da história recente. As implicações são absolutamente vertiginosas.

Por exemplo, em uma citação extraída de suas notas autobiográficas, Albert Einstein compartilhou sua crença em que exercemos pouco efeito sobre o universo como um todo e temos sorte se conseguimos compreender mesmo que seja uma pequena parte dele. Vivemos em um mundo, disse ele, "que existe independentemente de nós, seres humanos, e que se ergue diante de nós como um grande e eterno enigma, pelo menos parcialmente acessível à nossa inspeção e ao nosso pensamento".[6]

Ao contrário da perspectiva de Einstein, que ainda é amplamente defendida por muitos cientistas atuais, John Wheeler, um ilustre físico de Princeton e colega de Einstein, oferece uma visão radicalmente diferente do papel que desempenhamos na criação. Os estudos de Wheeler o levaram a acreditar que podemos estar vivendo em um universo onde a consciência não é apenas importante, mas também efetivamente criadora – em outras palavras, em um "universo participatório".

Esclarecendo sua crença, Wheeler diz: "Não poderíamos sequer imaginar um universo que, em algum lugar e durante algum período de tempo, não contenha observadores, pois os próprios materiais de construção do universo são esses atos de participação do observador."[7]

Que mudança! Em uma interpretação completamente revolucionária de nossa relação com o mundo, Wheeler está afirmando que é impossível para nós simplesmente observar o mundo acontecer ao nosso redor. Nunca podemos ser [meros] observadores porque, quando observamos, criamos e modificamos o que é observado. Às vezes, o efeito de nossa observação é quase indetectável; mas às vezes não, como descobriremos em capítulos posteriores! De qualquer maneira, as descobertas do século passado sugerem que nosso ato de observar o mundo é, em si mesmo, um ato de criação. E é a consciência que está realizando esse ato!

Essas descobertas parecem apoiar a proposição de Wheeler de que não podemos mais pensar em nós mesmos apenas como espectadores que não exercem efeito algum no mundo que estamos observando. Quando estamos olhando para a "vida" – que inclui nossa profusão espiritual e material, nossos relacionamentos e carreiras, nossos amores mais profundos e nossas maiores realizações, bem como nossos medos e a falta de todas essas coisas – também podemos estar olhando diretamente para o espelho de nossas crenças mais verdadeiras e, às vezes, mais inconscientes.

Arquitetos da vida

Por meio de nossas crenças, somos a ponte que se estende entre a realidade e tudo o que podemos imaginar. É o poder do que realmente acreditamos sobre nós mesmos que dá vida às nossas mais elevadas aspirações e aos nossos maiores sonhos, os elementos que fazem o universo ser como ele é. E se todo o universo parece um lugar grande demais para que nós sequer nos dediquemos a pensar sobre ele, tudo bem – podemos simplesmente começar pensando em nós mesmos e em um mundo cotidiano.

Considere sua relação com a sala ou o quarto em que você está sentado. Enquanto está pensando, faça a si mesmo estas perguntas: "Que papel eu desempenhei para chegar até aqui? Como cheguei a este lugar preciso neste momento preciso?" Em seguida, considere como o tempo, o espaço, a energia e a matéria convergiram de maneira misteriosa e preciosa para trazê-lo a este momento preciso, e pergunte: "Será que tudo isso é apenas um acidente?"

Você é apenas um acaso da biologia, da energia e da matéria, que apenas aconteceu de convergir para este instante? Se a sua resposta a esta pergunta é *Não!*, então você realmente vai gostar do que vem a seguir. Porque se acredita honestamente que você é mais do que um acidente do tempo, do espaço e da energia, então você realmente pensa que se encontraria em um mundo de tantas possibilidades quânticas sem uma maneira de escolher entre essas possibilidades?

Reconhecer que desempenhamos um papel central na maneira como nossa realidade do dia a dia se manifesta é reconhecer que, de algum modo, estamos interagindo com a essência do universo. Para que uma realidade assim seja possível, isso significa que também precisamos reconhecer o seguinte:

> Código de Crença 5:
> Nossas crenças têm o poder de mudar o fluxo de eventos no universo – elas têm, literalmente, o poder de interromper e redirecionar o tempo, a matéria e o espaço, e os eventos que ocorrem dentro deles.

Quando escolhemos nos dedicar a uma carreira diferente ou a um novo relacionamento ou à cura de uma doença que ameaça nossa vida, estamos na verdade reescrevendo o código da realidade. Se pensamos sobre todas as implicações de todas as decisões que tomamos em cada momento de cada dia, torna-se claro como nossas escolhas aparentemente pequenas podem ter efeitos que alcancem muito além de nossa vida pessoal. Em um universo em que cada experiência é construída sobre o resultado de experiências anteriores, é óbvio que *todas elas* são necessárias. Não há escolhas "desperdiçadas", pois todos os eventos e decisões são necessários. Cada um deles deve estar precisamente onde está antes que os outros possam se seguir a ele.

De repente, nossa decisão de ajudar alguém que, por exemplo, se perdeu no aeroporto, ou nossa boa vontade para compreender nossa raiva antes que nós a desencadeemos contra aqueles que não merecem isso adquire um novo significado. Cada escolha põe em movimento uma corrente ondulatória que afetará não apenas nossa vida, mas também o mundo mais além.

Então, pense em tudo o que teve de acontecer no passado, antes mesmo que tivesse nascido, para que você estivesse no lugar preciso em que está neste momento. Pense no número insondável das minúsculas partículas de poeira estelar que se originaram com o nascimento do universo. Contemple onde essas partículas estiveram e considere como elas se reuniram da maneira correta para se tornarem o "você" de hoje. Ao fazer isso, você descobre que adquire uma clareza extraordinária o fato de que alguma coisa – *alguma força inteligente* – está mantendo juntas as partículas que constituem o que *você* é exatamente agora, enquanto você lê as palavras desta página.

É essa força que torna nossas crenças tão poderosas. Se pudermos nos comunicar com ela, então também poderemos mudar a maneira como as partículas do "nós" se comportam no mundo. Podemos reescrever o código de nossa realidade.

Um número crescente de cientistas da *mainstream* está traçando paralelismos entre a maneira como o universo funciona e a produção de uma enorme simulação de computador incrivelmente antiga – uma realidade virtual literal. Nessa comparação, nosso mundo cotidiano é considerado como uma simulação que funciona de maneira muito parecida com o "holodeck" em *Jornada nas Estrelas: A Nova Geração* (*Star Trek: The Next Generation*), série de TV que foi ao ar pela primeira vez em 1987. É uma experiência criada dentro do *container* (recipiente) de uma realidade maior com o propósito de dominar as condições dessa realidade.

Levando essa disposição apenas um passo adiante, podemos imaginar que, se compreendermos as regras desse programa de realidade antigo e sempre em andamento, também poderemos compreender como mudar as condições de medo, guerra e doença que nos feriram e/ou prejudicaram no passado. No âmbito desse modo de pensar, tudo adquire um significado totalmente novo. Por mais especulativa, ou "coisa de ficção científica", que essa proposição possa parecer, ela é apenas uma das implicações que derivam diretamente dessa nova e poderosa maneira de pensar o universo.

Mas o que vem em primeiro lugar: vamos voltar a toda a ideia de realidade como um programa. Como pode algo tão grande quanto o universo inteiro ser o *output* (saída ou resultado gerado) de um computador?

A simplicidade do que se segue poderá surpreendê-lo...

O Universo como um Computador-Consciência

Na década de 1940, Konrad Zuse (pronuncia-se *zoo-sŭh*), o homem a quem se concede o crédito de ter desenvolvido os primeiros computadores, teve um lampejo, um *insight*, sobre a maneira como o universo pode funcionar. Quando fez isso, ele também nos deu uma nova maneira de pensar sobre nosso papel na criação. Enquanto estava desenvolvendo os programas para executar em seus primeiros computadores, ele fez uma pergunta que soa mais como algo que saíra do enredo de um romance do que uma ideia que pretendesse ser levada a sério como uma possibilidade científica.

A pergunta de Zuse era simplesmente esta: "Seria possível que todo o universo operasse como um grande computador, com um código que torna possível tudo o que é possível?" Ou, talvez, de modo ainda mais bizarro, ele se perguntou se uma forma de maquinário de computação cósmica está continuamente criando o universo e tudo o que há nele. *Em outras palavras, estaríamos vivendo uma realidade virtual rodada em um computador realmente grande constituído da própria energia quântica?* Esta é claramente uma grande questão, com implicações que abalam tudo, desde as ideias da vida e da evolução até a base da própria religião. Além disso, gerou *Matrix* (*The Matrix*), filme extraordinariamente popular de 1999.

Zuse era obviamente um homem à frente de seu tempo. Trinta anos depois, ele fez elaborações sobre essas ideias em seu livro *Calculating Space*, e colocou em movimento os eventos que levaram à revolução em nossa visão da realidade e da vida cotidiana.[8] Comentando sobre como seus *insights* alucinantes ganharam forma, Zuse descreveu como fez a conexão entre as máquinas que estava construindo e o maquinário do universo. "Aconteceu que ao contemplar a causalidade [a relação entre fatos que acontecem e o que faz com que esses fatos aconteçam]", ele disse: "De repente, pensei em interpretar o cosmos como uma gigantesca máquina de calcular".[9]

A linha de base dessa maneira de ver o universo pode ser expressa no seguinte reconhecimento: quer estejamos falando sobre rochas e árvores, o oceano, ou você e eu, *tudo* é informação. E assim como qualquer informação pode ser o *output* (a saída ou resultado dos processamentos envolvidos na computação) de processos que unem tudo, o universo é realmente o produto de um programa imensamente grande, que começou a ser rodado há muito tempo. Embora o *Quem?* e o *Porquê?* de tal programa sejam certamente fundamentais, Zuse estava olhando mais para o como: "Como algo assim poderia ser possível?" Embora ele estivesse fazendo as perguntas certas, a tecnologia para testar suas teorias simplesmente não estava disponível a ele na época como está para nós agora.

Em anos recentes, novas descobertas direcionaram os cientistas de volta para as perguntas originais de Zuse. Continuando de onde ele parou, um número cada vez maior de estudiosos está agora pensando ao longo das mesmas diretrizes e fazendo a mesma pergunta: "Será que estamos vivendo em uma simulação virtual?" Se estamos, então o universo e tudo o que há nele é o que é e está onde está porque algo no programa cósmico o colocou lá. E isso significaria que estamos vivendo em uma realidade digital onde tudo é feito de *informação* em vez de *coisas*.

Em 2006, Seth Lloyd, o *designer* do primeiro computador quântico viável, levou a ideia de um universo digital um passo adiante, elevando-a de uma pergunta que indagava "E se?" para a afirmação "É". Tomando como base suas pesquisas no novo campo da física digital, ele deixa poucas dúvidas quanto a onde ele está nessa visão emergente da realidade. "A história do universo é, com efeito, uma enorme computação quântica em andamento", ele afirma.[10] E para o caso de haver qualquer incerteza em nossa mente sobre precisamente o que Lloyd está dizendo aqui, ele esclarece suas descobertas. Em vez de sugerir que o universo pode ser *semelhante* a um computador quântico, ele nos atira com força na mais radical descrição da realidade que surgiu nos últimos dois mil anos, ao afirmar: "O universo *é* um computador quântico [a ênfase é minha]".[11] Na perspectiva de Lloyd, tudo o que existe é a saída (*output*) do computador do universo. "Enquanto a computação prossegue, a realidade se desdobra", explica.[12]

> Código de Crença 6:
> Assim como podemos rodar um programa simulado que parece real e que sentimos como real, estudos sugerem que o próprio universo pode ser o resultado do processamento (*output* ou saída) de uma imensa e antiga simulação – um programa de computador – que começou há muito tempo. Nesse caso, conhecer o código do programa é conhecer as regras da própria realidade.

Uau! À primeira vista, percebemos que nossa mente cambaleia com a magnitude do que essa possibilidade implica. Em seguida, passamos a examinar mais de perto, respirando mais fundo, sentados em nossas cadeiras e dizendo: "Hmm... isso realmente faz sentido. Faz *muito* sentido. Essa pode ser exatamente a maneira como tudo de fato funciona!" A razão que nos leva a reconhecer isso está no fato de a comparação entre os átomos do mundo cotidiano com a informação de um computador funcionar excepcionalmente bem.

Considerando Átomos como Dados

Para começar essa comparação, vamos dar uma olhada no que sabemos sobre computadores. Não importa quão grande ou pequeno, quão simples ou sofisticado, todo computador tem uma linguagem que ele usa para fazer o que deve ser feito por ele. Em nosso familiar *desktop* ou *laptop*, essa linguagem é um código baseado em padrões de números chamados *bits*, expressão que é simplesmente a escrita abreviada, em "computerese", para a frase mais longa *binary digits* ("dígitos binários").

E "dígitos binários" significa simplesmente que todas as informações são codificadas como padrões de uns e de zeros (1s e 0s), "ligados" e "desligados ("ons" e "offs"), a notação abreviada para as polaridades que tornam o universo o que ele é. Como existem apenas duas opções de polaridade, o código de *bits* é chamado de linguagem *binária*. Na maneira mais básica de pensar sobre matéria e energia, isso representa tudo: matéria e não matéria, positivo e negativo, sim e não, masculino e feminino. No caso dos próprios *bits*, é 1 e 0, onde 1 representa "ligado" e 0 representa "desligado". O código binário é simples assim.

Mas não pense que os *bits* não retêm muito poder só porque são baseados em uma ideia simples. Pelo contrário: a linguagem binária pode ser a *mais* poderosa do universo. Representa a maneira como as coisas parecem ser: elas são ou não são. Essa linguagem é universal. Por mais incrível que pareça, todos os computadores – desde aqueles que guiam nossos astronautas até a Lua até aquele que o seu automóvel usa e que o avisa quando é hora de uma troca de óleo – baseiam-se em um código feito de diferentes combinações de 1 e 0.

Esse código de *bits* é considerado tão universal que a NASA até o usou para inscrever a mensagem que deixou a Terra em 1972 a bordo da espaçonave *Pioneer 10*. A ideia era a de que se alguma vida inteligente encontrasse a sonda do tamanho de uma bola de futebol, a linguagem binária lhe diria que somos uma espécie que compreende a maneira como o universo funciona.

Em 1983, a *Pioneer 10* tornou-se o primeiro objeto artificial lançado da Terra a ultrapassar Plutão e deixar nosso sistema solar. Foi ouvida pela última vez em 22 de janeiro de 2003, quando os sensores da Deep Space Network captaram o último sinal fraco emitido enquanto a minúscula nave mergulhava nas profundezas do espaço interestelar. Embora sua fonte de energia tenha enfraquecido nos últimos trinta e cinco anos, os cientistas acreditam que a *Pioneer 10* ainda está intacta e segue seu curso rumo à estrela Aldebaran, onde deverá chegar em cerca de dois milhões de anos. Quando isso acontecer, ela estará carregando um cartão de visita vindo da Terra e escrito na linguagem universal dos números binários.

Assim como todo computador usa linguagem binária para fazer o que faz, parece que o computador do universo também usa *bits*. No entanto, em vez de serem constituídos de 1s e 0s, os *bits* da criação parecem ser a matéria da qual tudo é feito: os *átomos*. Os átomos de nossa realidade existem como matéria ou não existem. Eles estão aqui ou não, "ligado ou desligado".

Em uma entrevista recente, Seth Lloyd descreveu uma conversa que teve com sua filha pequena, na qual a ironia de conceber o universo como *bits* em vez de átomos ficou muito clara. Depois de Lloyd explicar a ela como é possível programar o universo, ela respondeu: "Não, papai, tudo é feito de átomos, com exceção da luz".[13]

De uma certa perspectiva, ela está absolutamente correta. Lloyd reconheceu isso, enquanto oferece ainda outra perspectiva. "Sim, Zoey", ele concordou, "mas esses átomos são também informação. Você pode pensar que os átomos carregam *bits* de informação, ou pode pensar em *bits* de informação como portadores de átomos. Você não pode separar os dois".[14]

> Código de Crença 7:
> Quando pensamos no universo como um programa, os átomos representam "*bits*" de informação que trabalham exatamente da maneira familiar como os ***bits*** de computador o fazem. Eles estão "ligados", como matéria física, ou "desligados", como ondas invisíveis.

Pergunta: O que é a Computação do Universo?
Resposta: Ele mesmo.

Em outra entrevista, na qual explorava a consciência como informação e o que tudo isso pode significar, Lloyd foi indagado com a mesma pergunta que normalmente é feita quando pensamos no universo como um computador: "Se todo o universo, e tudo o que há nele, são realmente parte de um grande computador quântico, então qual é o propósito? O que é a computação do universo?"

Lloyd respondeu de uma maneira que lembra algo que poderíamos esperar ouvir depois de caminhar por semanas nos picos das montanhas cobertas de neve do Himalaia em busca de um grande mestre sábio escondido em um mosteiro esquecido. A simplicidade de sua resposta e a magnitude do que isso significa trazem à mente o tipo de resposta que poderíamos encontrar exatamente em tal lugar: "[O universo] computa a si mesmo. Ele computa o fluxo do suco de laranja enquanto você o bebe, ou a posição de cada átomo em suas células... Mas a maior parte do pensamento do universo é sobre humildes vibrações e colisões de átomos".[15] No início, podemos acreditar que um átomo colidindo com outro realmente não faz toda essa diferença em nossa vida. Afinal, isso acontece o tempo todo, certo? ... Talvez. Ou talvez não.

A implicação do que Lloyd está dizendo nos convida a pensar novamente. Ele nos lembra como aquilo que ele chama de "a dança da matéria e da luz" teve o poder de produzir o nosso universo e tudo o que nele existe. Seu livro *Computing the Universe* descreve como o simples ato de apenas os átomos certos "darem de cara" exatamente com os outros átomos certos pode afetar tudo: "Todas as interações entre partículas no universo transmitem não apenas energia, mas também informações – em outras palavras, as partículas não apenas colidem; elas também computam. À medida que a computação prossegue, a realidade se desdobra".[16] Com base nessa maneira de pensar, reconhecemos que somos o produto de energia, movimento e matéria tocando matéria – uma grande dança cósmica no sentido mais verdadeiro da palavra.

De maneira muito parecida, John Wheeler já estava pensando sobre o universo como informação na década de 1980. Ele explicou: "Cada *it* – cada partícula, cada campo de força, e até mesmo o próprio *continuum* espaçotemporal – deriva sua função, seu significado, sua própria existência inteiramente de escolhas binárias, *bits*.* O que nós chamamos de realidade surge... da proposição de perguntas do tipo sim/não".[17] Em outras palavras, Wheeler estava sugerindo que as "coisas" que tornam o universo

* Isto é, cada it (cada coisa) provém do bit (da informação). (N. do T.)

e a vida o que eles "são" se constituem realmente em informações, pedacinhos de polaridade. Tudo se resume a opostos: mais e menos, masculino e feminino, ligado e desligado.

Como Funciona o Nosso Universo Virtual?

Se, como propõe Wheeler, as partículas do universo são como *bits* de informação de um computador e se, como diz Lloyd, "o universo é um computador quântico", então a questão do que *significaria* saber que tudo se baseia em um código agora mudou para: "O que isso significa?" Como veremos, as evidências sugerem que as probabilidades de que estamos vivendo em algum tipo de realidade simulada são maiores do que as de que não estamos.

Então, agora que abrimos a porta para uma possibilidade tão poderosa, vamos continuar com essa linha de pensamento e levar nossas possibilidades a dar um passo adiante. Em nossa realidade simulada, será que temos acesso ao código que torna possíveis tudo o que existe? Será que podemos aprimorar o programa de vida, de cura, de paz e de realidade cotidiana exatamente da mesma maneira como podemos fazer com o código de nossa conexão com a internet ou com nosso processador de texto? Pelo menos, tal possibilidade é intrigante.

Com base nessa perspectiva, por exemplo, reconhecemos que milagres são programas que, por assim dizer, "dão a volta por cima", ou contornam, os "limites" da ciência, e os acidentes infelizes e ocorrências bizarras que parecem "acontecer" são, às vezes, provocados por falhas ocasionais nos programas do computador. Invariavelmente, essas perguntas abrem a porta para outras ainda mais profundas – e com elas, para os mistérios que talvez não sejam respondidos no curto prazo:

- Quem é o programador que iniciou nossa cósmica simulação de computador?
- A ideia de um arquiteto cósmico está relacionada com nossas ideias de Deus?
- Há quanto tempo o computador-consciência está rodando?

- O que significam realmente o "início" e o "fim" dos tempos e da vida?
- Quando morremos, simplesmente abandonamos nossa simulação e continuamos existindo em um reino fora de nossa realidade virtual?

Embora todas essas perguntas sejam boas, elas também estão além do âmbito do que podemos fazer justiça neste livro. No entanto, há uma pergunta adicional cuja resposta também pode resolver os mistérios das outras. É simplesmente esta: "Como tudo isso funciona?"

Como afirmamos anteriormente, poderíamos estudar a criação do universo e como ele ficou aqui por mais cem anos e ainda assim não conseguimos obter o conhecimento de todas as respostas. Embora tal investigação certamente valha a pena, ela pode exercer apenas um pequeno efeito em nosso esforço para resolver os problemas urgentes que nosso mundo enfrenta atualmente. Com a ameaça de guerra global e a chance muito real de que envolverá armas atômicas, o surgimento de novas doenças provocadas por vírus que parecem impermeáveis ao nosso arsenal de drogas, e o sofrimento provocado pela seca e pela inanição, que já começaram com o resultado de mudanças climáticas abruptas, nós simplesmente não temos o luxo de dispor de um outro século para compreender cada pedacinho dos segredos do universo antes de agirmos.

Claramente, agora é o momento de aplicar o que sabemos sobre a maneira como nosso universo funciona a fim de resolver os problemas que ameaçam nossa sobrevivência e nosso futuro. E tudo começa com nossa compreensão do código de crença cósmico. Quando dominamos a linguagem desse código, podemos usá-lo em nossa vida para tudo, desde cura e reversão de doenças até relacionamentos bem-sucedidos entre pessoas e cooperação pacífica entre nações.

No entanto, pensar em todo o universo como um programa de computador em andamento é uma tarefa enorme! A ideia parece tão grande e tão complexa que poderia levar uma eternidade só para saber por onde começamos. Um novo ramo de estudo poderia estar retendo o segredo da pista. Se for assim, podemos começar a resolver o mistério do desconhecido usando a analogia do que já sabemos. E tudo pode ser muito mais simples do que pensávamos ser possível.

Todo o Universo a Partir de Alguns Bons Padrões

A ciência dos últimos trezentos anos levou a uma conclusão inevitável sobre a realidade do nosso mundo cotidiano: tudo é, em última análise, feito do mesmo material. Da poeira das estrelas distantes até você e a mim, em última análise, tudo o que "é" emerge da infindável sopa de energia quântica (o que "poderia ser"). E sem nenhuma falha, quando isso acontece, manifesta-se como padrões previsíveis que seguem as regras da natureza.

A água é um exemplo perfeito. Quando dois átomos de hidrogênio se conectam a um átomo de oxigênio como uma molécula de H_2O, o padrão da ligação entre eles é sempre idêntico. Sempre formam o mesmo ângulo, que é sempre igual a 104°. O padrão é previsível. É confiável – e porque o é, a água é sempre água.

Tudo diz respeito aos padrões.

Então, para colocar a questão sobre como o universo pode funcionar como um grande computador, o que realmente estamos nos perguntando é como sua energia cria padrões. Esse é o lugar onde a fronteira entre nosso mundo cotidiano e os mistérios esotéricos que descrevem o universo torna-se indistinta, difusa.

Quando Zuse começou a pensar no universo como um computador, ele estava considerando como sua estrutura imensa parecia funcionar como o computador que ele tinha em seu laboratório. A semelhança o levou a suspeitar que eles não apenas eram semelhantes na maneira como operavam, mas também na maneira como processavam as informações. Ele passou a procurar funções equivalentes para seu computador no universo.

Raciocinando sobre o fato de que o *bit* é a menor unidade de informação que um computador processa, ele considerou o átomo – a menor unidade de matéria que retém suas propriedades elementares – como seu equivalente. Com base nessa perspectiva, tudo o que podemos ver, sentir e tocar no universo é a matéria feita dos átomos que estão no estado "ligado". Aqueles que não vemos, aqueles que existem no estado invisível (virtual), estão na posição "desligado".

Assim como o axioma "Assim em cima como embaixo; e o que está embaixo é como o que está em cima" descreve como as órbitas de um elétron podem nos ajudar a entender as de um sistema solar, a analogia de

Zuse oferece outra metáfora poderosa que pode, no longo caminho de sua abrangência, fazer o mesmo com a própria realidade. É simples. É elegante. E talvez o mais importante de tudo, funciona.

Em um artigo de 1996 intitulado "A Computer Scientist's View of Life, the Universe, and Everything" [Uma Visão da Vida, do Universo e de Tudo por um Cientista da Computação], Jürgen Schmidhuber do Dalle Molle Institute for Artificial Intelligence elaborou uma visão com base nas ideias de Zuse.[18]

Explorando a possibilidade de que nosso universo seja o resultado (*output*) de um antigo programa de realidade que está em execução há muitíssimo tempo, Schmidhuber começa com a suposição de que em algum momento de nosso passado distante uma grande inteligência começou a rodar o programa que criou "todos os universos possíveis". Intencionalmente, deixei de lado as equações complexas que ele usa para chegar às suas conclusões e fui diretamente ao trecho que é importante para o que está em discussão.

Como sua teoria supõe que tudo começou em um momento do tempo com uma quantidade fixa de informações, ele sugere: "Qualquer estado do universo em um determinado momento pode ser descrito por meio de um número finito de *bits*". Sua segunda suposição descreve por que isso é importante para nós, quando conclui: "Um dos muitos universos é o nosso".[19] Em outras palavras, Schmidhuber está sugerindo que, assim como acontece com qualquer simulação, o universo começou com uma certa quantidade de informações – um certo número de átomos (*bits*) – que permanece conosco hoje e pode ser identificada e avaliada. Que maneira poderosa e intrigante de pensar em como o universo funciona! "Se de fato tudo é realmente a informação que Zuse, Schmidhuber e outros descrevem, então onde nos encaixamos no computador-consciência do universo?"

Todos nós já ouvimos o ditado: "Quando o aluno está pronto, o professor aparece". Da mesma maneira, descobrimos que, quando a ideia está pronta, a tecnologia para explorá-la se materializará. Geralmente acontece, mas só no momento certo. A história mostra que a fórmula matemática correta, os experimentos corretos e o *chip* de computador correto chegam misteriosamente no momento exato em que precisamos deles para juntar as peças de um novo paradigma em algo que se torna útil em nossa vida. O corolário para a emergência dessas novas percepções aguçadas, profundas e abrangentes que nos encaminham para a resolução de tais fatores corretos é o fato de que, uma vez que ela ocorre, não há como voltar atrás.

Isso é precisamente o que está acontecendo com as teorias do universo como um computador. Embora visionários como Zuse possam ter pensando nisso já na década de 1940, em sua época, a matemática para explorar essas ideias radicais simplesmente ainda não estava disponível. E não esteve até trinta anos depois, quando tudo isso mudou. Um novo ramo irrompeu em cena, mudando para sempre a maneira como pensamos sobre tudo, desde a natureza e o nosso corpo até as guerras e o mercado de ações: a matemática fractal.

Na década de 1970, um professor da Universidade de Yale, Benoît Mandelbrot, desenvolveu um procedimento que nos permite ver a estrutura subjacente que faz o mundo ser como ele é. Essa estrutura é feita de padrões – e, mais especificamente, de padrões dentro de padrões dentro de padrões... e assim por diante. Ele chamou sua nova maneira de ver o mundo de *geometria fractal*, ou simplesmente *fractais*.

Antes da descoberta de Mandelbrot, os matemáticos usavam a geometria euclidiana para descrever o mundo. Eles acreditavam que a própria natureza era complexa demais para haver uma única fórmula que a representasse com precisão. Por essa razão, muitos de nós crescemos aprendendo uma geometria que só oferece aproximações com a natureza, e para as quais usa linhas, quadrados, círculos e curvas. Também sabemos que é impossível representar uma árvore ou uma cordilheira usando o que aprendemos. Justamente por essa razão, nossos primeiros desenhos de árvores pareciam pirulitos na ponta de palitos.

A natureza não usa linhas e curvas perfeitas para construir árvores, montanhas e nuvens. Em vez disso, usa fragmentos que, quando tomados como um todo, tornam-se as montanhas, as nuvens e as árvores. Em um fractal, cada peça, não importa quão pequena seja, é semelhante ao padrão maior do qual ela é uma parte. Quando Mandelbrot programou sua fórmula simples em um computador, a saída visual (*output*) foi impressionante. Vendo tudo no mundo natural como pequenos fragmentos que se parecem muito com outros pequenos fragmentos, e combinando-os em padrões maiores, as imagens que foram produzidas fizeram ainda mais do que se aproximar da natureza.

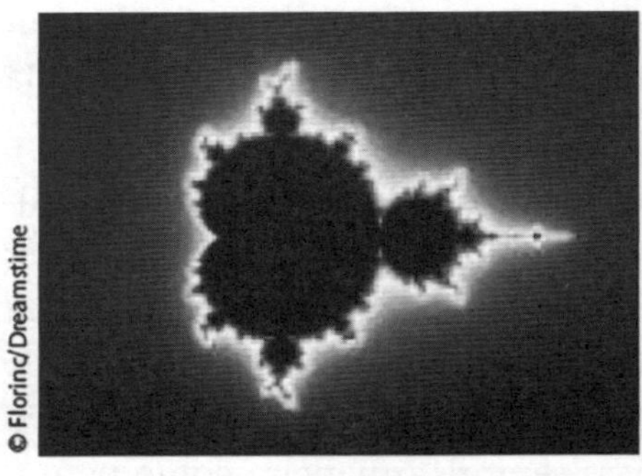

Figura 1. Na década de 1970, Benoît Mandelbrot programou um computador para produzir as primeiras imagens fractais, como aquela que se pode ver aqui à esquerda. Desde essa época, cientistas descobriram que a geometria fractal pode imitar até mesmo os padrões mais complexos da natureza, como a folha de feto à direita. Essa descoberta sustenta a possibilidade de que a natureza e o universo podem ser a produção computacional (*output*) desses padrões criados por um imenso programa quântico que começou a rodar há muito tempo.

Elas se pareciam *exatamente* com a natureza. E isso é precisamente o que a nova geometria de Mandelbrot estava nos mostrando sobre nosso mundo. A natureza constrói a si mesma em padrões que são semelhantes, mas não idênticos. A expressão para descrever esse tipo de similaridade é *autossimilaridade*.

> Código de Crença 8:
> A natureza usa alguns padrões simples, autossimilares e repetitivos – fractais – para encaixar átomos nos padrões familiares de tudo, desde elementos e moléculas até rochas, árvores e nós mesmos.

Aparentemente da noite para o dia, tornou-se possível usar fractais para replicar tudo, desde a linha litorânea de um continente até uma supernova em explosão. A chave era encontrar a fórmula correta – o programa correto. E essa é a ideia que nos traz de volta o pensamento que reconhece o universo como o resultado (*output*) da computação de um antigo programa quântico em andamento.

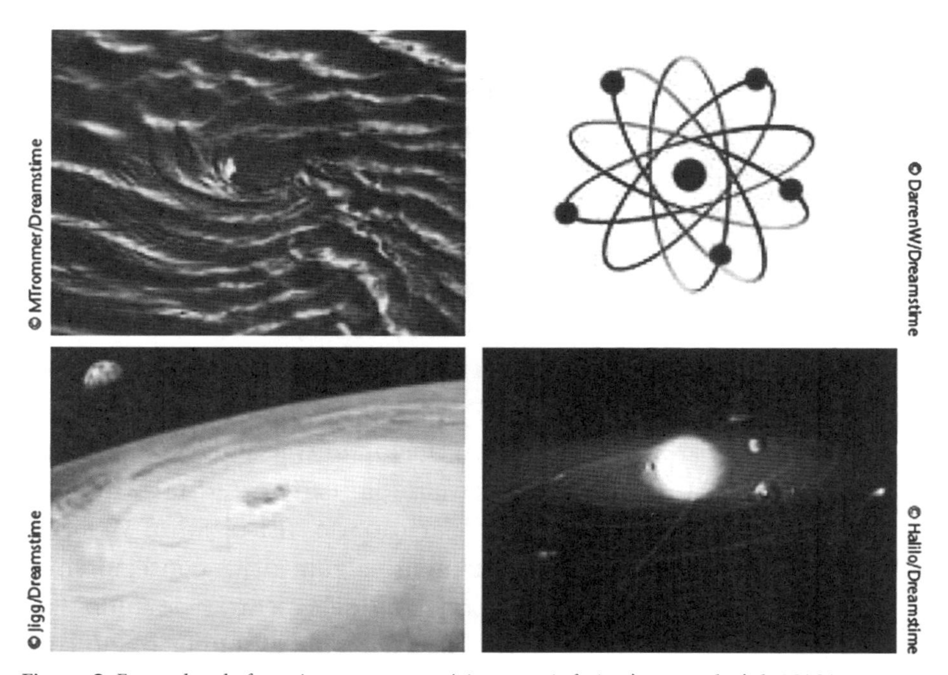

Figura 2. Exemplos de fractais na natureza. A imagem inferior à esquerda é da NASA e mostra o olho de um furacão visto do espaço, e a imagem acima dela é a de um vórtice de água. As semelhanças são impressionantes. A imagem inferior à direita é uma representação gráfica do nosso sistema solar, e a do topo mostra um modelo mecânico do átomo. Ambos os conjuntos de imagens ilustram como padrões autossimilares, repetitivos, podem ser usados para descrever o universo desde o muito pequeno até o muito grande, diferindo apenas em escala.

Se o universo é o resultado de um processo de computação (*output*) de um programa de computador que roda ao longo de um tempo inimaginavelmente longo, então o computador deve estar produzindo os padrões fractais que reconhecemos como natureza. Pela primeira vez, essa nova matemática remove o obstáculo que nos leva a indagar *como* tal programa pode ser possível. Em vez da produção eletrônica de *bits* criando o que vemos na tela, o computador-consciência do universo usa átomos para a produção de rochas, árvores, pássaros, plantas e até nós mesmos.

Uma Chave Fractal para o Universo

Uma visão fractal do universo implica no fato de que tudo, desde um único átomo até o cosmos em sua totalidade, é feito de apenas alguns padrões naturais. Embora eles possam se combinar, repetir e construir-se em escalas maiores, até mesmo em sua complexidade eles ainda podem ser reduzidos a algumas formas simples.

A ideia, com certeza, é atraente; na verdade, é uma ideia linda. Pensar o universo como uma realidade fractal cruza a separação artificial que impusemos ao nosso conhecimento no passado, tecendo conjuntamente muitas diferentes disciplinas de ciência e filosofia em uma grande e elegante história de como o universo é construído. A visão fractal do cosmos é tão completa que responde até mesmo pelas qualidades estéticas de equilíbrio e simetria às quais artistas, matemáticos, filósofos e físicos aspiram nas formas mais elevadas de seus ofícios.

O apelo universal dessa maneira de pensar com certeza satisfaz a profética declaração do físico John Wheeler: "Certamente algum dia... conseguiremos apreender a ideia central de tudo isso como algo tão simples, tão belo, tão convincente que todos diremos uns aos outros: 'Oh, como isso poderia ter sido diferente do que realmente é?'"[20]

> Código de Crença 9:
> Se o universo é feito de padrões que se repetem, então o fato de compreendermos algo em pequena escala nos fornece uma poderosa janela para formas semelhantes em grande escala.

Além de acomodar os requisitos exigidos por tantas diferentes maneiras de pensar, o modelo fractal do nosso universo tem outra vantagem importante: ele detém a chave para destravar nada menos que o funcionamento interno do universo.

Se nossos pequenos computadores de mesa são baseados em ideias fractais que imitam a maneira como o universo funciona, então, quando aprendemos a respeito do armazenamento de informações em discos rígidos e da realização de *downloads*, estamos realmente ensinando a nós mesmos sobre como a *realidade* funciona. Em caso afirmativo, estamos, em última análise, obtendo *insights* – percepções aguçadas e ideias profundas – sobre nada menos que a mente do grande arquiteto, que colocou o universo em movimento. Então, talvez o computador que usamos para passar o tempo com um jogo rápido de paciência ou para enviar e-mails a amigos seja muito mais do que imaginamos. Pode ser que a tecnologia compacta que você mantém na sua mesa contenha, efetivamente, a chave do maior mistério do universo.

Grande ou Pequeno, um Computador é Sempre um Computador

Embora os computadores tenham passado por uma tremenda evolução em tamanho e velocidade desde que irromperam em cena em meados do século XX, em alguns aspectos eles mudaram muito pouco. Quer preencham um quarto inteiro ou sejam miniaturizados a ponto de caber na palma da nossa mão, todos os computadores têm alguns elementos em comum.

Por exemplo, independentemente do seu tamanho, um computador sempre precisará de *hardware*, de um sistema operacional e de programas para criar sua saída (*output*). No entanto, para lançar uma nova luz sobre a realidade, é importante compreender exatamente o que essas partes de um computador realmente fazem.

O que se segue é uma breve explicação de cada uma delas e do papel que desempenham em um computador eletrônico. Embora as próprias descrições sejam extremamente simplificadas, elas nos permitirão comparar o fractal dos computadores eletrônicos com o funcionamento mais amplo do universo. Os paralelismos são fascinantes. A similaridade é inconfundível.

– A **saída** (ou ***output***) de um computador é o resultado do trabalho realizado. Todas as computações que acontecem dentro dos *bits*, dos *chips* e dos circuitos que compõem seu *hardware* [seus elementos propriamente físicos] tornam-se visíveis sob a forma das informações que vemos nas tabelas, gráficos, palavras e imagens. A saída pode ser mostrada em uma tela por meio de um projetor, impressa em folhas de papel, exibida em um monitor ou tudo isso junto.

– O **sistema operacional** é o elo entre o *hardware* e o *software*. Por meio dele, o *input* [os dados que entram vindos de nossos programas] é traduzido em uma linguagem ainda mais complexa – a linguagem de máquina – que fala diretamente com os *chips*, a memória e o armazenamento do nosso computador. Quer se trate das plataformas familiares Macintosh ou Windows ou das plataformas especializadas desenvolvidas para tarefas específicas, o sistema operacional é a razão pela qual os comandos que digitamos em nossos teclados fazem sentido para o computador.

– Os **programas** [que constituem o *software*] traduzem os comandos que escrevemos em linguagem humana em outra mais complexa, que se comunicará, no final, com os processadores do próprio computador. Os exemplos incluem os *software* com os quais os programadores estão mais familiarizados, como o Word, o PowerPoint, o Photoshop e o Excel, que instalamos em nossos computadores para que eles realizem suas operações.

Embora haja formas exóticas de computadores, que são exceções, de longe os três componentes básicos nas descrições anteriores aplicam-se a quase todos os computadores existentes. Quando aplicamos esses princípios à ideia do universo como um computador, *a própria consciência* torna-se o sistema operacional. Assim como os sistemas operacionais do Windows da Microsoft ou do Macintosh da Apple são a ligação entre o *input* do nosso computador e sua eletrônica, a consciência é o que faz a ponte entre o *nosso input* e o material – o "estofo" – de que tudo é feito.

É uma analogia poderosa, e se os nossos computadores, de fato, imitam a maneira como o universo funciona em uma escala maior, isso nos leva a duas conclusões importantes:

1. Primeiro, para todas as intenções e propósitos, o sistema operacional de qualquer computador é fixo. Ele não muda. Em outras palavras, ele "é" o que é. Então, quando queremos que nosso computador faça algo diferente, não mudamos o sistema operacional – mudamos o que há dentro dele.
2. Isso nos leva à segunda chave importante para compreendermos como o universo funciona. A fim de transformar a realidade, precisamos alterar o único elemento que não é fixo: os próprios programas. Para o nosso universo, esses programas são o que chamamos de "crenças". Então, de acordo com essa maneira de pensar sobre as coisas, a crença torna-se o *software* (o *belief-ware*)* que programa a realidade.

Resumindo os paralelismos entre um familiar computador eletrônico e o universo, a tabela a seguir nos oferece uma poderosa pista que nos mostra como podemos ter acesso aos elementos básicos de construção do universo:

---

* Isto é, o "artigo ou produto manufaturado" (ware) que retém ou veicula a crença (belief). (N. do T.)

Comparação Entre um Computador Eletrônico e o Universo (considerado como um Computador)		
Função	Computador Eletrônico	Computador-Universo
Unidade Básica de Informação	Bit	Átomo
Output	Figuras, Tabelas, Palavras, Gráficos etc.	Realidade
Sistema Operacional	Windows, Macintosh, Unix etc.	Consciência
Programas	Word, Excel, PowerPoint etc.	Crenças

Figura 3. Para ambos, o universo (como um computador-consciência) e um computador eletrônico, a maneira de mudar a saída (o output) é por meio dos programas que o sistema operacional reconhece.

Código de Crença 10:
A crença é o "programa" que cria padrões na realidade.

Todos os dias, oferecemos o *input* literal de nossos comandos-de-crença à consciência do universo, que traduz nossas instruções pessoais e coletivas na realidade da nossa saúde, na qualidade dos nossos relacionamentos e na paz do nosso mundo. Como criar no coração as crenças que mudam a realidade do universo é um grande segredo, perdido no século IV da nossa era, e vindo do âmago das mais estimadas tradições judaico-cristãs.

O Evangelho de Tomé oferece um belo exemplo de crença poderosa. Nas páginas desse polêmico texto gnóstico, identificado como um raro registro das palavras de Jesus, o mestre descreve a chave para viver neste mundo. Ele explica como a união de pensamento e emoção cria um poder capaz de mudar literalmente nossa realidade. "Quando vocês fizerem de dois um [pensamento e emoção]", ele começa, "vocês se tornarão os filhos do homem, e quando disserem: 'Montanha, afaste-se', ela se afastará".[21]

O poder da crença e do que sentimos a respeito de nossas crenças é também o ponto crucial da sabedoria preservada nos locais mais magníficos, prístinos, isolados e remotos restantes no mundo atualmente. Desde os mosteiros situados em grandes altitudes no planalto tibetano, passando pela Península do Sinai, no Egito, e pelo sul da Cordilheira dos Andes no Peru, até o ensinamento oral dos povos nativos em todas as Américas, o poder da crença humana e como transformá-la em uma força poderosa em nossa vida foi preservado como um segredo bem guardado.

Neste ponto, você pode estar fazendo a si mesmo a mesma pergunta que eu fiz quando trabalhava como *designer* sênior de sistemas de computadores na indústria aeroespacial e de defesa, há mais de vinte anos: "Se a crença é tão poderosa, e se todos nós temos esse poder em nosso interior, então por que nem todas as pessoas sabem disso?" Por que não o usamos todos os dias?

Encontrei a resposta onde menos esperava: nas palavras de um jovem guia nativo que conduzia uma *tour* por uma antiga aldeia no alto deserto do norte do Novo México.

O Segredo que se Esconde Bem à Vista

"A melhor maneira de esconder alguma coisa é mantê-la bem à vista."

Foram essas as palavras que vagaram à deriva pela estrada empoeirada que conduzia ao Pueblo Taos em uma tarde quente de agosto de 1991. Eu havia tirado um dia de folga para explorar o lugar que exercia tanta atração em algumas das figuras criativas mais inspiradoras do século XX. De Ansel Adams e Georgia O'Keeffe ao grande romancista D. H. Lawrence e a Jim Morrison, lendário líder da banda de rock *The Doors*, a mística e a beleza dos altos desertos mudaram a vida de artistas e sua arte.

Olhei na direção da voz para descobrir onde essa curiosa declaração tinha se originado. Do outro lado da estrada, vi um pequeno grupo turístico seguindo um belo homem nativo americano enquanto ele conduzia as pessoas do grupo ao longo da praça principal do *pueblo*. Quando me aproximei para ouvir o que o jovem guia estava dizendo, rapidamente tornei-me parte da multidão que se arrastava em direção à parte central da praça. Enquanto caminhávamos, uma mulher do grupo perguntou ao guia sobre as crenças espirituais do povo Tewa (o nome que os nativos originais de Taos davam a si mesmos, e que se referia aos salgueiros vermelhos que crescem ao longo do rio).

"Vocês ainda praticam aqui os velhos métodos ou conservam tudo isso escondido de estranhos?"

"Os velhos métodos?", nosso guia ecoou. "Você quer dizer conhecimentos como os da velha medicina? Você está perguntando se ainda temos um curandeiro por aqui?"

Agora o guia realmente captou minha atenção. Cinco anos antes, eu entrara no mesmo *pueblo* pela primeira vez e feito a mesma pergunta. Descobri rapidamente que as práticas espirituais das pessoas locais são um assunto delicado, algo que não é compartilhado abertamente, além de amigos íntimos e membros tribais. Quando esse tipo de pergunta surge, não é incomum descobrir que o assunto muda rapidamente ou, simplesmente, é ignorado.

Hoje, porém, nada comparável aconteceu. Em vez disso, nosso guia ofereceu uma resposta enigmática que acabou por levantar mais um persistente mistério em vez de oferecer respostas. "De jeito nenhum!", ele disse: "Não temos mais curandeiros aqui. Somos pessoas modernas, que vivem no século XX e adotam a medicina moderna". Então, quando ele olhou diretamente nos olhos da mulher que havia feito a pergunta, ele repetiu a frase que havia me atraído para o grupo apenas alguns momentos antes: "A melhor maneira de esconder alguma coisa é mantê-la à vista de todos".

Quando as palavras deixaram sua boca, pude ver o brilho em seus olhos. Ele estava deixando-a saber que, embora os curandeiros, "oficialmente", não mais a praticassem, sua antiga sabedoria permaneceu – sã e salva, e protegida do mundo moderno.

Agora foi minha vez de fazer uma pergunta. "Eu ouvi você dizer isso antes", eu disse. "O que significa esconder algo 'à vista de todos'? Como você faz isso?"

"Exatamente como eu disse", respondeu ele. "Nossos caminhos são as estradas do chão que se desbrava ou por onde se trafega, são os caminhos de terra. Não há segredo para a nossa medicina. Quando você compreende quem você é e qual sua relação com a terra, compreende a medicina. Todos os velhos caminhos estão ao seu redor, em todos os lugares", ele continuou. "Aqui, eu vou lhe mostrar..."

De repente, nosso guia se virou e passou a remontar seus passos de volta para a entrada do *pueblo* de onde havíamos acabado de sair. Apontando para nossa esquerda, ele passou a caminhar em direção a uma construção que era diferente de tudo o que eu já havia visto antes. Quando saímos da estrada e caminhamos ao longo do um muro lateral de aparência antiga, me vi olhando para o que parecia um cruzamento entre os espessos botaréus de um antigo forte de fronteira e as inconfundíveis torres de sino de uma capela – uma capela católica – que fora construída quatrocentos anos antes.

Nosso guia riu da nossa surpresa ao abrir o portão e fez um gesto para que entrássemos no pátio. Era antigo e muito belo. Enquanto eu estava na frente da entrada principal, segurei minha câmera para capturar o brilho do céu azul profundo do Novo México, que cercava a silhueta dos sinos ainda pendurados nas torres.

Quando os conquistadores espanhóis alcançaram, pela primeira vez, a natureza intacta do norte do Novo México, eles não estavam preparados para o que encontraram. Em vez das tribos primitivas e dos lares temporários com que esperavam se defrontar, encontraram uma civilização avançada já bem estabelecida. Havia estradas, casas de vários andares (jocosamente chamadas de primeiros condomínios da América pelos residentes de hoje), aquecimento e resfriamento solar passivos e um sistema de reciclagem que praticamente não deixava resíduos vindos de toda a população.

O povo *pueblo* primitivo praticava uma espiritualidade poderosa que lhes permitia viver em equilíbrio com a terra por mais de um milênio. No entanto, tudo isso mudou rapidamente depois que os exploradores entraram em cena. "Já tínhamos uma religião", explicou nosso guia, "mas não era o que os espanhóis procuravam. Não era o cristianismo. Embora nossas crenças incluíssem muitas das mesmas ideias que você encontra em religiões 'modernas', os espanhóis não compreendiam. Eles nos forçaram a aceitar o que acreditavam."

Foi uma situação difícil para os primeiros residentes do *pueblo*. Eles não eram nômades que podiam simplesmente empacotar tudo e se mudar para outro vale. Tinham casas permanentes que os protegiam do quente verão do deserto e os isolavam dos severos ventos do inverno nas altas altitudes. Não podiam virar as costas para mil anos de tradições nas quais acreditavam, nem podiam honestamente abraçar o Deus dos exploradores espanhóis.

"A escolha foi clara", prosseguiu nosso guia. Seus ancestrais tiveram de se conformar com a religião dos exploradores ou perder tudo. Então se comprometeram. Em uma manobra de brilho pleno, mascararam suas crenças, escondendo-as na linguagem e nos costumes, que satisfizeram os espanhóis. Ao fazer isso, mantiveram intactos sua terra, sua cultura e seu passado.

Corri meus dedos sobre os pinos martelados que seguravam as antigas placas de madeira da porta local. Tão logo entramos na pequena capela, os sons do agitado *pueblo* lá fora sumiram. Tudo o que permaneceu foi o ar parado e silencioso desse lugar sagrado de quatrocentos anos. Quando olhei ao redor do santuário, vi imagens que eram vagamente familiares, semelhantes àquelas que eu vira nas grandes catedrais do Peru e da Bolívia, os ícones do cristianismo. Mas algo estava diferente aqui.

"Os espanhóis chamavam seu criador de 'Deus'", disse nosso guia, quebrando o silêncio. "Embora Deus não fosse exatamente o mesmo que nosso criador, estava perto o bastante dele, e começamos a chamar nosso Grande Espírito pelo mesmo nome. Os *santos* que a igreja reconheceu eram como os espíritos que nós honramos e invocamos em nossas preces. A Mãe Terra que nos traz colheitas e chuvas, e a vida, que eles chamavam de 'Maria'. Substituímos seus nomes por nossas crenças." Desse modo, isso explicava por que essa igreja parecia um pouco diferente daquelas que eu vira no passado. Os símbolos externos estavam mascarando uma espiritualidade mais profunda e as verdadeiras crenças de outra época.

Claro!, pensei. Isso explica por que as roupas das santas mudam de cor ao longo do ano. Eles fazem isso para combinar as estações, com o branco no inverno, o amarelo na primavera, e assim por diante. E é por isso que as imagens do "Pai Sol" e da "Mãe Terra" espiam por trás dos santos no altar.

"Vejam, eu disse a vocês. Nossas tradições ainda estão aqui, mesmo depois de quatrocentos anos!" nos disse nosso guia com um grande sorriso no rosto. Sua voz ecoou pelo espaço vazio debaixo das vigas expostas e do teto abobadado. Quando ele dobrou o canto no fundo da sala e caminhou em minha direção, esclareceu o que queria dizer. "Para quem conhece os símbolos, nada jamais foi perdido. Ainda trocamos as roupas de Maria para homenagear as estações, e ainda trazemos flores do deserto, que contêm o espírito da vida. Tudo está aqui, 'escondido à vista de todos', para que todos possam ver."

Senti que tinha conhecido nosso guia um pouco melhor. Eu não poderia imaginar como deve ter sido para o seu povo quando tudo mudou há quatro séculos. Tive um respeito renovado pela força e coragem, bem como pela engenhosidade, que eles deveriam ter tido a fim de mascarar suas tradições com outra religião. Agora as palavras misteriosas que eu tinha ouvido há menos de uma hora faziam sentido. A melhor maneira de esconder alguma coisa é colocá-la onde ninguém espera que ela esteja: em todos os lugares.

Como o povo do Pueblo Taos, disfarçando suas crenças espirituais nas tradições da religião moderna, seria possível que nós também tivéssemos mascarado um grande segredo? Poderia algo tão simples como nossa crença sincera deter realmente tanto poder que tradições místicas, religiões do mundo e até mesmo nações inteiras foram construídas em torno dela? Assim como a sabedoria nativa foi escondida, à vista de todos, em outra tradição, será que fizemos o mesmo com o que foi chamado de força mais poderosa no universo? A resposta para cada uma dessas perguntas é a mesma: "Sim!"

A diferença entre o nosso segredo e a religião oculta do *pueblo* está no fato de que os nativos se lembravam do que esconderam há quatro séculos. A questão é: "Nós também fizemos isso?" Ou algo mais aconteceu? Escondemos o poder da crença de nós mesmos por tanto tempo que nós mesmos nos esquecemos dela enquanto ela permanece à vista de todos?

Embora existam muitas explicações sobre *como* esse poderoso conhecimento poderia ter sido perdido por tanto tempo e *por que*, para começar, ele permaneceu oculto, o primeiro passo para despertar a força da crença em nossa vida consiste em compreender exatamente o que é e como funciona. Quando fazemos isso, damos a nós mesmos nada menos que o dom de falar "quanticamente" – e de programar o universo!

CAPÍTULO DOIS

Programando o Universo: A Ciência da Crença

"Pode ser que o universo seja apenas um gigantesco holograma criado pela mente."
– **David Bohm** (1917-1992), físico

"O que parece Ser, É, para aqueles a quem isso parece Ser."
– **William Blake** (1757-1827), poeta

Justamente quando estávamos nos acostumando com as "leis" da física e da biologia, e nos convencendo de que poderíamos dominar a natureza, tudo mudou. De repente, somos informados de que os átomos não se parecem mais com minúsculos sistemas solares e o DNA não é bem a linguagem que pensávamos que fosse, e agora descobrimos que é impossível para nós simplesmente observar nosso mundo sem afetá-lo de alguma maneira.

Nas palavras do físico John Wheeler, da Universidade de Princeton: "Tínhamos essa ideia antiga, de que existia um universo *lá fora* [a ênfase é minha], e aqui [dentro] estava o homem, o observador, protegido com segurança do universo por uma placa de vidro de quinze centímetros de espessura".[1] Referindo-se aos experimentos do fim do século XX que nos mostram como o simples fato de olhar para algo realmente muda o que estamos olhando, Wheeler continua: "Agora aprendemos com o mundo quântico que até mesmo para observar um objeto tão minúsculo quanto um elétron, temos de quebrar aquela placa de vidro; temos de chegar lá dentro... Portanto, a velha palavra *observador* simplesmente tem de ser riscada dos livros, e precisamos substituí-la pela nova palavra *participador*".[2] Em outras palavras, as descobertas revelam que contribuímos ativamente para [a criação de] tudo o que vemos no mundo ao nosso redor, exatamente como as tradições espirituais do passado diziam que fazemos.

À luz de tais descobertas, encontramo-nos agora em uma encruzilhada curiosa, onde devemos decidir quais de nossas crenças sobre o mundo são verdadeiras, quais não são, o que funciona e o que não funciona. Um interessante subproduto do ato de fazer isso é que ele também nos proporciona uma nova compreensão de onde e de como a ciência e a espiritualidade se encaixam em nossa vida.

Com os fundamentos do que a ciência considerava sagrado desmoronando em tantos aspectos e com a física quântica nos dizendo que, quando observamos algo, nós mudamos o que estamos observando, a linha entre ciência e espiritualidade tornou-se muito confusa. E é por isso mesmo que a comunidade científica tem considerado com tanto ceticismo o poder da crença.

Quando falamos sobre o poder das "forças invisíveis", como o da crença, para muitos cientistas cruzamos a linha que separa a ciência de todo o restante. Talvez seja precisamente porque essa linha é tão difícil de definir que muitas vezes aprendemos sobre ela somente depois de já tê-la cruzado. Minha crença pessoal é a de que, relaxando as fronteiras que tradicionalmente mantêm a ciência e a espiritualidade separadas, acabaremos por encontrar o poder de uma sabedoria maior. Com as novas descobertas mostrando que a consciência afeta tudo, desde as células de nosso corpo até o átomos de nosso mundo, a crença está claramente na linha de frente dessa exploração atual. Curiosamente, ela também se tornou o lugar onde a ciência, a fé, e até mesmo a espiritualidade parecem estar encontrando um terreno comum.

Crenças que Mudam Nosso Corpo

Quando eu estava na escola, ensinaram-me que, independentemente do que eu pudesse pensar, sentir ou acreditar, o mundo ao meu redor não é afetado por isso. Não importa o quão poderosamente eu era inundado com amor, medo, raiva ou compaixão, diziam-me que o mundo nunca seria impactado diretamente pelas minhas experiências interiores porque elas não eram realmente "reais". Em vez disso, eram apenas algo que acontecia misteriosamente comigo sozinho dentro do meu cérebro, e eram insignificantes no esquema geral do universo.

Como observamos anteriormente, um novo gênero de investigação científica mudou para sempre essa visão. O título de um estudo de 1998, realizado no Instituto Weizmann de Ciência de Rehovot, em Israel, diz tudo: "Quantum Theory Demonstrated: Observation Affects Reality" [Teoria Quântica Demonstrada: A Observação Afeta a Realidade]. Em palavras que soam mais como a hipótese de um filósofo do que uma conclusão científica, o artigo descreve como afetamos a realidade apenas observando-a.[3] Esse poderoso fenômeno tem chamado a atenção de inovadores que se estendem desde médicos e cientistas a clérigos e artistas.

Os resultados são claros. As implicações são estonteantes. Os estudos comprovam que, em vez de ser protegido de nosso mundo e dos objetos e fatos que tornam a vida o que ela é, estamos intimamente conectados com tudo, desde as células de nossos corpos até os átomos de nosso mundo, e também com tudo o que está além disso tudo. Nossa experiência de consciência expressa como sentimento e crença faz a conexão. O ato de simplesmente olharmos para o nosso mundo – projetando os sentimentos e crenças que temos à medida que focamos nossa percepção nas partículas com que o universo é feito – muda essas partículas enquanto as olhamos.

Com essas descobertas em mente, é natural indagar qual papel essa relação entre observação e realidade desempenhou em nossa vida cotidiana no passado. Será que já testemunhamos os efeitos de nossas observações e simplesmente não reconhecemos o que estávamos vendo? Será que nosso papel como "participadores" pode explicar mistérios como a remissão espontânea de doenças ou curas milagrosas? E, se podem, o que essas conexões nos contam sobre nosso próprio bem-estar?

Embora a situação a seguir seja hipotética, ela é criada como um composto de vários exemplos tirados da vida real de algo que os médicos veem rotineiramente, mas são treinados para descartar porque não há uma explicação "racional" capaz de responder pela cura obtida sem remédio. No entanto, como veremos, *há uma razão científica*, e a mesma ciência que descarta essas curas espontâneas como "milagres", na verdade revela-nos o mecanismo que explica por que elas funcionam.

No refeitório faz de conta de um hospital faz de conta em algum lugar em uma grande cidade na costa leste dos Estados Unidos, dois médicos estão discutindo uma cura misteriosa e bem-sucedida que ocorreu com um de seus pacientes. É *bem-sucedida* porque os crescimentos anômalos de tecido nas pernas da paciente desapareceram repentinamente. É *misterioso* porque, embora os médicos dissessem a ela que estavam lhe administrando um novo tratamento que iria curar sua condição, na verdade tudo o que ela recebera foi água de torneira misturada com um corante colorido.

Ela fazia parte de um experimento duplo-cego no qual ela e outros pacientes com condições semelhantes foram selecionados aleatoriamente e informados de que um tratamento "inovador", e revolucionário, lhes seria aplicado. Alguns receberam o remédio real, e outros simplesmente receberam água colorida. *A chave nesse estudo é que todos os pacientes foram informados de que, quando o tratamento chegasse ao fim, sua condição seria curada*. No caso da paciente dos médicos, o corante desapareceu em vinte e quatro horas. Quando o fez, a condição dela também desapareceu.

Vamos ouvir como os médicos – um deles fechado à crença (isto é, um cético) e outro aberto à crença (isto é, aberto ao poder da crença) – discutem o milagre durante o almoço.

Médico Aberto à Crença: Que grande cura! Que maneira fantástica de terminar a manhã. Tudo o que fizemos foi ajudar a mulher a acreditar em sua recuperação. Quando o fizemos, suas crenças se tornaram as instruções que comandaram seu corpo, o qual então assumiu o controle. Sabia exatamente o que fazer e se curou.

Médico Cético: Espere um pouco – não vá tão depressa. Como você *sabe* que foi a mulher que se curou? Como você *sabe* que era seu corpo que sabia o que fazer? Talvez a condição dela fosse, para começar, puramente psicossomática. Nesse caso, nós simplesmente curamos uma condição psicológica e a cura dos tumores foi um subproduto.

Médico Aberto à Crença: Precisamente. Esse é o ponto essencial. Os novos estudos estão mostrando que muitas das doenças físicas que tratamos são o resultado de experiências psicológicas – *crenças subconscientes que programam o corpo*. A condição que acabamos de tratar foi a expressão da experiência interior de nosso paciente – *suas crenças*.

Médico Cético: Se isso for verdade, então onde isso nos deixa? Estamos curando condições físicas ou psicológicas?

Médico Aberto à Crença: Precisamente!

Médico Cético: Hmm... isso muda tudo! Creio que eu gostava mais quando o paciente estava fora de cena e éramos *nós* os que fazíamos a cura.

Médico Aberto à Crença: Agora você acabou de perder o ponto essencial. Nós *nunca* estivemos fazendo a cura! É exatamente isso que nós agora reconhecemos no *placebo*. Ele engana os pacientes para que se reconectem com sua própria relação crença-corpo. Eles ainda estão fazendo a cura.

Médico Cético: Ah, sim... sim... está certo... eu sabia que ...

Há muito se sabe que as crenças têm poderes de cura. A controvérsia está centralizada em saber se é ou não a própria crença que faz a cura ou se a experiência da crença desencadeia um processo biológico que, em última análise, leva à recuperação. Para o leigo, a distinção pode soar como a situação de se perder em minúcias. Embora os médicos não possam explicar com precisão *por que* alguns pacientes se curam por meio de suas crenças, o efeito foi documentado tantas vezes que, no mínimo, precisamos aceitar que *há* uma correlação entre a reparação do corpo e a crença, pelo paciente, de que a cura ocorreu.

Crenças que Curam: O Efeito Placebo

Em 1955, H. K. Beecher, chefe de anestesiologia no Massachusetts General Hospital em Boston, publicou um artigo de importância seminal intitulado "The Powerful Placebo" [O Poderoso Placebo)].[4] Nele, Beecher

Código de Crença 11:
O que nós *acreditamos* que seja verdadeiro na vida pode ser mais poderoso do que aquilo que outros aceitam como verdadeiro.

descreveu sua revisão de mais de duas dezenas de histórias de casos médicos e suas descobertas, documentando que até um terço dos pacientes foi curado essencialmente a partir do nada. A expressão utilizada para descrever esse fenômeno foi *resposta placebo* – ou, como é mais comumente conhecida, o *efeito placebo.*

A palavra latina *placebo* foi usada nas primeiras tradições cristãs como parte da leitura ritual do Salmo 116 [9]. Essa passagem começa com as palavras *Placebo Domino in regione vivorum,* que significam: "Eu devo agradar ao Senhor na terra dos viventes".[5] Embora haja alguma controvérsia a respeito do latim e da tradução hebraica original da mesma frase, a própria palavra *placebo* não é afetada e geralmente é traduzida como "eu irei/vou agradar".

Hoje, o *placebo* é usado para descrever qualquer forma de tratamento na qual os pacientes são levados a acreditar que estão experimentando um procedimento benéfico ou recebendo um agente curativo, quando na realidade recebem algo que não tem propriedades curativas conhecidas. O placebo pode ser algo tão simples como uma pílula de açúcar ou solução salina comum ou tão complexo como uma cirurgia real durante a qual nada é feito. Em outras palavras, quando os pacientes concordaram em participar de um estudo médico, eles não podem saber exatamente qual será o seu papel nele. Para testar o efeito placebo, podem passar por todas as experiências da cirurgia – incluindo anestesia, incisões e suturas – embora na realidade nada seja adicionado, retirado ou alterado. Nenhum órgão é tratado. Nenhum tumor é removido.

O que é importante aqui é que os pacientes *acreditem* que algo foi feito. Com base na confiança que o médico e a medicina moderna lhes inspiram, *eles acreditam* que aquilo que experimentaram os ajudará em sua condição. Na presença de sua crença, seu corpo responde *como se* realmente tivessem tomado o medicamento ou se submetido a um procedimento real.

Embora Beecher relatasse que cerca de um terço dos pacientes que ele revisou respondesse positivamente a um placebo, outros estudos colocaram a taxa de resposta ainda mais no alto, dependendo da condição para a qual os pacientes receberam o tratamento. Enxaqueca e remoção de verrugas, por exemplo, tiveram altas taxas de sucesso. O seguinte trecho de um artigo publicado, em 2000, no *The New York Times* revela exatamente quão poderoso pode ser o efeito placebo:

> Há quarenta anos, um jovem cardiologista de Seattle chamado Leonard Cobb conduziu um teste único de um procedimento então comumente usado para angina, em que os médicos fizeram pequenas incisões no peito e amarraram nós em duas artérias para tentar aumentar o fluxo sanguíneo para o coração. Era uma técnica popular – noventa por cento dos pacientes relataram que ajudou, mas quando Cobb a comparou com a cirurgia placebo, na qual ele fez incisões, mas não amarrou as artérias, as operações falsas comprovaram ter o mesmo sucesso. O procedimento, conhecido como ligadura mamária interna, logo foi abandonado.[6]

Em maio de 2004, um grupo de cientistas da Faculdade de Medicina da Universidade de Turim, na Itália, conduziu um estudo sem precedentes investigando o poder da crença para curar em uma situação médica. Tudo começou com a administração de drogas que imitam a dopamina e aliviam os sintomas dos pacientes. É importante notar aqui que as drogas têm uma vida útil curta no corpo e seus efeitos duram apenas cerca de sessenta minutos. Conforme sua ação enfraquece, os sintomas voltam. Vinte e quatro horas depois, os pacientes foram submetidos a um procedimento médico no qual eles *acreditaram* que receberiam uma substância para restaurar a química do cérebro aos níveis normais. Na realidade, no entanto, eles receberam uma solução salina simples que não deveria exercer nenhum efeito sobre sua condição.

Após o procedimento, varreduras eletrônicas do cérebro dos pacientes mostraram algo que não é nada menos que um milagre. Suas células cerebrais responderam ao procedimento como *se* tivessem recebido a droga que originalmente aliviou seus sintomas. Comentando sobre a notável natureza do estudo, o líder da equipe, Fabrizio Benedetti, afirmou: "É a primeira vez que vimos [o efeito] no nível de um único neurônio".[7] As descobertas da Universidade de Turim apoiaram estudos que haviam sido conduzidos anteriormente por uma equipe da Universidade da Colúmbia Britânica, em Vancouver. Nessa investigação, relatou-se que os placebos poderiam realmente aumentar os níveis cerebrais de dopamina nos pacientes que os recebem. Ligando seus estudos aos anteriores, Benedetti especulou que "as mudanças que observamos também são induzidas pela liberação de dopamina".[8]

Talvez seja precisamente *por causa* desse efeito que William James, M.D., o homem conhecido como o "pai" da psicologia, nunca realmente praticou a medicina que ele foi treinado para oferecer. Em um artigo escrito em 1864, ele deixou poucas dúvidas sobre o motivo pelo qual suspeitava que o verdadeiro poder da cura residia menos nos próprios procedimentos e mais na maneira como os médicos ajudavam seus pacientes a se sentirem sobre si mesmos: "Minhas primeiras impressões [sobre a medicina] é que ela envolve muita farsa, e que, com exceção da cirurgia, em que alguma coisa positiva é às vezes realizada, um médico faz mais pelo efeito moral de sua presença sobre o paciente e sua família do que por qualquer outra ação".[9]

Desde a época em que as primeiras pessoas caminharam sobre a terra, também ocorreram, conforme se pôde constatar, as primeiras tentativas para aliviar seu sofrimento e curar as condições médicas adversas que as afligiam. Embora a história da cura possa ser remontada até há mais de oito mil anos, considera-se que a medicina "moderna" começou apenas no século XX. Antes disso, é possível que muitos dos remédios usados possam ter contido muito poucos ingredientes ativos. Se isso for verdade, então o efeito placebo pode realmente ser responsável por uma grande porcentagem de curas anteriores e pode ter desempenhado um papel fundamental ajudando a humanidade a sobreviver nos tempos modernos.

Se as crenças que afirmam a vida de fato têm o poder de reverter a doença e de curar nosso corpo, então devemos fazer a nós mesmos uma pergunta óbvia: "Quanto dano as crenças negativas carregam com elas?" Por exemplo, como a maneira como pensamos sobre nossa idade realmente afeta a maneira como envelhecemos? Quais são as consequências de ser bombardeado com a mídia por mensagens que nos dizem que estamos doentes, em vez de mensagens que celebram nossa saúde? Não precisamos olhar para além de nossos amigos, de nossa família e do mundo ao nosso redor para encontrar as respostas a essas perguntas.

Por exemplo, desde os ataques de 11 de setembro de 2001, fomos condicionados a acreditar que vivemos em um mundo onde não estamos seguros. Diante disso, não deveria nos causar surpresa saber que o nível geral de ansiedade nos EUA, bem como problemas de saúde mental relacionados à ansiedade, aumentaram durante o mesmo período de tempo. Estudos realizados em 2002 indicaram que até trinta e cinco por cento dos indivíduos expostos ao trauma de 11 de setembro podiam estar em risco de desenvolver distúrbios de estresse pós-traumático.[10] Cinco anos depois, essa possibilidade se tornou realidade quando crianças em idade escolar que inicialmente testemunharam o pior ataque terrorista da América começaram a apresentar um aumento da demanda por tratamentos relacionados à ansiedade.

Em março de 2007, o Yale Medical Group relatou um estudo conduzido pela ADAA – Anxiety Disorders Association of America [Associação Norte-Americana de Distúrbios de Ansiedade]. Conforme o artigo documentou, à medida que a faixa etária que testemunhou os ataques amadurecia, um "número crescente de alunos [passou a] ingressar na faculdade com um histórico de doença mental, com aumento depois de 11 de setembro".[11] Embora saibamos, intuitivamente, que *crenças positivas* de segurança e bem-estar sejam boas para nós, essas estatísticas parecem estar confirmando o que já suspeitávamos: embora as crenças que afirmam a vida possam nos curar, as *crenças negativas* produzidas por choques e traumas também podem nos machucar. Eis aqui uma prova, vinda de uma perspectiva médica.

No exemplo anterior, embora o perigo percebido possa ou não ser real, os alunos trazem consigo a crença de que vivem em um mundo inseguro, que contribui para o seu estresse. Dizem constantemente que há um ameaça geral, mas sem nada específico que possam fazer sobre isso, eles se encontram na situação que afeta tantas pessoas nos EUA atualmente: o estado que nos aprisiona no dilema entre "lutar ou fugir", sem nada que possamos enfrentar e nenhum lugar para ir.

Embora os especialistas possam argumentar em que medida existe uma ameaça real, aqui o ponto mais importante é que, se sentirmos e acreditarmos que não estamos seguros, nosso corpo reagirá como se a ameaça fosse real. Embora em nossa mente possamos dizer: *Oh, é um mundo relativamente seguro*, o fato é que autoridades nesses assuntos nos disseram para "ficarmos atentos e tomarmos cuidado". Não é nenhuma surpresa o fato de que nossa sociedade tenha passado a viver um pouco "no limite" desde setembro de 2001.

Crenças Perigosas: O Efeito Nocebo

Assim como a crença na qual nos foi oferecido um suposto agente de cura pode, efetivamente, promover em nosso corpo o efeito de uma química afirmativa, o inverso também pode acontecer, se acreditamos que estamos em uma situação de *risco* de vida. Isso é chamado de *efeito nocebo*. Uma série de estudos desbravadores comprovaram, para além de qualquer dúvida razoável, que esse efeito é tão poderoso quanto o placebo, mas funciona no sentido oposto. De acordo com Arthur Barsky, psiquiatra do Hospital Brigham and Women's de Boston, é a expectativa dos pacientes – a crença de que um tratamento não funcionará para eles ou que terá efeitos colaterais prejudiciais – que desempenha o que ele chama de "um papel significativo no resultado do tratamento".[12]

Mesmo quando os pacientes recebem um tratamento que se comprovou útil no passado, se acreditam que esse tratamento tem pouco ou nenhum valor para eles, esta última impressão pode ter um efeito intensamente negativo. Eu me lembro de ter lido sobre um experimento realizado há alguns anos sobre pessoas que estavam tendo problemas respiratórios. (Também me lembro de ter pensado: "Estou contente por não ser uma dessas pessoas que estão sendo testadas".) Nos testes, sujeitos que eram conhecidos por terem asma receberam um vapor que os pesquisadores informaram ser uma substância química irritante. Embora fosse na verdade apenas uma solução salina atomizada, quase metade dos participantes desenvolveram problemas respiratórios, com alguns tendo um completo ataque de asma! Quando foram informados de que estavam sendo tratados com outra substância curativa, se recuperaram imediatamente. Na realidade, entretanto, o novo tratamento também era apenas uma substância salina dissolvida em água.

Em seu livro *Honey, Mud, Maggots, and Other Medical Marvels: The Science Behind Folk Remedies and Old Wives' Tales*, Robert e Michèle Root-Bernstein resumiram esse efeito inesperado, afirmando: "O efeito nocebo pode reverter a resposta do corpo ao verdadeiro tratamento médico de positivo para negativo".[13]

De maneira semelhante àquela pela qual físicos descobriram que as expectativas dos observadores durante um experimento influenciam o resultado do mesmo, um médico que afirme: "Bem, vamos *tentar* esse tratamento e ver o que ele faz... Ele *poderia* ajudar um pouco" pode promover ou prejudicar o tratamento. É exatamente por essa razão que até mesmo a mais leve sugestão de um médico ao afirmar que um tratamento pode não funcionar é capaz de ter consequências devastadoras sobre o seu sucesso. Na verdade, ela pode ser tão devastadora que é capaz de matar. O famoso Framingham Heart Study, iniciado sob a direção do National Heart Institute (agora conhecido como NHLBI – National Heart, Lung, and Blood Institute [Instituto Nacional do Coração, do Pulmão e do Sangue]) em 1948, documentou o poder desse efeito.[14]

O estudo começou com 5.209 homens e mulheres, todos de Framingham, Massachusetts, que tinham idades entre trinta e sessenta de dois anos. O objetivo da pesquisa era acompanhar uma "seção transversal" [um cruzamento dos casos] de pessoas durante um longo período de tempo para identificar os fatores então desconhecidos da doença do coração. Em 1971, o programa iniciou um segundo estudo com os filhos do grupo original, e agora a pesquisa já começou a recrutar um terceiro grupo, composto pelos netos dos sujeitos originais.

A cada dois anos, os participantes são avaliados quanto aos fatores de risco identificados ao longo de todo o estudo. Embora o grupo de estudo represente uma ampla secção transversal de pessoas de vários estilos de vida, a descoberta de que as crenças dos participantes desempenhavam um papel no risco de doenças cardíacas foi surpreendente para os pesquisadores. Das muitas estatísticas retiradas do estudo, as correlações mostraram que as mulheres que *acreditavam* que eram propensas a doenças cardíacas tinham probabilidade aproximadamente quatro vezes maior de morrer do que aquelas que tinham fatores de risco semelhantes, mas que não sustentavam tal crença.[15]

Embora a ciência médica possa não entender completamente *por que* o efeito existe, é claro que, além de qualquer dúvida razoável, há uma ligação instigante entre o que *acreditamos* sobre nosso corpo e a qualidade de vida e de cura que realmente ocorre. Mas o efeito para por aí? O poder de nossa crença termina na fronteira definida por nosso corpo, ou vai mais longe? Em caso afirmativo, será que esse efeito explicaria os fenômenos que chamávamos de "milagres" no passado?

Crenças que Mudam o Nosso Mundo

Embora as teorias da crença sejam interessantes e os experimentos a respeito possam ser convincentes, quando se trata de aceitar o papel que a crença desempenha em nossa vida, meu treinamento científico ainda gosta de ver algum fato real – uma aplicação significativa do que as teorias descrevem.

Como mencionei em *A Matriz Divina*, um dos mais poderosos exemplos de sentimentos e de crenças grupais que afetam uma ampla área geográfica foi documentado como um experimento ousado durante a guerra entre Líbano e Israel que começou em 1982. Foi nessa época que pesquisadores treinaram um grupo de pessoas para que "sentissem" paz em seus corpos enquanto acreditavam que a paz já estava presente dentro delas, em vez de simplesmente pensarem sobre isso em suas mentes ou rezarem "para" que isso ocorresse. Para esse experimento em particular, os envolvidos usaram uma forma de meditação conhecida como TM (Meditação Transcendental) para alcançar esse sentimento.

Em horários determinados em dias específicos do mês, essas pessoas eram posicionadas ao longo de todas as áreas do Oriente Médio devastadas pela guerra. Durante a janela de tempo em que estavam se sentindo em paz, as atividades terroristas cessaram, a taxa de crimes contra pessoas caiu, o número de visitas ao pronto-socorro diminuiu e a incidência de acidentes de trânsito também caiu. Quando os sentimentos dos participantes mudaram, as estatísticas foram invertidas. Esse estudo confirmou as descobertas anteriores: quando uma pequena porcentagem da população alcançou a paz dentro de si, esse fato se refletiu no mundo ao seu redor.

Os experimentos levaram em consideração os dias da semana, os feriados, e até mesmo os ciclos lunares; e os dados eram tão consistentes que os pesquisadores foram capazes de identificar quantas pessoas são necessárias para compartilhar a experiência de paz antes que ela se espelhasse em seu mundo. O número é a raiz quadrada de um por cento da população. Esta fórmula produz cifras menores do que poderíamos esperar. Por exemplo, em uma cidade de um milhão de habitantes, o número é de cerca de cem. Em um mundo de seis bilhões de pessoas, é de pouco menos de oito mil. Esse cálculo representa apenas o mínimo necessário para iniciar o processo. Quanto mais pessoas houver envolvidas no sentimento de paz, mais rápido o efeito é criado. O estudo ficou conhecido como International Peace Project in the Middle East [Projeto Internacional da Paz no Oriente Médio], e os resultados foram publicados no *The Journal of Conflict Resolution* em 1988.[16]

Embora esses estudos e outros semelhantes mereçam, obviamente, ser explorados com empenho ainda maior, eles mostram que aqui há um efeito que está além do acaso. A qualidade de nossas crenças mais íntimas influencia claramente nossa crença no mundo exterior. Dessa perspectiva, tudo, desde a cura de nosso corpo até a paz entre as nações; desde nosso sucesso nos negócios, nos relacionamentos e nas carreiras até o fracasso de casamentos e o colapso de famílias... tudo isso deve ser considerado como reflexos de nós e do significado que atribuímos às experiências de nossa vida.

Do ponto de vista histórico, sugerir que aquilo em que acreditamos em nosso coração e mente pode, de alguma maneira, exercer qualquer efeito em nosso corpo é uma maneira muito diferente de ver os fenômenos, um verdadeiro e-s-t-i-r-a-m-e-n-t-o. E mesmo para muitos daqueles que estão confortáveis com sua relação mente/corpo, implicando que nossas crenças podem afetar o mundo para além de nosso eu físico está simplesmente fora de questão. Para outros, no entanto, é o caminho certo.

Para aqueles que foram criados com uma visão holística do mundo, o poder universal da crença está completamente alinhado com o que eles sempre souberam. No entanto, para todos ela oferece a capacidade de mudar a dor, o sofrimento, a guerra e a falta de vida – e de fazer isso por escolha.

Naquela que pode ser uma das maiores ironias – e, para alguns, talvez a mais bizarra –, há uma condição que deve ser cumprida antes de podermos liberar o poder da crença: *Precisamos acreditar na própria crença para que ela tenha poder em nossa vida*. Essa própria condição às vezes torna difícil considerar esse assunto com a merecida seriedade.

Código de Crença 12:
Precisamos aceitar o poder da crença para podermos recorrer a ele em nossa vida.

Embora curas milagrosas sejam possíveis e "sincronicidades" abundem em nossa vida, precisamos estar abertos a elas e dispostos a aceitá-las para receber seus benefícios. Em outras palavras, *precisamos de uma razão* para acreditar nelas. É aí que a distinção entre crença, fé e ciência entra em cena.

Crença, Fé e Ciência

Vivemos hoje em uma época crucial, quando três das principais formas de saber – a crença, a fé e a ciência – estão sendo testadas em contraposição à realidade de nosso mundo. Quando somos indagados sobre como saber que algo é verdadeiro, geralmente contamos com suposições que vêm de uma ou de alguma combinação, dessas maneiras de ver o mundo para responder.

Embora a ciência se distinga pelas características óbvias de fatos e provas, às vezes diferenciar crença e fé não é tarefa tão clara. Na verdade, as pessoas costumam usar essas duas palavras intercambiavelmente. Talvez a melhor maneira de fazer essa distinção, que é tão importante para este livro, esteja no seguinte exemplo.

Se eu tenho um histórico de correr maratonas, e alguém me pergunta se eu poderei completar uma em um futuro próximo, minha resposta seria sim. Essa resposta teria por base o *fato* de eu ter completado maratonas no passado, e minha crença de que poderia fazê-lo novamente em alguma ocasião no futuro. Não há razão para suspeitar que minha resposta seria diferente. Então, nesse exemplo, posso dizer que *acredito* na minha capacidade de terminar a corrida, e minha convicção tem por base a evidência da experiência direta.

Agora, digamos que eu recebo um pacote dos patrocinadores da maratona pelo correio uma semana depois e descubro uma informação importante que eles se esqueceram de me dizer originalmente. De repente, descubro que a linha de chegada da maratona é no topo do Pikes Peak, em Colorado Springs, no Colorado, a mais de 4.300 metros acima do nível do mar. Agora estou em uma situação diferente.

Embora seja verdade que eu de fato *corri* no passado em maratonas de quarenta e dois quilômetros de extensão, e as *completei* com sucesso, o que também é verdade é que eu nunca corri em uma altitude tão elevada. Por isso, agora eu não tenho a evidência de que posso terminar essa maratona com sucesso. Embora não tenha razão para acreditar que não posso, simplesmente nunca fiz isso antes, e por isso tenho de especular sobre meu sucesso. Minha especulação é baseada na *fé*, pois não tenho nenhuma evidência direta para apoiar meu sucesso.

Embora possa parecer um exemplo tolo, ele ilustra a diferença entre fé e crença. A crença é baseada em evidências. Embora nossa fé em algo também *possa* incluir evidências, a chave aqui é que ela não precisa. Para uma pessoa de fé, isso é desnecessário.

Muitas vezes ouvimos a respeito da distinção entre fé e crença dentro de um contexto religioso. Para algumas pessoas, a existência de Deus, por exemplo, é uma verdade incontestável. Elas proclamam que não precisam de provas e simplesmente têm fé em que o Todo-Poderoso esteja presente. Para outras, no entanto, por causa daquilo que elas sentem ser a ausência de uma evidência direta de Deus, acham difícil aceitar Sua existência como um fato. Embora possam gostar de procurar o que consideram ser essa validação, e até mesmo possam dedicar sua vida a essa procura, isso pode não lhes aparecer sob a forma que elas esperavam. Então, para essas pessoas, a evidência de Deus é esquiva, e elas não podem se permitir acreditar Nele sem ela.

Ao mesmo tempo, porém, a busca pelo Divino leva outras pessoas a reconhecerem a ordem e a beleza que a ciência revelou em tudo, desde as menores partículas de matéria até as galáxias mais distantes, como prova inegável de um universo inteligente. Para elas, a própria ciência comprovou a existência de Deus.

Curiosamente, nos tempos modernos, *fé* e *crença* são usadas de maneira tão intercambiável que até mesmo o *Merriam-Webster Online Dictionary* usa cada uma dessas palavras para definir a outra. A palavra *fé* tem suas raízes no latim *fidere*, que significa "confiar". É definida como "crença firme em algo para o qual não existe prova".[17] O mesmo dicionário identifica a *crença* como um sinônimo de *fé*, mas a define com uma distinção muito importante. *Crença* é "convicção da verdade de alguma afirmação ou da realidade de algum ser ou fenômeno, *especialmente quando essa convicção tem por base o exame de evidências* [o itálico é meu]".[18]

Como mencionei antes, são os fatos que afastam a ciência da fé ou da crença. Embora possa mudar, e muitas vezes muda conforme novas condições são descobertas, a definição de *ciência* é amplamente aceita como "conhecimento ou sistema de conhecimento que cobre verdades gerais ou a operação de leis gerais, em especial, conforme são obtidas e testadas por meio do método científico".[19]

Em todos os sentidos dessa definição, uma ciência é a exploração de nosso poder de crença como uma experiência consistente, repetível e aprendível. Em outras palavras, se fizermos isso – e acreditarmos nisso – de uma certa maneira, podemos esperar um certo resultado. Ao adotar essa maneira de pensar sobre a crença, podemos considerá-la como uma ciência.

Destravar o mistério da crença como ciência pode ser uma das descobertas mais importantes que poderíamos fazer na era moderna. Com isso, podemos descobrir que concedemos a nós mesmos o poder de mudar as condições de dor e sofrimento que têm devastado o nosso mundo desde há tanto tempo quanto qualquer pessoa possa se lembrar.

Aqui, a chave consiste em descobrir como dar sentido às nossas crenças. Precisamos descobrir uma maneira de pensar nelas dentro de um arcabouço de algo que já conhecemos e que é fácil de explicar – algo como um computador. Se pudermos conceituar a crença como o programa da consciência, então podemos fazer exatamente isso.

No Capítulo 1, exploramos a possibilidade de que o próprio universo pode operar como um imenso computador, sendo as crenças os seus programas. Já sabemos como um computador funciona. E já sabemos como seus programas funcionam. Portanto, o arcabouço para tal comparação já está no lugar. Agora, vamos levar nossa exploração a dar um passo adiante... até o próximo nível. Vamos ver precisamente o quanto de um programa nossas crenças realmente abrangem e como podemos criar novos programas-crenças que se comunicam com o computador do universo.

Definição de Crença

> **Código de Crença 13:**
> A crença é definida como a certeza que vem de aceitarmos o que nós *pensamos que é verdadeiro* em nossa mente em união com o que nós *sentimos que é verdadeiro* em nosso coração.

As razões pelas quais algo tão simples quanto como a crença retém um tamanho poder poderiam encher volumes. Este livro foi escrito como um lugar para começar. Na última seção, a crença foi descrita como sendo mais do que fé sem fatos. Vai além do simples acordo e do simples compromisso. Para os propósitos deste livro, definiremos *crença* como "uma experiência que acontece em nossa mente e nosso corpo". Especificamente, podemos dizer que ela é "a aceitação que vem do que pensamos ser verdadeiro em nossa mente em união com o que sentimos ser verdadeiro em nosso coração".

A crença é uma experiência universal que podemos compreender, compartilhar e desenvolver como um poderoso agente de mudança. Os seguintes pontos estabelecem um alicerce para uma descrição do que é crença e de como podemos usar a nossa como uma poderosa tecnologia interior.

– **A crença é uma linguagem**. E não é *qualquer* linguagem. As tradições antigas e a ciência moderna descrevem, ambas, a crença como a chave para o próprio "estofo" que constrói o nosso universo. Portanto, sem palavras ou expressão externas, a experiência aparentemente impotente que chamamos de "crença" é *a* linguagem que toca o estofo quântico de nosso corpo e de nosso mundo. Na presença de nossas crenças mais profundas, os limites da biologia, da física, do tempo e do espaço que conhecemos hoje se tornam uma realidade do passado.

– **A crença é uma experiência pessoal**. Todas as pessoas têm crenças. A experiência que cada indivíduo tem das crenças é diferente. Não há maneiras certas ou erradas de acreditar, e não há nada que devemos ou não devemos fazer. Não há antigas posturas secretas para segurar o nosso corpo e nenhum posicionamento sagrado dos nossos dedos e mãos. Se houvesse, então o poder da crença estaria limitado apenas àqueles com pleno acesso ao funcionamento de seu corpo e membros.

De maneira semelhante, a crença é mais do que pensamos em nossa mente. É mais do que aquilo que um livro, um ritual, uma prática ou a pesquisa de outra pessoa nos diz que é verdadeiro. A crença é a *nossa aceitação* do que testemunhamos, vivenciamos ou sabemos por nós mesmos.

– **A crença é poder pessoal.** Nossas crenças retêm todo o poder de que precisamos para efetivar todas as mudanças que escolhemos: o poder para enviar comandos de cura ao nosso sistema imune, às células-tronco e ao DNA; para pôr fim à violência em nossas casas e comunidades ou em áreas geográficas inteiras; e para curar nossas feridas mais profundas, insuflar vida em nossas maiores alegrias e, literalmente, criar nossa Realidade cotidiana (com um *R* maiúsculo). Por intermédio de nossas crenças, temos a dádiva da única mais poderosa força do universo: a capacidade para mudar nossa vida, nosso corpo e nosso mundo por meio da escolha.

Para apreender o poder das crenças, precisamos compreendê-las em um nível de "porcas e parafusos": saber precisamente como elas são formadas e onde residem no corpo. Embora estejam intimamente associadas aos sentimentos, elas caem em uma categoria que funciona de maneira um pouco diferente da simples raiva ou da alegria. Quando identificamos essa diferença sutil, mas poderosa, torna-se claro como podemos mudar nossas crenças quando elas não mais nos servirem.

A Anatomia da Crença

Para que nossas crenças tenham um efeito sobre o mundo ao nosso redor, dois fatos precisam estar no lugar:

1. Primeiro, precisa haver algo através do qual nossas crenças viajam – um meio – que leve nossas experiências internas para além do nosso corpo.
2. Em segundo lugar, nossas crenças precisam ter o poder de agir, de fazer algo no mundo físico. Em outras palavras, elas precisam rearranjar os átomos dos quais o universo é composto para fazer algo acontecer.

Além de qualquer dúvida razoável, as novas descobertas mostram que nossas crenças são dotadas desses dois atributos.

Tanto as descobertas científicas como os princípios espirituais reconhecem que o espaço entre o mundo e nós (que podemos ter considerado vazio no passado) – independentemente de como o chamamos ou de como ele é definido – é tudo *menos* vazio. No início do século XX, Albert Einstein fez referência à força misteriosa que ele tinha certeza de que existe no espaço que preenche o que reconhecemos como o universo ao nosso redor. "A natureza mostra-nos apenas a cauda do leão", afirmou, sugerindo que há algo mais do que vemos como realidade, mesmo que não possamos vislumbrar do que se trata a partir do nosso ponto de vista cósmico particular. Com a beleza e a eloquência típicas da visão que Einstein tinha do universo, ele elaborou em sua analogia do cosmos: "Não tenho dúvidas de que o leão pertence a ela [a cauda], mesmo que ele não possa se revelar de uma só vez por causa de seu tamanho enorme".[20]

Como descrevemos no Capítulo 1, as novas descobertas mostram que o leão de Einstein é a força que o físico Max Planck descreveu como a matriz que preenche o espaço vazio e conecta tudo com tudo o mais. Essa matriz fornece o conduto entre nossas experiências internas de crença e o mundo que nos cerca. Hoje, a ciência moderna refinou nossa compreensão da matriz de Planck, descrevendo-a como uma forma de energia que já está em toda parte a cada momento e existe desde que o tempo começou com o Big Bang.

A existência desse campo implica dois fatos que afetam diretamente o poder da crença em nossa vida. Embora esses princípios possam contradizer muitos outros princípios bem estabelecidos da ciência e da espiritualidade, eles também nos abrem a porta para uma maneira empoderadora de ver nosso mundo e de viver nossa vida.

1. O primeiro princípio sugere que, uma vez que tudo existe dentro da Matriz Divina, tudo está conectado. Se tudo está conectado então o que fazemos em um lugar precisa influenciar o que está acontecendo em outros lugares. A influência pode ser imensa ou

pode ser pequena, dependendo de vários fatores que abordamos neste livro. A chave é que nossa experiência interior em um lugar tem o poder de afetar o mundo em outro lugar. Esse poder inclui a produção de efeitos físicos.

2. O segundo princípio sugere que a Matriz Divina é holográfica. Isso significa que qualquer porção do campo contém a totalidade do campo. Significa, por exemplo, que quando nos sentamos em nossa sala de estar e *acreditamos* na cura de um ente querido do outro lado do mundo, *como se ela já existisse*, a essência de nossa crença já está em seu destino. Em outras palavras, as mudanças que iniciamos dentro de nós já estão presentes em todos os lugares, como uma planta, ou arcabouço, de um edifício já está presente na matriz. Portanto, nosso trabalho é menos sobre enviar nossos votos de boa sorte para o lugar onde outra pessoa possa estar localizada, e mais sobre como insuflar vida às possibilidades que criamos como nossas crenças.

"OK", você está dizendo, "então há um campo de energia que mantém todas as coisas juntas e fazemos parte desse campo. Embora isso possa fazer um sentido intuitivo de que tudo está conectado por meio desse campo, o fato de estar lá ainda não explica precisamente *como* essa conexão funciona".

É aqui que as descobertas científicas dos últimos cem anos nos mostram *por que* nossas crenças a respeito do mundo podem realmente exercer algum efeito sobre o mundo. Os efeitos da crença baseiam-se em padrões de energia – a mesma energia de que tudo é feito. Quando reduzimos o mundo do dia a dia aos padrões dessa energia, de repente nosso poder de mudar a realidade não só faz sentido, como também faz *muito* sentido.

Ondas de Crença: Falando a Linguagem dos Átomos

O que se segue é um fluxograma que descreve a conexão geral entre a energia, os átomos da realidade e a crença. Isso se tornará o esboço para explorarmos cada item com mais detalhes e, em seguida, o extrairmos todos juntos de maneira que isso seja útil em nossa vida.

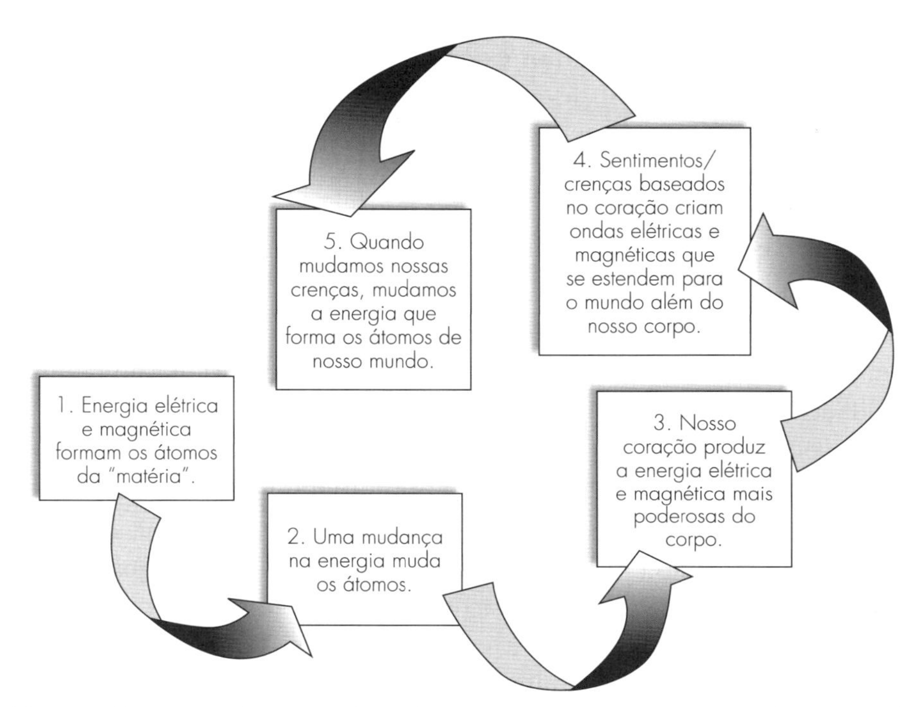

Figura 4. Fluxograma diagramando a relação entre nossas crenças e as mudanças que elas criam no mundo físico.

Sem dúvida, a ciência não tem todas as respostas sobre precisamente *como* nossas crenças afetam a realidade. Se tivesse, obviamente estaríamos vivendo em um mundo muito diferente. O que a ciência *nos diz* com certeza, no entanto, é que nosso coração está literalmente no cerne de campos elétricos e magnéticos que se comunicam com os órgãos dentro de nós. Estudos também nos mostram que nosso campo cardíaco não se limita ao interior do nosso corpo. De fato, ele foi medido e se estende ao longo de distâncias de até 2,5 metros *para além* do corpo.[21]

Quando perguntei aos pesquisadores do coração por que o campo de um órgão tão poderoso como o coração humano estaria limitado a apenas 2,5 metros, eles me disseram que o número era resultado de uma limitação em seu equipamento para medir tal campo. Com toda probabilidade, eles confidenciaram, esse campo estende-se por distâncias de quilômetros para além do local onde reside o coração físico.

Em 1993, um artigo publicado pelo Institute of HeartMath documentou o fato de que a informação codificada em nossas emoções desempenha um papel fundamental na maneira como o coração diz ao cérebro quais substâncias químicas (por exemplo, hormônios, endorfinas e estimuladores imunológicos) devem ser produzidas no corpo em qualquer momento.[22] Mais precisamente, nossas emoções dizem ao nosso cérebro *o que acreditamos que precisamos* no momento. Esse efeito de comunicação coração/cérebro está bem documentado na literatura médica de acesso não restrito e é geralmente aceito na comunidade médica progressista.

No entanto, o que não está tão bem registrado é exatamente a maneira como nossas crenças podem mudar o mundo físico. Podemos muito bem vir a descobrir que essa aparente "desconexão" entre coração/crença/realidade é um resultado direto do fato de as ciências da vida ficarem atrás das descobertas mais instigantes de nossos dias – descobertas essas que invalidaram os princípios sobre os quais essas disciplinas estavam baseadas.

Há uma hierarquia de compreensão segundo a qual toda ciência deve estar em conformidade com o fato de que (e é simplesmente isto) quando um ramo da ciência baseia-se nas suposições de outro, e se a ciência subjacente muda, tudo o que se baseia nessa ciência fundamental também deve mudar. Por exemplo, sabemos que a química se fundamenta na física. Também sabemos que a biologia é baseada nos princípios da química, que são arraigados na física, e assim por diante. Com essa hierarquia em mente, vamos ver onde nos encontramos hoje no que se refere à compreensão científica.

Desde a época de Isaac Newton até o início do século XX, a visão científica do nosso mundo era uma mecânica baseada em "objetos e em suas relações com outros objetos. Tudo isso mudou em 1925 com a aceitação de uma visão quântica do universo. De repente, começamos a pensar no universo como campos de energia que existem como probabilidades e não como uma máquina que é absolutamente previsível.

O importante aqui é que, quando as leis da física mudaram, todas as práticas científicas que dependiam delas também deveriam ter feito o mesmo. Algumas o fizeram. A matemática mudou. A química mudou. Mas a biologia e as ciências da vida, não. Por isso, ainda hoje, muitos cientistas da vida ainda trabalham e ensinam com base em uma visão mecanicista dos objetos, em vez de reconhecerem o universo, o mundo e nosso corpo como campos que estão envolvidos em uma dança perpétua de energia interagindo com outras energias. Graças à pesquisa pioneira de cientistas como o dr. Bruce Lipton, e seu livro *The Biology of Belief*, essa situação está mudando.

A Linguagem dos Átomos

Embora os cientistas lutem para compreender como as crenças afetam nosso mundo por meio dos modelos tradicionais de vida e realidade, a nova visão de tudo como energia interagindo com energia nos deixa imaginando como isso poderia ser diferente. Quando começamos a reconhecer os fatos a partir dessa perspectiva, isso abre as portas que nos mantêm presos às limitações do nosso passado. De repente, o mecanismo que permite às crenças mudar o nosso mundo físico torna-se claro. E tudo começa com a maneira como pensamos sobre a própria matéria.

Se você não entra em uma sala de aula já há algum tempo, nem leu um livro que tinha por base a "nova física", o pensamento revisado sobre a aparência que um átomo teria pode surpreendê-lo. Em vez do modelo mecanicista (ou mecânico) de objetos orbitando em torno de outros objetos – como um sistema solar em miniatura –, o átomo quântico baseia-se na probabilidade de que a energia pode ser concentrada em um lugar ou outro em um determinado momento do tempo (Figura 5). Aqui, o importante é que a energia é produzida em parte dos campos elétrico e magnético – *os mesmos campos que criamos nos pensamentos de nosso cérebro e nas crenças de nosso coração.* Em outras palavras, as experiências universais que nós conhecemos como sentimento e crença são os nomes que damos à capacidade do corpo para converter nossas experiências em ondas elétricas e magnéticas.

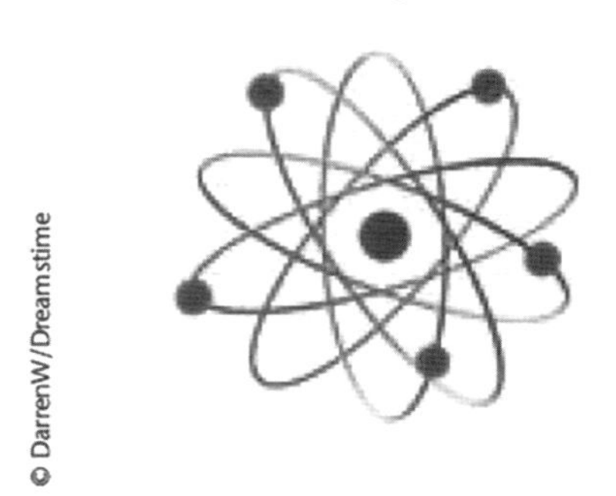

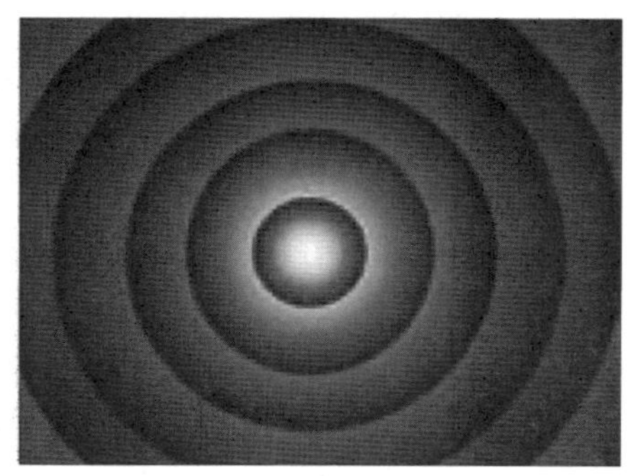

Figura 5. Ilustração mostrando o velho modelo mecânico do átomo como "objetos" (à esquerda) e o novo modelo quântico do átomo como concentrações de energia em zonas (à direita).

É aqui que as coisas ficam realmente interessantes. Quando o campo elétrico *ou* o magnético de um átomo mudam – *ou quando ambos mudam*

– o átomo muda: ele altera a maneira como se comporta, bem como a maneira como se expressa como matéria. E quando o átomo muda, o mesmo acontece com o nosso mundo.

A mudança da energia de um átomo por meio de um campo magnético é um fenômeno bem documentado, que foi reconhecido pela primeira vez em 1896. Batizado em homenagem ao seu descobridor, o ganhador do Prêmio Nobel Pieter Zeeman, o *efeito Zeeman* revela que, na presença de uma força magnética, o material que constitui a matéria é transformado. Em palavras claras e diretas, os textos de física clássica afirmam: "Quando um átomo é colocado em um campo magnético externo, sua energia muda..."[23]

Um fenômeno semelhante, conhecido como *efeito Stark*, batizado, por sua vez, em homenagem a Johannes Stark, que o descobriu em 1913, ocorre com campos elétricos, que fazem eletricamente o que o efeito Zeeman faz magneticamente.[24] Embora os efeitos Zeeman e Stark sejam interessantes individualmente, juntos eles se tornam a chave para compreender o poder da crença baseada no coração.

Estudos realizados pelo Institute of HeartMath mostraram que a intensidade elétrica do sinal cardíaco, medida por um eletrocardiograma (ECG), é até sessenta vezes maior que o sinal elétrico do cérebro humano, medido por um eletroencefalograma (EEG), enquanto o campo magnético do coração é até cinco mil vezes mais intenso que o do cérebro.[25] O importante aqui é que qualquer um dos dois campos tem o poder de mudar a energia dos átomos, *e nós criamos a ambos* em nossa experiência da crença!

Quando formamos, em nosso corpo, crenças centralizadas no coração, na linguagem da física estamos criando a expressão elétrica e magnética deles como ondas de energia, que não estão confinados ao nosso coração ou limitados pela barreira física de nossa pele e dos nossos ossos. Então, claramente, estamos "falando" para o mundo ao nosso redor, em cada momento de cada dia, por meio de uma linguagem que não tem palavras: as ondas de crença de nosso coração.

Além de bombear o sangue da vida *dentro* do nosso corpo, podemos considerar o coração como um tradutor da crença para a matéria. Ele converte as percepções de nossas experiências, crenças e imaginação na linguagem codificada de ondas que se comunicam com o mundo *além* de nosso corpo. Talvez seja isso o que o filósofo e poeta John Mackenzie quis dizer quando afirmou: "A distinção entre o que é real e o que é imaginário não pode ser sustentada com fina precisão... todas as coisas existentes são... imaginárias".[26]

Então, o que tudo isso significa? A linha de base é simples. As implicações são intensas e profundas.

Os campos de energia precisos que alteram nosso mundo são criados pelo misterioso órgão que sustenta nossas crenças mais profundas. Talvez não seja coincidência o fato de que o poder de mudar nosso corpo e os átomos da matéria esteja focado no único lugar que há muito tempo está associado às qualidades espirituais que nos tornam quem nós somos: o coração. Na verdade, podemos nos sentir justificados quando olhamos para nós mesmos, e em seguida para os outros, e do lugar da mais profunda gratidão por tudo o que experimentamos na vida, simplesmente dizer: "Abençoe nosso coração!"

> Código de Crença 14:
> A crença é expressa no coração, onde nossas experiências são traduzidas nas ondas elétricas e magnéticas que interagem com o mundo físico.

O Grande Segredo que Todos Sabem – Menos Nós!

Por meio de fenômenos da mídia, como os filmes e seus livros *O Segredo* (*The Secret*) e *Quem Somos Nós?* (*What the Bleep Do We Know!?*), o assunto de como usamos o "pensamento" se tornou o tema quente do dia. Curiosamente, no entanto, as experiências relacionadas com o sentimento e a emoção tornam-se quase secundárias nas mesmas discussões, e às vezes são totalmente descartadas. Quando são abordadas, não é incomum descobrir que *emoção* e *sentimento* são usados indistintamente, agrupados como uma experiência nebulosa que é indistinta e difícil de definir.

Minha mãe e eu tivemos essa conversa muitas vezes ao longo dos anos. "Sempre achei que sentimento e emoção fossem a mesma coisa", ela me disse em mais ocasiões do que posso enumerar. Não é surpreendente o fato de que as pessoas façam tais generalizações. Com poucas exceções, a ciência e a espiritualidade – as duas fontes de conhecimento em que nós, historicamente, confiamos para descrever nosso mundo – parecem ter deixado os poderes do sentimento e da emoção completamente fora da equação da vida.

Em nossa versão tradicional da Bíblia moderna, por exemplo, talvez seja apenas uma coincidência o fato de que os documentos que nos instruem sobre o poder do pensamento e da emoção, como o Evangelho Gnóstico de Tomé, estejam entre os mesmos que foram "perdidos" durante o período dos éditos bíblicos do século IV d.C. Embora essas referências possam estar faltando entre os mais estimados ensinamentos judaico-cristãos, este não é o caso para outras tradições espirituais.

Como cientista que trabalhou na indústria de defesa em meados da década de 1980, pensei que encontraria os exemplos mais bem preservados desses ensinamentos nos lugares menos perturbados pela civilização moderna. Dos mosteiros de Gebel Musa, no Egito, e na Cordilheira dos Andes, no Peru, até as terras altas da China Central e do Tibete, encontrei-me em alguns dos santuários mais remotos e isolados que permanecem na Terra na presente época, justamente em busca de tais ensinamentos. Foi em uma manhã clara e fria em 1998 que ouvi as palavras reais que descrevem o poder do sentimento em nossa vida de uma maneira que não poderia ser equivocada.

Cada dia no planalto tibetano é verão e inverno – verão sob o sol direto da elevada altitude e inverno quando os raios desaparecem atrás dos picos denteados do Himalaia. Eu me sentia como se não houvesse nada entre minha pele e as pedras antigas enquanto me sentava no chão frio embaixo de mim. Mas eu sabia que não podia partir. Esse dia foi o motivo pelo qual convidei um pequeno grupo para se juntar a mim em uma jornada que nos levou do outro lado do mundo.

Por catorze dias, aclimatamos nosso corpo a altitudes de até cerca de 4,9 quilômetros acima do nível do mar. Agarrando-nos aos nossos assentos, e até mesmo uns aos outros, preparamo-nos enquanto nosso ônibus de meados da década de 1960 se arrastava por pontes destruídas e pelo deserto sem estradas, apenas para estar nesse local específico, e nesse exato momento – um mosteiro de oitocentos anos escondido na base da montanha.

Concentrei minha atenção diretamente nos olhos do belo homem de aparência atemporal sentado em posição de lótus à minha frente, o abade do mosteiro. Por meio do nosso tradutor, fiz a ele a mesma pergunta que fizera a cada monge e freira que conhecemos durante toda a nossa peregrinação. "Quando o vemos realizando suas orações", comecei, "o que está realmente *fazendo*? Quando o vemos entoar seus cânticos durante catorze e dezesseis horas por dia... quando vemos os sinos, as tigelas de cobre – inclusive as que se destinam aos cânticos budistas –, os gongos, os carrilhões, os mudras e os mantras, quando vemos tudo isso se manifestar externamente, *o que está acontecendo em seu interior*?"

Quando o tradutor compartilhou a resposta do abade, uma poderosa sensação repercutiu através do meu corpo, e eu sabia que era essa a razão pela qual tínhamos vindo a esse lugar. "Você nunca viu nossas orações", ele respondeu, "porque uma oração não pode ser vista". Ajustando suas pesadas vestes de lã, o abade continuou: "O que você viu é o que fazemos para criar o sentimento em nosso corpo. *Sentir é a oração*".

A clareza da resposta do abade me deixou abalado! Suas palavras ecoaram as ideias que foram registradas em antigas tradições gnósticas e cristãs há mais de dois mil anos. Nas primeiras traduções do Livro de João (16:24, por exemplo) do Novo Testamento, somos convidados a empoderar nossas orações por *estarmos* cercados pelos (isto é, sentindo) nossos desejos realizados, assim como o abade sugeriu: "Pergunte sem pensar que haja um motivo oculto e *seja cercado pela sua resposta*". Para que nossas preces sejam respondidas, precisamos transcender a dúvida que muitas vezes acompanha a natureza positiva de nosso desejo. Seguindo um breve ensinamento sobre o poder de vencer nossa incerteza, o Evangelho Gnóstico de Tomé preserva instruções precisas de Jesus que descrevem como criar os sentimentos que produzem milagres.

Em meados do século XX, essas palavras foram descobertas como parte da biblioteca Nag Hammadi do Egito. Em pelo menos dois lugares diferentes recebemos instruções semelhantes e fomos convidados a fundir nossas ideias e emoções em uma única força poderosa. O versículo 48, por exemplo, nos diz: "Se dois [pensamento e emoção] fizerem as pazes um com o outro nesta mesma casa, eles dirão para a montanha: 'Afaste-se', e ela se afastará".[27]

O versículo 106 é notavelmente semelhante, reiterando: "Quando vocês fizerem de dois um... quando vocês disserem: 'Montanha, afaste-se!', ela se afastará".[28]

Se as instruções permaneceram tão consistentes que o abade estava repetindo a essência de um ensinamento de dois mil anos, então ele ainda pode ser útil para nós hoje. Usando uma linguagem quase idêntica, tanto o abade como os pergaminhos estavam descrevendo uma forma de prece e um grande segredo que foi amplamente esquecido no Ocidente. A crença e os sentimentos que nós temos sobre eles constituem a linguagem dos milagres.

Emoção, Pensamento e Sentimento: Experiências Separadas, mas Relacionadas

Se pudermos realmente apreender o que nosso poder de crença baseado no coração nos diz sobre o nosso mundo, então a vida adquire um significado inteiramente novo. Nós nos tornamos arquitetos da realidade, em vez de vítimas de forças misteriosas que não podemos ver e não compreendemos. Para fazer isso, no entanto, precisamos compreender não apenas *como* nossas crenças falam ao universo, mas também *como* podemos revisar a conversa mudando-as. Quando realizamos isso, estamos realmente programando o universo. E tudo começa com a compreensão das três experiências separadas, mas relacionadas, que conhecemos como pensamento, sentimento e emoção.

O diagrama da Figura 6 foi extraído de um antigo texto místico escrito em sânscrito. Ele ilustra como podemos usar o pensamento e a emoção para criar sentimentos e crenças baseados no coração em nosso corpo. A chave para esse desenho é a localização dos centros de energia do corpo, conhecidos como chakras (expressão sânscrita que significa "rodas giratórias de energia"). No sistema sânscrito, faz-se uma distinção entre os três primeiros, a partir do topo da cabeça para baixo, e os três inferiores, da base da espinha para cima. O papel que esses grupos de chakras desempenham na criação de nossas crenças é a chave para assumirmos o controle de nossa vida.

Quando compreendemos a relação entre nossos pensamentos, sentimentos e emoções, também reconhecemos como nossas crenças têm o poder de afetar o mundo. Embora, em um nível físico, cada centro de energia está ligado a um dos órgãos do sistema endócrino, em um nível enérgico, os chakras desempenham papéis diferentes em nossa vida. Nas seções a seguir, vamos definir *emoção, pensamento* e *sentimento* separadamente e então ilustrar como eles se reúnem para formar as experiências internas que se tornam nossa realidade.

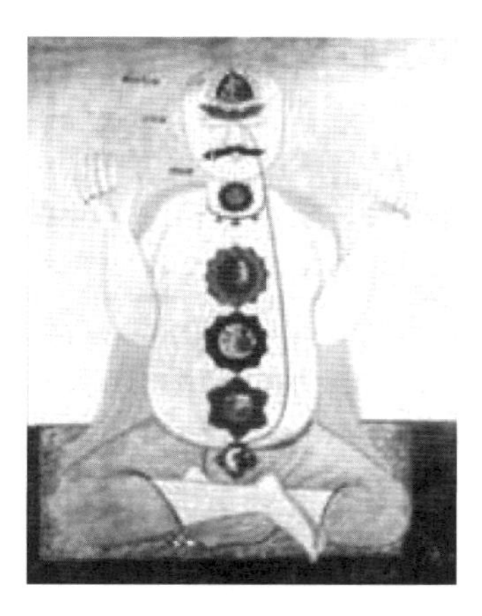

Figura 6. Ilustração mostrando a concentração dos sete centros de energia que formam o sistema de chakras correndo verticalmente da coroa ao períneo do corpo humano. Este desenho foi extraído de um antigo manuscrito sânscrito.

Emoção Definida

Os três chakras inferiores da criatividade são comumente associados com nossa experiência da emoção. Quando pensamos nesses centros como energia pura, eles representam as duas únicas emoções básicas que somos capazes sentir na vida: amor e tudo o que pensamos como seu oposto. Por mais estranho que isso possa parecer à primeira vista, como veremos a seguir, essa definição mostra que a alegria, o ódio e a paz que podemos ter considerado como emoções no passado são, na verdade, os *sentimentos* que resultam do uso deles.

Todos nós já tivemos experiências de amor em nossa vida. E, como *somos* todos únicos, essas experiências também são. Por isso, quando falamos sobre o oposto do amor, isso pode ter significados diferentes para pessoas diferentes. Para alguns, é a experiência do medo; para outros, pode ser a do ódio. No entanto, independentemente de como a chamamos, quando nos dirigimos diretamente para a essência nua dos ensinamentos mais profundos, reconhecemos que o amor e seu oposto são, na verdade, dois aspectos da mesma coisa, duas polaridades da mesma força: a emoção.

A emoção é a fonte de energia que nos impulsiona na vida. Amor ou medo é a força motriz que nos impulsiona através das paredes da resistência e nos projeta para além das barreiras que nos impedem de atingir nossos objetivos, sonhos e desejos. Assim como a potência de qualquer motor precisa ser aproveitada para ser útil, o poder da emoção precisa ser canalizado e focado para que nos sirva em nossa vida. Quando não temos uma clara direção, nossas emoções podem se tornar dispersas e caóticas. Todos nós conhecemos o drama e o caos que costumam acompanhar as pessoas que lidam com a vida puramente apegados a essa base.

Embora essas duas emoções sejam uma fonte de poder em nossa vida, isso pode ser, claramente, uma bênção mista. Nossas emoções podem nos servir, ou podem nos destruir. A experiência que temos é determinada por nossa capacidade para aproveitá-las e dar-lhes direção. E é aí que entra o poder do pensamento.

Pensamento Definido

Os pensamentos estão associados aos três centros de energia superiores de nosso corpo – os chakras relacionados à lógica e à comunicação. Enquanto a emoção pode ser considerada uma fonte de energia, os pensamentos são o sistema de guiamento que a direciona, focalizando-a de maneira precisa. Portanto, embora nossos pensamentos sejam importantes, eles têm pouco poder por si mesmos. Em um linguajar de engenharia, eles podem ser considerados energia escalar (uma força potencial) envolvendo uma situação *possível*, em vez de serem energia vetorial (uma força real) de algo que é efetivo e está acontecendo em nossa vida. Esse *buffer* (amortecedor) de segurança impede que cada pensamento passageiro em nossa mente se manifeste na realidade. Como as estatísticas a seguir sugerem, isso é realmente algo bom.

Há alguns anos, a National Science Foundation informou que a pessoa média tem algo em torno de mil pensamentos por hora. Dependendo do fato de podermos ou não ser considerados "pensadores profundos", podemos ter entre doze mil e cinquenta mil pensamentos a cada dia. Por curiosidade, às vezes pergunto a amigos e colegas de trabalho para compartilhar o que eles estão pensando. Quando faço isso, descubro rapidamente que muitos de seus pensamentos são sobre fatos que eles preferem manter para si mesmos! Felizmente para nós, a maioria dos nossos pensamentos passageiros permanecem apenas isso: breves lampejos que nos mergulham no que poderia ser, no que pode vir ser, ou no que foi.

Sentimento Definido

Um pensamento sem a emoção para alimentá-lo é apenas um pensamento – não é bom, ruim, certo ou errado. Por si só, tem pouco efeito sobre qualquer fato e é a imaginação de uma possibilidade que permanece na mente: a semente do que poderia ser, suspensa no tempo – inofensiva e relativamente impotente.

Chamamos um pensamento sem o combustível emocional que o traria para a vida de um *desejo*. Embora possivelmente bem intencionados, nossos desejos provavelmente exercem pouco efeito sobre nosso corpo ou sobre o mundo – até que os despertemos.

Como ilustra a Figura 7, quando unimos os pensamentos em nossa mente com o poder das emoções que emanam dos nossos centros de energia inferiores, criamos *sentimentos*. Desse modo, um sentimento é a união do que nós pensamos com o combustível de nosso amor ou medo por nosso pensamento. E agora temos uma definição para sentimentos e uma maneira de entender como eles são diferentes das emoções.

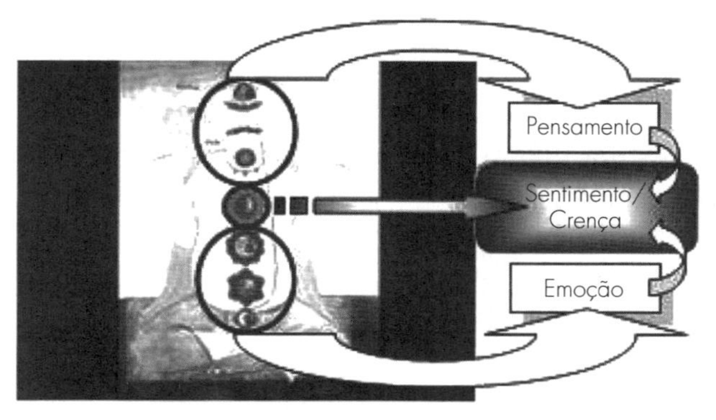

Figura 7. Quando unimos pensamentos com a emoção do nosso amor ou medo com relação a eles, criamos sentimentos. *Sentimentos* são definidos como "a união de pensamento e emoção". Eles são a base de nossas crenças e se formam em nosso coração.

É claro que, embora existam apenas duas emoções básicas – amor e medo -, podemos experimentar um número infinito de sentimentos. Exemplos deles são rancor, compaixão, raiva, ciúme, gratidão, descrença e paz, para citar apenas alguns. Em um linguajar de engenharia, eles são uma forma vetorial de energia. Em outras palavras, eles estão onde a ação está e podem realmente fazer com que os fenômenos e fatos sejam realizados! Nossos sentimentos podem mudar o mundo.

Crença: Um Tipo Especial de Sentimento

A crença é uma forma de sentimento. Quando temos uma crença a respeito de alguma coisa, geralmente temos um sentimento – muitas vezes intenso – sobre ela. Qualquer dúvida sobre a veracidade dessa afirmação desaparece rapidamente quando pedimos às pessoas que compartilhem conosco seus sentimentos sobre tópicos com raízes morais que disparam suas crenças mais profundas.

A pena de morte, pesquisas sobre células-tronco, seja para ensinar criacionismo ou evolução na sala de aula, aborto e suicídio assistido são, todos eles, exemplos de tópicos que extraem de nós fortes sentimentos quanto à sua retidão ou à sua inclinação errônea. Embora nem sempre estejamos cientes de nossa posição verdadeira sobre tais assuntos, a intensidade da nossa resposta emocional quando eles despontam nas conversas é um bom indicador de onde nós nos colocamos em relação aos assuntos mais calorosamente debatidos de nosso tempo. De uma maneira ou de outra, nossos sentimentos são baseados no que acreditamos.

Por exemplo, para descrever o que diferencia a crença de nossa raiva, compaixão e tristeza diárias, vamos examinar mais estreitamente como esses sentimentos são criados.

Honrando a Vibração

Definimos *sentimento* como o resultado de pensamentos que são alimentados por uma de apenas duas emoções possíveis: amor ou medo. O que torna especial um caso de crença é o fato de que ela, às vezes, parece acontecer *sem* quaisquer pensamentos – pelo menos sem um pensamento do qual estejamos conscientemente cientes.

> **Código de Crença 15:**
> As crenças, e os sentimentos que temos sobre elas, constituem a linguagem que "fala" ao material (ou "estofo") quântico que constrói nossa realidade.

Todos nós já experimentamos uma crença que, simplesmente, parece "acontecer" e que vem de nenhum lugar, como a convicção de que estamos no lugar errado e na hora errada. Embora possa não haver razões óbvias para isso, nós apenas sabemos que tal evento, definitivamente, está lá. E, em geral, é do nosso melhor interesse honrar nossas crenças no momento em que as temos. Mais tarde, em um ambiente seguro, podemos olhar para trás e explorar o que pode ter feito o nosso "alarme interno" soar. Quando o fazemos, não é incomum descobrir que nossas crenças foram disparadas por algo *além* das emoções de amor ou medo, que criam nossos sentimentos típicos. Esse algo é o poder do que muitas pessoas simplesmente chamam de vibrações da *verdade do corpo, ressonância do corpo* ou apenas *ressonância*.

Em sua forma mais simples, a *ressonância* é uma troca de energia entre duas coisas. É uma experiência de mão dupla, permitindo que cada "alguma coisa" entre em equilíbrio com outra. A ressonância desempenha um enorme papel em nossa vida, em tudo, desde a sintonia dos nossos televisores e aparelhos de rádio em nossa estação favorita, até o sentimento inesquecível que temos quando outro ser humano olha diretamente em nossos olhos e diz: "Eu te amo". Nossa experiência do que acreditamos é totalmente sobre ressonância entre nós e os fatos com os quais estamos sendo confrontados.

Para se ter uma ideia clara do que é ressonância, consideremos o exemplo da vibração compartilhada entre duas guitarras colocadas em lados opostos da mesma sala. Quando a corda mais grave de uma das guitarras é dedilhada, *a mesma corda no segundo instrumento passará a vibrar* como se ela fosse a única que acabara de ser tangida. Mesmo que ela esteja do outro lado da sala, ninguém a tocou fisicamente, e mesmo assim ela ainda está respondendo à primeira guitarra, pois elas são iguais em sua capacidade para compartilhar um tipo particular de energia. Neste caso, a energia está na forma de uma onda que viaja através do espaço e atinge o outro lado da sala.

E é dessa mesma maneira que experimentamos a crença em nossa vida.

Diferentemente de duas guitarras em uma sala ajustadas para combinar uma com a outra, somos seres de energia com capacidade para sintonizar nosso corpo e compartilhar tipos particulares de energia. Quando nossos pensamentos direcionam nossa atenção para uma visão que temos à nossa frente, palavras que são faladas ou algo que experimentamos de alguma outra maneira, nosso eu físico responde à energia dessa experiência. Quando ela ressoa *conosco*, temos uma resposta centralizada no corpo, a qual nos diz que o que vimos ou ouvimos é "verdade" – pelo menos o é para nós nesse momento. Isso é o que torna a verdade do corpo tão interessante.

Se a informação ou experiência é *factual* ou não, não é a respeito disso que esse tipo de verdade tem a ver. A pessoa que experimenta ressonância *acredita* que é verdade. E, nesse momento, *é* verdade para ele ou para ela. A experiência passada do indivíduo, suas percepções, julgamentos e condicionamento, moldam a experiência naquilo que a pessoa sente no momento.

Igualmente interessante é o fato de que a mesma pessoa pode enfrentar uma situação semelhante uma semana depois e descobrir que essa situação não ressoa mais com ela. Como não ressoa, a situação não é mais verdadeira. Isso acontece porque os filtros de percepção do indivíduo mudaram e a pessoa simplesmente não acredita mais como o fazia uma semana antes.

Em sua experiência da verdade do corpo, as pessoas costumam ter sensações físicas que lhes dizem que elas estão ressoando com o que acabaram de vivenciar. Arrepios, zumbido nos ouvidos e um rubor visível no rosto, na parte superior do tórax e nos braços são expressões comuns da verdade do corpo.

A Ressonância em Ação

A ressonância é uma experiência bidirecional. Além de nos dizer quando alguma algo é verdadeiro para nós, é também um mecanismo de defesa que nos alerta quando podemos estar em uma situação potencialmente prejudicial. Por exemplo, quando nos encontramos no proverbial "beco escuro", podemos realmente sentir como se estivéssemos no lugar errado na hora errada. Nosso corpo "sabe" disso; e os sintomas resultantes podem variar de uma fraqueza leve e geral no corpo, como se de repente alguma coisa estivesse sugando toda a nossa energia, até o extremo em que a experiência ou informação é tão chocante para nós que começamos a suar frio, com nosso rosto ficando com uma coloração branca pastosa como se nosso sangue corresse para longe, preparando-nos para lutar ou fugir.

Curiosamente, muitas vezes temos as mesmas respostas na presença de mentiras, ou pelo menos de informações que nosso corpo *sente* que não são verdadeiras. Embora possa ocorrer que nós simplesmente não temos todos os fatos, ou que aqueles que temos são percebidos de forma incorreta, a chave aqui está no fato de que no instante em que suspeitamos de uma mentira, estamos respondendo à nossa experiência daquele momento. Quando ouvimos alguém nos dizer algo que sabemos absolutamente, além de qualquer sombra de dúvida, que não é verdade, sentimos uma tensão em nosso corpo que é comumente chamada de nosso "detector de *bullsh*t* (papo furado)".

Embora nem sempre seja com base em fatos que se pode conhecer no momento, nossa reação visceral ao que outros compartilham conosco pode ser uma ferramenta inestimável em situações que variam de suspeita de infidelidade em um relacionamento romântico, de leitura de um rótulo em nosso pacote favorito de biscoitos que nos diz que os aditivos e gorduras que vamos comer são "inofensivos."

Recentemente, minha família teve essa experiência quando "médicos de árvores" apareceram em nossa porta um dia para pulverizar nosso quintal com um pesticida que protegeria a vizinhança contra certos insetos. Embora estivessem nos dizendo que o produto químico era "inofensivo" para animais e seres humanos, e até mesmo para crianças (as quais eu sempre pensei que também fossem seres humanos), também fomos instruídos a manter nossos animais de estimação, crianças e pés descalços fora do gramado por vinte e quatro horas, e a limpar os sapatos de todos antes de entrar na casa.

Embora eu não tenha feito nenhuma pesquisa sobre o pesticida ou a empresa, e não tivesse nenhuma razão para duvidar do homem parado à minha frente, o qual, sinceramente, acreditava no que seu empregador havia lhe dito, eu sabia no fundo de meu ser que o que me disseram estava incorreto. As primeiras palavras que saíram da minha boca foram esta pergunta: "Se o produto químico é realmente tão 'seguro', então por que todas essas precauções?"

Depois de fazer algumas investigações rápidas na internet, minhas suspeitas foram confirmadas. O pesticida que fora proposto era do mesmo tipo que estava associado a vários problemas de saúde, nenhum dos quais era bom. É quase como se a empresa acreditasse que, uma vez que o seu produto não faria com que formigas de três cabeças aparecessem no quintal uma semana depois, o material podia ser usado sem problemas!

A chave aqui é que não temos que pensar sobre nossas experiências para determinar se elas são adequadas para nós. O corpo já sabe as respostas e responde com sinais com os quais estamos todos familiarizados. E esses sinais são as experiências que nos dizem quando aceitamos algo verdadeiro em nossa vida e quando não o fazemos. A questão é: "Será que nós temos a sabedoria ou a coragem de ouvir?"

Olhando Antes de Saltar

Às vezes podemos usar nossos instintos viscerais para que eles nos digam algo sobre o que está certo ou o que está errado em uma experiência *antes* que realmente a tenhamos. Essa é a beleza de ser capaz de pensar com antecedência sobre algo. Em nossa mente, podemos modelá-la e verificá-la de todos os ângulos para procurar os prós e os contras enquanto ela ainda é apenas uma possibilidade. Cientistas acreditam que somos a única forma de vida que usa as habilidades de pensamento para raciocinar dessa maneira. Pode ser precisamente por isso que nossa capacidade de pensar sobre nossas crenças é uma parte tão resiliente de nossa natureza.

Em um artigo publicado em 2004, Rebecca Saxe, Ph.D., professora assistente do Department of Brain and Cognitive Sciences [Departamento do Cérebro e Ciências Cognitivas] do MIT – Instituto de Tecnologia de Massachusetts, mostrou que a capacidade para aplicar o raciocínio àquilo em que acreditamos "desenvolve-se mais cedo e resiste à degradação por mais tempo do que outros tipos de raciocínio lógico estruturados de maneira semelhante".[29]

Quando consideramos o pensamento, o sentimento e a emoção como a maneira pela qual simulamos uma situação antes de efetivamente enfrentá-la, abrimos a porta a uma poderosa maneira de usar essas experiências separadas, mas relacionadas. Ao determinar com precisão *se* amamos ou tememos o que imaginamos, também escolhemos se e quando nossas criações acabarão ganhando vida. Em outras palavras, nossa mente atua como simuladores, e são nossos pensamentos que estão realizando a simulação. Eles nos permitem encenar uma dada situação, e todas as possibilidades que ela pode conter, antes que de fato venha a acontecer. Uma grande parte da previsão de nossa situação é que nós conseguimos explorar o resultado e as consequências de nossas ações antes mesmo de agirmos.

Quando trabalhava para corporações como engenheiro, eu tinha um amigo que usava os pensamentos dessa maneira quando queria saber aonde um relacionamento romântico pode levar. Não estou dizendo que ele fazia isso de maneira consciente. Durante as vezes em que observei o processo, parecia que a imaginação associada a esse relacionamento vinha acontecendo há tanto tempo que se tornara habitual e inconsciente. Fiquei fascinado pela maneira como ele encenava cenários em sua mente, e as dificuldades em que ele se encontraria como resultado.

Por exemplo, poucos minutos depois de conhecer um novo interesse romântico em potencial, em sua mente ele imaginava como seria o relacionamento deles e aonde ele poderia levá-lo. Embora todos possam fazer isso até um certo grau, ele levava *suas* possibilidades ao extremo.

Durante uma pausa para o almoço, em um seminário ou conferência, ou às vezes na fila do caixa do supermercado, ele podia encontrar uma mulher por quem se sentia intensamente atraído. Quando começava a compartilhar tal história, eu o conhecia bem o suficiente para antecipar o que estava por vir. Depois de seu encontro inicial, os próximos momentos seriam mais ou menos assim:

Ele trocaria algumas palavras com a nova conhecida, e de súbito sua mente estaria correndo para o futuro, explorando todas as possibilidades de como seria a vida com essa mulher. Talvez eles namorassem por um ano ou mais e depois se casassem. E não muito tempo depois, poderiam começar uma família – isto é, a menos que a nova empresa de consultoria que começassem juntos os mantivessem tanto tempo na estrada que não disporiam de mais tempo para formar uma família. Mas então, na idade deles, durante quanto tempo poderiam realmente viajar com essa frequência? Talvez devessem apenas adotar uma criança e fazer viagens com uma babá. E por aí vai...

Eu ouvia as especulações do meu amigo sobre as possibilidades do que poderia vir a ser, até que, de repente, ele saltasse para fora de seus devaneios, olhasse para mim um pouco envergonhado, e percebesse que, em sua mente, ele havia acabado de descrever uma vida inteira com uma mulher que conhecera há menos de vinte minutos! O ponto essencial dessa história é o fato de que, se cada um dos pensamentos do meu amigo se tornasse a realidade de sua vida, tudo, muito rapidamente, se tornaria muito estranho. Embora todos nós usemos nossa capacidade para pensar sobre cenários potenciais e resultados lógicos, espero que o façamos de maneira mais consciente e com muito menos intensidade do que meu amigo engenheiro fazia.

Pensamentos, Desejos, Afirmações e Preces

A experiência de afirmações é um exemplo perfeito de como o poder do pensamento funciona. Conheci pessoas que os usavam todos os dias de suas vidas, rabiscadas em notas que eram grudadas no espelho do banheiro, cobrindo o painel do carro e emoldurando a tela do computador no trabalho. Eles repetiriam as palavras centenas, e às vezes milhares de vezes por dia, murmurando afirmações como: "Meu companheiro perfeito está se manifestando para mim agora" ou "estou pleno agora e em todas as manifestações passadas, presentes e futuras". Ocasionalmente, eu perguntaria a eles sobre sua prática e se as afirmações realmente funcionavam. Às vezes, sim. Porém, muitas vezes, não.

Quando as afirmações dos meus amigos pareciam falhar, eu lhes perguntava por quê. O que eles acreditavam que era o motivo do fracasso? Havia um fio condutor comum que conectava cada explicação. Para cada caso em que as afirmações pareciam não funcionar, a pessoa que as declarava pouco mais fazia do que simplesmente recitar as palavras – *não havia emoção subjacente a elas*. Temos de alimentar nossa afirmação com o poder do nosso amor, como se ela já estivesse realizada, para que a nova condição venha a se tornar real em nossa vida. E isso, acredito, é a chave para uma afirmação bem-sucedida, e é o que diferencia um desejo de um pensamento vazio.

Pensamentos e desejos

Como observamos anteriormente, um pensamento é simplesmente a imagem em nossa mente do que é possível ou poderia se tornar possível em qualquer dada situação, desde relacionamentos e cura, até tudo o que existe entre eles. Sem a energia do amor ou do medo que alimenta nosso pensamento, ele tem pouco poder e permanece o que é. No caso das curas descritas antes neste capítulo, a ideia de como seria a recuperação de uma pessoa e de como sua vida mudaria é um exemplo de pensamento. Embora seja importante saber onde a cura começa, o pensamento sozinho não é suficiente para instigar esse conhecimento.

O desejo ou esperança de que um pensamento ganhe vida, mas sem a emoção necessária para que ele, efetivamente, ganhe vida, é um *desejo* – é simplesmente a imagem do que é possível. Na ausência dessa emoção necessária para trazê-lo ao mundo da realidade, um desejo aponta para um final em aberto. Pode durar segundos, anos ou uma vida inteira como a visão do que poderia ser, suspensa no tempo.

Exemplo: simplesmente esperar, desejar ou dizer que uma cura foi bem-sucedida pode ter pouco efeito sobre a situação real. Nessas experiências, ainda não chegamos à crença – a certeza que vem da aceitação do que *pensamos ser verdadeiro*, acoplado com o que *sentimos ser verdadeiro* em nosso corpo – isso torna o desejo uma realidade.

Afirmações e Preces

Um pensamento que está imbuído com o poder da emoção produz o sentimento que o traz à vida. Quando isso acontece, criamos uma afirmação, bem como uma prece. Ambas se baseiam no sentimento – mais precisamente, no sentimento que aparece como se o resultado já tivesse acontecido. Estudos mostraram que quanto mais claros e específicos formos, maior será a oportunidade de obter um resultado bem-sucedido.

É por isso que as palavras do abade nos lembrando de que "o sentimento é a prece" são tão poderosas. Elas são retiradas de uma linhagem de ensinamentos que permaneceram consistentes e verdadeiras por mais de cinco mil anos.

Exemplo: Uma afirmação bem-sucedida ou prece de cura teria por base o sentimento *a partir do* resultado completo. É como se a cura já tivesse acontecido. Por meio da gratidão pelo que já aconteceu, nós criamos as mudanças na vida que refletem nosso sentimento.

Crença: Os Programas da Consciência

"Tudo o que você vê, embora pareça estar Fora, está Dentro, / Em sua Imaginação, da qual este Mundo de Mortalidade é apenas uma Sombra."[30] Com esses versos, o poeta William Blake nos lembra do poder que vive dentro de cada um de nós em cada momento de cada dia. Apesar de as palavras terem mudado, a semelhança entre o que Blake está comunicando e o que as tradições budistas sempre nos disseram desde séculos atrás é inconfundível.

Se, como elas afirmam, "a realidade existe apenas onde a mente cria um foco" e tudo o que experimentamos, "embora pareça estar Fora, está Dentro", então, claramente, nossas crenças são os programas que determinam nossa experiência.

Vivendo no século XIX e no início do século XX, William James foi uma das pessoas mais influentes do seu tempo. Um homem da Renascença na era moderna, ele foi muito claro em sua visão do papel que a consciência e a crença desempenham em nossa vida, e isso antes mesmo de ele se tornar um psicólogo. Em seu artigo de 1904, "Does 'Consciousness' Exist?" [Será que a 'Consciência' Existe?], ele afirma que às vezes o que experimentamos na consciência é intangível e "figura como um pensamento".[31] Em outras ocasiões, porém, ele diz que essa experiência figura como uma "coisa", tornando-se real em nossa vida. Quando este último caso acontece, ele sugere que é o nosso poder de crença que cria o fato real.

Embora eu tenha definido *crença* e dado exemplos de como ela funciona, a crença permanece uma das nossas experiências mais esquivas.

E, por esse motivo, ela também pode ser um dos terrenos mais difíceis para se fazer uma mudança. Quando realmente acreditamos em algo, temos um sentimento sobre isso. Embora possamos chamar isso de instinto, reação instintiva ou reação visceral, a chave para a mudança está no fato de que nossa crença fica registrada conosco em um nível profundo, talvez até mesmo primordial. Embora não tenhamos de compreender a crença para experimentá-la, temos de saber como ela funciona se quisermos aproveitar seu poder em nossa vida.

Se pensarmos na crença como o código que programa o universo, e se os pequenos programas em nossa vida são, na verdade, exemplos em miniatura (fractais) dos programas maiores do universo, então compreender como um programa de computador é feito também deveria explicar como as crenças são formadas. Por isso, vamos começar explorando nossos próprios programas como se fossem programas simples. Quando o fazemos, a ideia nebulosa de crença assume um molde e uma forma com os quais podemos trabalhar! Podemos reconhecer com precisão como nossas experiências internas afetam o mundo exterior. Talvez ainda mais importante seja o fato de que também podemos descobrir com maior ou menor acuidade o que fazer para traduzir os desejos do nosso coração na realidade da nossa vida.

Embora possa parecer redundante dizer que o propósito de um programa de computador é fazer com que os fatos aconteçam, é importante afirmar isso claramente quando começamos a pensar na *crença* como um programa. Se vamos criar uma nova crença, ou mudar uma crença já existente, precisamos estar absolutamente certos a respeito do que esperamos realizar. Uma crença nebulosa nos dará, sem dúvida, um resultado nebuloso.

Programas podem ser complexos ou simples. Alguns contêm literalmente milhões de linhas de código de computador, e outros podem ser muito curtos, como os que se constituem em três declarações simples. No entanto, independentemente de seu tamanho, todos os programas incluem as mesmas partes básicas, que podem ser consideradas como os comandos que lançam o programa (*começar*), que o instruem sobre o que fazer (*trabalhar*) e que dizem a ele que o trabalho foi concluído (*completar*).

Antes de um programa real ser escrito, os programadores de computador delineiam com frequência o que eles esperam realizar em um âmbito mais amplo. Isso porque não se trata do verdadeiro programa em si, mas de outro que é muitas vezes chamado de *pseudoprograma*. Assim como um esboço para um trabalho escolar descreve os pontos de maior destaque do conteúdo e apresenta um mapa para as ideias que serão exploradas, o pseudoprograma identifica os elementos de importância-chave que o programa realizará.

Uma vez que nosso objetivo é usar o que já sabemos sobre programas eletrônicos para compreender os da consciência, vamos examinar o pensamento, o sentimento e a emoção como partes equivalentes desse *software*. Na Figura 8, podemos ver como nossas experiências interiores desempenham o mesmo papel na consciência como suas contrapartidas o fazem em nosso computador.

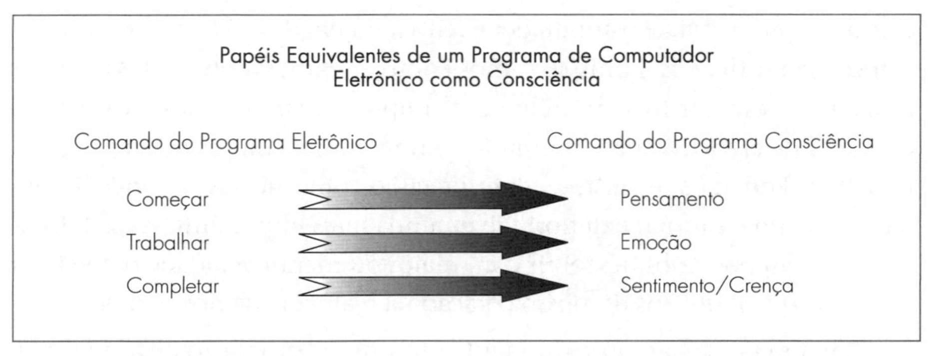

Figura 8. Comparação entre os três elementos genéricos para programas de computador e seus equivalentes nos programas de consciência do universo.

O Comando *Começar*

Em um computador eletrônico, o comando "começar" (*begin*) é o que inicia um programa e faz as coisas andarem. É uma declaração especializada que fornece todas as informações de que o programa necessita para realizar o seu trabalho, incluindo dados sobre o valor atribuído a certos símbolos e quantas vezes o computador executará uma tarefa. Quando criamos uma crença em nosso computador-consciência, o pensamento equivale a um comando começar.

Com nossos pensamentos, podemos reunir tudo o que precisamos para explorar uma experiência antes que efetivamente a tenhamos. Por exemplo, quando consideramos se devemos ou não começar um novo relacionamento, podemos coletar todas as informações que nos ajudarão a tomar nossa decisão. E se é uma parceria romântica, podemos reconhecer os atributos da outra pessoa e seus sonhos de vida, objetivos e desejos para descobrir se nossos caminhos são compatíveis. Podemos fazer perguntas sobre onde e como a outra pessoa gostaria de viver e em que posição estão as prioridades de carreira e de filhos em sua vida.

Essa coleta de informações e atribuição de valores é similar ao comando começar em nosso computador eletrônico. Assim como precisamos de todos os ingredientes para uma refeição realmente boa antes de prepará-la, essa coleta é um passo necessário antes que nosso programa de crença possa começar.

Os Comandos *Trabalhar*

Os comandos trabalhar (*work*) dizem ao programa o que fazer. Eles dão significado às informações que o comando começar identificou, reunindo-os sob uma forma útil e significativa. A emoção equivale aos comandos trabalhar.

Nosso amor pelas informações que chamamos à nossa mente, ou o medo que sentimos delas, é o que lhes dá vida. No exemplo anterior do romance, provavelmente é seguro supor que a emoção é o amor – o comando trabalhar – que alimenta nossos pensamentos a respeito do nosso parceiro. É o nosso amor pelas possibilidades que o novo relacionamento traz à nossa vida que define os sentimentos e crenças que experimentamos. São os sonhos, objetivos e desejos que temos em comum com nosso novo parceiro ou nossas aspirações amorosas pelos sonhos da pessoa que colocam em movimento os eventos que se tornam a realidade de nossa vida.

O Comando *Completar*

No contexto do nosso programa consciência, o comando completar (*completion*) é o início, e não o fim, do processo. Ele sinaliza o ponto onde todas as peças se juntaram e nossa crença *em sua forma acabada* pode agora se tornar o modelo em nossa vida, com o qual podemos ajudar a calibrar e a expressar o que criamos dentro de nós. Como nosso coração converte nossas crenças completas nas ondas que transportam informações através de todo o nosso corpo e ao longo do mundo, o que acreditamos se torna a linguagem que "fala" com o "estofo" quântico de que o universo é feito. Sentir equivale ao comando completar.

Só para que fique claro, esse não é o tipo de "completude" que leva tudo a uma parada brusca de uma espécie de estado de "moagem de grãos". Na verdade, o "completar" em nosso programa de crença faz exatamente o oposto: sinaliza que nossa edificação de uma nova crença é feita para que o resultado acabado possa agora se manifestar e se tornar real. No exemplo que estamos usando, isso equivale a sentir como se o relacionamento já existisse, como se já tivéssemos embarcado em nossa nova jornada com nosso parceiro.

Com esses equivalentes em mente, agora é fácil pensar a respeito do sentimento e da crença como programas de consciência. Como somos nós que os criaram, isso faz de nós os programadores. *Nós* escolhemos quais pensamentos tornam-se nossos comandos "começar" e quais emoções sinalizam que estamos prontos para trazê-los à vida. Por meio da tecnologia interna da aparelhagem da crença (*belief-ware*), somos claramente os arquitetos de nossa vida.

Tudo começa com o que acontece no domínio misterioso que chamamos de mente, esse lugar em que nossas experiências convergem no duradouro registro de um momento no tempo.

CAPÍTULO TRÊS

Do Cérebro à Mente: Quem Faz Funcionar Nossa Fábrica de Crenças?

"Nossa mente subconsciente não tem senso de humor, não faz piadas e não consegue nos dizer a diferença entre a realidade e um pensamento imaginado ou uma imagem."
– **Robert Collier** (1885-1950), autor motivacional

"A distinção entre o que é real e o que é imaginário não pode ser claramente sustentada... todas as coisas existentes são... imaginárias."
– **John S. Mackenzie** (1860-1935), filósofo

Nos capítulos anteriores, vimos como os princípios de um computador moderno podem nos ajudar a compreender a consciência. Novos estudos mostram que a mesma analogia também pode nos ajudar muito a desmistificar a relação entre o cérebro e a mente. Em seu livro desbravador *Consciousness Explained*, Daniel Dennett, codiretor do Center for Cognitive Studies [Centro de Estudos Cognitivos], da Universidade Tufts, diz que podemos realmente considerar o cérebro "como uma espécie de computador", e isso nos oferece uma metáfora poderosa para compreender como usamos as informações.[1] As comparações de Dennett nos dão exatamente o que precisamos para navegar o que ele chama de "*terra incognita*", ou terra desconhecida, entre o que a ciência nos diz *a respeito* de nosso cérebro e o que experimentamos *por meio* dele.

O homem comumente considerado como o "pai" do computador moderno, o matemático John von Neumann, calculou que o cérebro humano poderia armazenar até 280 quintilhões de *bits* de memória (isto é, 280 seguido de 18 zeros). O cérebro não somente pode armazenar essa espantosa quantidade de dados, mas também pode processá-los mais rapidamente do que qualquer um dos computadores mais rápidos da atualidade.[2] Isso é importante porque é a maneira como coletamos, processamos e armazenamos as informações sobre a vida que determinam nossas crenças e de onde elas vêm.

Estudos realizados durante a década de 1970 revelaram que as memórias de nossas experiências não se limitam a um local específico dentro do cérebro. O trabalho revolucionário do neurocientista Karl Pribram, por exemplo, mostrou que as funções do cérebro são mais globais do que até então se pensava. Antes da pesquisa de Pribram, acreditava-se que houvesse uma correspondência biunívoca (um para um) entre certos tipos de memória, consciente e subconsciente, e os locais onde essas memórias são armazenadas.

O problema é que a teoria não se mostrou bem-sucedida em testes de laboratório. Os experimentos mostraram que animais mantinham a memória e continuavam a vida rotineira mesmo que parte de seu cérebro que era considerada responsável por tais funções fosse removida. Em outras palavras, não havia uma ligação direta entre a memória e um lugar físico no cérebro. Era óbvio que a visão mecanicista do cérebro e da memória não era a resposta. Algo mais estava acontecendo – algo que acabou se revelando misterioso e maravilhoso.

Durante sua pesquisa, Pribram notou uma semelhança entre a maneira pela qual o cérebro armazena memórias e outro tipo de armazenamento de informações desenvolvido em meados do século XX por meio de padrões chamados *hologramas*. Se você pedisse a alguém que lhe explicasse um holograma, essa pessoa provavelmente começaria por descrevê-lo como um tipo especial de fotografia onde a imagem sobre uma superfície de repente se mostra tridimensional quando exposta à luz direta. O processo que cria essas imagens envolve uma maneira de usar a luz de laser para que a imagem fique distribuída por toda a superfície do filme. É essa propriedade de "distributividade" que torna o filme holográfico diferente daquele que é usado em uma câmera típica.

Dessa maneira, cada parte da superfície contém a imagem inteira exatamente como ela era vista originalmente, só que em uma escala menor.

E essa é a definição de um holograma. É um processo que permite que cada parte de "alguma coisa" contenha essa alguma coisa em sua totalidade. A natureza é holográfica e usa esse princípio para compartilhar informações e fazer mudanças significativas – como curar mutações no DNA – rapidamente.

Então, quer dividamos o universo em galáxias, os seres humanos em átomos, ou a memória em fragmentos, o princípio é o mesmo: cada pedaço espelha o todo, só que em uma escala menor. Eis a beleza e o poder do holograma – sua informação está em *todos* os lugares, e pode ser medida em *qualquer* lugar.

Na década de 1940, o cientista Dennis Gabor usou equações complicadas conhecidas como *transformadas de Fourier* para criar os primeiros hologramas – trabalho pelo qual recebeu o Prêmio Nobel em 1971. Pribram adivinhou que se o cérebro realmente funciona como um holograma e distribui informações ao longo de todos os seus circuitos *soft*, então ele deve processar informações da mesma maneira que as equações de Fourier o fazem. Sabendo que as células do cérebro criam ondas elétricas, Pribram foi capaz de testar os padrões dos circuitos cerebrais usando as equações de Fourier. Com suficiente grau de certeza, sua teoria estava correta. Os experimentos comprovaram que o cérebro processa informações de uma maneira equivalente aos hologramas.

Pribram esclareceu o seu modelo do cérebro por meio da metáfora simples de hologramas que trabalham dentro de outros hologramas. Em uma entrevista, ele explicou: "Os hologramas dentro do sistema visual são... remendos (*patch*) [pedaços ou fragmentos] de hologramas".[3] São porções menores de uma imagem maior. "A imagem total é composta, em grande parte, da mesma forma que um olho de inseto, que tem centenas de lentes minúsculas em vez de uma única lente grande... Você obtém o padrão total com todas elas tecidas juntas como uma peça unificada durante o tempo em que você o experimenta."[4] Essa maneira radicalmente nova de pensar sobre nós mesmos e o universo nos dá nada menos que o acesso direto a todas as possibilidades que poderíamos desejar ou pedir em oração, ou com elas sonhar ou imaginar.

Tudo começa com nossas crenças e com os pensamentos que contribuem para elas. Enquanto as próprias crenças são formadas em nosso coração, como vimos no capítulo anterior, os pensamentos de onde vêm se originam em um dos dois misteriosos domínios do nosso cérebro: a *mente consciente* ou a *mente subconsciente*.

Mente Consciente e Subconsciente: O Piloto e o Piloto Automático

Embora, obviamente, tenhamos um único cérebro, sabemos que diferentes partes dele funcionam de maneira diferente. A distinção mais comumente reconhecida na maneira como o cérebro opera é nossa experiência da mente consciente e da mente subconsciente. Há muito tempo sabemos que ambos desempenham um papel em fazer de *nós* quem nós somos. Agora, novas descobertas nos mostram que eles também são, em ampla medida, responsáveis por tornar a *realidade* o que ela é.

Nosso sucesso e felicidade, nossas falhas e sofrimentos, nossas condições físicas, como infertilidade e distúrbios imunológicos, e até mesmo nossa expectativa de vida estão ligados às nossas crenças subconscientes. E, às vezes, as crenças mais prejudiciais começam cedo, pois permitimos que experiências de outras pessoas se tornem os modelos – os gabaritos – para as nossas. A fim de compreender exatamente como essas conexões entre vida e memória são feitas, e como podemos mudá-las, precisamos compreender a diferença entre nossa mente consciente e subconsciente e como elas trabalham.

A mente consciente é a função cerebral com que geralmente nos sentimos mais conectados, porque é aquela de que estamos mais cientes. É o lugar onde criamos a imagem de nós mesmos que vemos olhando de dentro para fora, bem como a que queremos que outras pessoas vejam olhando de fora para dentro. Por meio de nossa mente consciente, absorvemos informações sobre nosso mundo cotidiano: as pessoas ao nosso redor, que horas são, para onde estamos indo e como chegaremos lá. Analisamos e processamos todas essas informações e, em seguida, fazemos planos para o que faremos assim que chegarmos aonde estamos indo.

A experiência de ficar de pé na esquina de um cruzamento movimentado é um belo exemplo de como a mente consciente funciona e do quanto é fácil para a mente *sub*consciente assumir o controle. Conscientemente, sabemos que é melhor esperar que o semáforo do outro lado da rua sinalize quando é seguro atravessar. Também sabemos que há outras pessoas que não param e arriscam enfrentar o trânsito antes de a cor da luz que veem no semáforo lhes dizer que não há problema em atravessar, mesmo que arrisquem a própria vida! Embora pudéssemos ver outras pessoas fazendo isso, se *nós* escolhermos esperar pelo sinal "verde" (ou "siga em frente"), nossa mente consciente terá levado todos os fatores em consideração e feito essa escolha.

Se, no entanto, a multidão de pessoas esperando na esquina conosco cruzasse coletivamente a rua porque há uma lacuna ou quebra na continuidade do tráfego, e se, simplesmente, "seguíssemos o fluxo" e avançássemos com elas enquanto estivéssemos conversando com um amigo em nosso telefone celular, então outro fato teria acontecido. Como a nossa atenção estaria voltada para a ligação, não nos manteríamos focados no semáforo. Seguiríamos os outros como as proverbiais ovelhas porque nossa mente subconsciente fez essa escolha. E o subconsciente não "pensa" sobre as coisas – simplesmente reage.

Com base neste breve exemplo, fica óbvio que a mente subconsciente desempenha um papel muito diferente da nossa mente consciente. Por uma razão: estamos menos cientes dela – a não ser que sejamos treinados para reconhecer sua linguagem e a maneira como funciona, podemos ter esquecido completamente o fato de que ela está lá, de qualquer maneira. Usando nossa analogia com o computador, podemos pensar na mente subconsciente como o disco rígido no cérebro, fazendo o que os discos rígidos fazem: armazenam grande número de informações.

Na verdade, *sua* mente subconsciente tem um registro de tudo o que você já experimentou durante toda a sua vida. Não somente guarda um registro dos próprios eventos, mas também mantém um "diário de bordo" de referências cruzadas de como você se sentiu e do que acreditou sobre cada um deles. Está certo... cada pensamento, cada emoção, todos os elogios e encorajamentos que você já recebeu – bem como todas as duras palavras, críticas e traições – estão armazenados ali mesmo, na unidade de disco de sua mente subconsciente.

E são essas experiências que surgem à tona, de maneira inesperada, em nossa vida, aparentemente nos momentos em que menos gostaríamos que elas estivessem lá!

Pergunta: Quando a Mente Subconsciente Descansa?
Resposta: Nunca

"OK", você pode estar dizendo a si mesmo, "crenças conscientes ou subconscientes, memórias holográficas ou não, digamos que todos os eventos de minha vida realmente *estão* armazenados em algum lugar. Por que eu me importo com minhas experiências passadas? Será que elas ainda são importantes para mim agora?"

Pode apostar que sim! Eis o porquê: A mente subconsciente é muito maior e mais poderosa do que a mente consciente. Embora as experiências individuais possam variar, estima-se que mais de noventa por cento da nossa vida diária é dirigida a partir do nível subconsciente. Como isso inclui as funções que nos mantêm vivos a cada dia, na sua maior parte essas respostas automáticas são algo bom.

> Código de Crença 16:
> A mente subconsciente é muito mais ampla e mais rápida que a mente consciente, e pode responder por noventa por cento de nossas atividades de cada dia.

Você já se perguntou como seria a vida se a sua mente subconsciente *não estivesse* funcionando nesse nível? Por exemplo, e se tivesse de lembrar a você mesmo quando era o momento de inspirar e quando era o momento de expirar? Ou então, e se você tivesse de parar tudo o que estava fazendo depois de terminar uma refeição realmente ótima para dizer ao seu corpo: *"OK, corpo, terminei minha refeição agora. Por favor, comece o processo de digestão"*.

Para as funções biológicas que nos mantêm vivos todos os dias, a mente subconsciente é uma ótima amiga que faz o seu trabalho automaticamente para que possamos concentrar nossa atenção em outros elementos significativos para nós, como amor, paixão, chocolate e pôr do sol. A maneira pela qual as mentes consciente e subconsciente trabalham e processam a grande quantidade de informações que ambas recebem é o que faz uma grande diferença para *nós* e proporciona à crença um papel central em nossa vida.

Embora a mente consciente processe enormes quantidades de informações, ela o faz de maneira relativamente lenta, um dado de cada vez, assim como o processador serial de um computador. Nossa mente subconsciente, por outro lado, funciona como o processador em paralelo de um computador: ele divide as informações em pedaços menores, que são enviados a vários lugares, de modo que todos eles possam ser processados ao mesmo tempo.

De acordo com algumas estimativas, a diferença nas velocidades de processamento de nossas mentes consciente e subconsciente é da ordem de muitas magnitudes. Por exemplo, o biólogo celular Bruce Lipton, Ph.D., descreve a mente consciente como um computador que opera com uma potência de processamento de cerca de 40 *bits* de informação por segundo, enquanto a mente subconsciente processa informações em 20 *milhões* de *bits* por segundo.[5] Em outras palavras, o subconsciente é 500 mil vezes mais rápido no que ele faz. Pode ser precisamente por causa dessa diferença que o psicólogo William James disse que o poder de mover o mundo está na mente subconsciente. É rápido e funciona instintivamente, sem nossos pensamentos e considerações atrapalhando o seu caminho e diminuindo sua velocidade.

A capacidade para reagir rápida e instintivamente pode ser algo bom quando devemos tomar decisões rápidas. Por exemplo, se virmos um caminhão se precipitando em direção a nós, e se ele for realmente grande e se estiver correndo realmente muito depressa, nossa mente subconsciente reagirá com tudo de que precisa para nos tirar do caminho. Ela não espera nossa mente consciente analisar a situação com perguntas como: *"Sim, é um caminhão, mas de que tipo?* ou *quão rápido esse grande caminhão se move em direção a mim?"*

Se esperamos que a mente mais lenta e consciente conclua esse tipo de análise, pode ser tarde demais para agir. O ponto essencial é que, em situações que exigem uma decisão em uma fração de segundo, às vezes os detalhes simplesmente não são importantes. E é aí que nosso subconsciente faz o que foi construído para fazer muito bem: age *muito* mais depressa do que a mente pensante. Em outras vezes, no entanto, pagamos o preço por lidar com a vida a partir de tal lugar rápido e reativo, em especial quando nossas reações se baseiam nas crenças de outras pessoas que aprendemos a imitar nos períodos iniciais de nossa vida.

De Onde Vêm as Crenças Subconscientes?

Estudos têm mostrado que até a idade de 7 anos, nosso cérebro encontra-se em um estado hipnagógico ou onírico, no qual a mente está absorvendo tudo o que pode a respeito da nossa vizinhança. Durante esse tempo, somos, literalmente falando, como pequenas esponjas, passando nossos dias absorvendo informações sobre o mundo ao nosso redor sem filtros para nos dizer o que é apropriado e o que não é. Para nós, tudo é apenas informação, e nós registramos e armazenamos cada pedacinho dela.

Isso inclui os aspectos que mais tarde reconhecemos como bons, maus e feios – os julgamentos, preconceitos, gostos e aversões, e padrões de comportamento das pessoas ao nosso redor, especialmente nossos primeiros cuidadores. Pode ser precisamente por causa desse estado de espírito impressionável que o fundador da ordem dos jesuítas, Inácio de Loyola, declarou: "Dê-me o menino de até 7 anos, e lhe darei o homem".[6]

Ao se expressar com palavras que não são científicas para os padrões de hoje, Loyola aparentemente conhecia o poder da mente subconsciente, por exemplo na afirmação de que se ele pudesse instilar os valores religiosos dos jesuítas na cabeça dos meninos muito jovens, essas convicções seriam a base das crenças que eles teriam como adultos. Sem dúvida, William James também tinha esse mesmo princípio em mente quando disse: "Se os jovens pudessem ao menos perceber o quão cedo eles se tornariam meros feixes ambulantes de hábitos, eles dariam mais atenção à sua conduta enquanto estivessem no estado plástico".[7]

Quer nos encontremos em uma escola jesuíta ou na casa de nossa família, estamos imersos nas experiências de outras pessoas em uma idade em que simplesmente fazemos o "*download*" delas, e ao baixá-las não fazemos qualquer filtragem e discernimento do que estamos absorvendo. Portanto, não é surpreendente que as crenças dos outros se tornem a base do que consideramos verdadeiro sobre o mundo e sobre nós mesmos. No próprio lugar onde formulamos nossas crenças, temos um registro de todas as perspectivas a que fomos expostos no início da vida – de cada ocasião em que nos disseram que poderíamos ser o que nossa mente nos propunha ser, até todas as vezes em que nos disseram que nunca chegaríamos a ter importância alguma. É fácil ver por que os pontos de vista dos outros se tornam nossas crenças.

Às vezes, crenças da infância permanecem conosco durante toda a nossa vida, e às vezes descobrimos boas razões para mudá-las. Todos nós tivemos a experiência de acreditar que nossos pais sabiam sobre tudo e eram infalíveis quando se tratava de coisas que eles nos contavam, certo? Houve um período na minha vida em que eu pensava que minha mãe e meu pai sabiam de tudo. Só quando comecei a comparar o que me ensinaram com o que outras crianças da minha idade e suas famílias acreditavam é que descobri que havia muitas maneiras de pensar sobre o mundo. Algumas delas eram muito diferentes do que eu aprendi crescendo em uma pequena cidade no coração conservador da América.

> Código de Crença 17:
> Muitas das nossas crenças mais profundamente sustentadas são subconscientes e começam quando o estado do nosso cérebro nos permite absorver as ideias de outras pessoas antes dos 7 anos de idade.

Memórias e o Subconsciente

A memória é uma realidade curiosa. Às vezes, os detalhes da maioria dos eventos mais importantes da vida desaparecem em poucos dias, enquanto os momentos mundanos tornam-se as memórias que ficam conosco por mais tempo.

Eu me lembro de estar sentado na margem de um rio com minha mãe. Era outono, o ar estava frio e seco e eu me envolvera em camadas de cobertores para me manter aquecido. Juntos, estávamos observando grupos de homens que remavam impulsionando barcos longos e estreitos rapidamente pela água. Lembro-me do ritmo – era perfeito, o movimento era suave e parecia não haver sequer uma única ondulação na água à medida que os barcos passavam por nós.

De maneira semelhante, lembro-me de pular para cima e para baixo nos ombros do meu pai enquanto ele descia a escada em espiral do nosso pequeno apartamento de segundo andar para a rua de baixo. Do lado de fora do apartamento da nossa vizinha, a senhora Wilkinson, havia um periquito vivendo em uma gaiola no piso pelo qual passávamos a cada dia a caminho da parte externa do edifício.

Enquanto eu contava essas lembranças de minha primeira infância para minha mãe, ela me olhava incrédula. "Você não poderia se lembrar dessa época", disse ela. "Foi depois que seu pai voltou para casa vindo do serviço e nós nos mudamos para Providence, em Rhode Island, onde ele se matriculou na Universidade Brown. Levei você até o rio para que assistisse ao treino da equipe da universidade no outono. Não tem como você se lembrar dessa época porque tinha apenas um ano e meio de idade!"

A memória é uma realidade peculiar porque, embora possamos conscientemente nos lembrar de pequenos fragmentos da vida, como esses que compartilhei, o que muitas vezes *não* conseguimos nos lembrar conscientemente é da maneira como as pessoas ao nosso redor responderam ao que estava acontecendo em nossa vida na época. No entanto, como *estávamos* presentes, nós *realmente* nos lembramos, pois essas experiências subconscientes se tornam o modelo para a maneira como lidamos com os relacionamentos e a vida.

Por serem memórias inconscientes, podemos nem mesmo ser capazes de vê-las quando as representamos, mesmo que estejam claras como o dia para outras pessoas. Mas só porque não poderíamos reconhecer imediatamente essas crenças não significa que nunca saberemos o que elas são ou como impactam nossa vida. Nós, juntamente com as pessoas ao nosso redor, estamos desempenhando o papel dessas crenças todos os dias em nossa vida. Elas estão sendo refletidas de volta para nós na forma de nossos relacionamentos românticos mais íntimos, amizades, negócios e carreiras – e até mesmo na condição da nossa saúde. O mundo é nada mais nada menos do que um reflexo daquilo em que nós acreditamos tanto como indivíduos como coletiva, consciente e subconscientemente.

A chave aqui é que noventa por cento ou mais de nossas ações diárias são respostas que vêm do reservatório de informações que acumulamos durante os primeiros sete anos de vida. Se nossos cuidadores responderam ao mundo de maneira saudável e positiva, então nos beneficiamos de nossa memória de suas reações. No entanto, só raras vezes encontrei alguém que pudesse dizer honestamente que foi criado em tais ambientes. A realidade é que a maioria de nós aprendeu nossos hábitos subconscientes em um ambiente que era um saco de crenças misturadas. Algumas delas estavam tão profundamente instiladas dentro de nós que levaram a maneiras positivas e curativas de lidar com os testes da vida. Outras fizeram exatamente o oposto.

Encontrando suas Crenças Subconscientes

Nossas crenças positivas raramente se tornam um problema. Nós simplesmente não ouvimos pessoas reclamando de muita alegria ou de ser dominadas por muitos fatos bons acontecendo em suas vidas. São os padrões negativos que levam aos problemas. Ou talvez, mais precisamente, *é a nossa percepção desses padrões como negativos* que pode se tornar a raiz dos maiores sofrimentos da vida. Quase universalmente, as experiências que fazem as pessoas se sentirem atoladas têm raízes nas coisas que são consideradas crenças negativas que adquirimos cedo na vida. E é precisamente porque elas são subconscientes que muitas vezes é difícil para nós reconhecer sua presença em nós mesmos.

Por isso, costumo convidar os participantes do seminário para que completem um formulário pré-impresso pedindo-lhes para identificar as características de seus cuidadores de infância, em especial as características que eles considerariam negativas. O objetivo do gráfico é identificar as impressões e crenças subconscientes que formamos com base nessas características *enquanto éramos crianças*, em vez da maneira como as vemos com o benefício de nossa experiência adulta atual. (Abordei brevemente esse ponto em *A Matriz Divina*, mas aqui vou convidá-lo para que faça efetivamente, você mesmo, esse exercício.)

> *Se pudermos reconhecer os padrões que nos circundam como as pessoas, situações e relacionamentos da vida, teremos uma boa ideia das crenças subconscientes que há dentro de nós e que são a sua fonte.*

O processo é rápido, simples e efetivo.

Se você quer ganhar uma percepção aguçada das crenças subconscientes que podem estar exaurindo sua vida atualmente, complete as informações nas Figuras 9 a 11 em uma folha de papel separada ou em um diário, seguindo as instruções indicadas nas legendas.

	Masculino	Feminino
B (+)		
A (-)		

Figura 9. Instruções para preencher a ficha de identificação das características positivas e negativas dos seus cuidadores em sua infância:

- Na seção do topo (B), liste as características positivas (+) dos seus cuidadores masculinos e femininos. Eles podem ser qualquer pessoa desde pais de nascença e pais adotivos a irmãos mais velhos, irmãs, outros parentes ou amigos da família. Independentemente de quais pessoas são, a pergunta se refere àqueles que cuidaram de você desde os seus anos de formação até cerca de 15 anos.
- Na seção de baixo (A), liste as características negativas (–) dos mesmos cuidadores. *Nota:* Lembre-se de basear sua lista na maneira como você os teria visto com a inocência de uma criança.
- *Sugestão útil:* Use palavras isoladas, adjetivos concisos ou frases curtas.

Depois de terminar o exercício anterior em um seminário, participantes gritam aleatoriamente as palavras ou frases que eles colocaram nos retângulos da figura. Como mencionei, é nas qualidades negativas que nós, frequentemente, descobriremos as pistas para nossos padrões inconscientes mais perturbadores, e assim começaremos com a maneira como as vemos em nossos cuidadores masculinos e femininos.

Imediatamente, algo interessante começa a acontecer. Quando uma pessoa compartilha sua lembrança, alguém mais está oferecendo o mesmo sentimento – e, com frequência, até mesmo a mesma palavra. Uma amostragem dos termos que aparecem em qualquer programa apresenta palavras quase idênticas para descrever nossos primeiros cuidadores:

Distantes	Controladores	Indisponíveis	Críticos
Julgadores	Ciumentos	Restritos	Mesquinhos
Frios	Terríveis	Desonestos	Injustos

Há uma claridade que preenche a sala, e todos começam a rir diante do que veem. Se não soubéssemos melhor, pensaríamos que viemos todos da mesma família. Como podem tantas pessoas vindas de ambientes tão diversificados ter experiências tão semelhantes? A resposta a esse mistério é o padrão que se estende pelas profundezas do tecido de nossas crenças subconscientes.

Depois de completar juntos o quadro na Figura 9, respondemos à pergunta na Figura 10. Embora haja um grande número de fatos que teriam tornado nossa vida melhor, essa nos indaga o que nós *realmente* queríamos de nossos cuidadores.

Embora eu não queira perturbar sua resposta com minhas sugestões, os exemplos às vezes ajudam. Identificadores do passado têm sido aspectos como o amor, o companheirismo, a atenção, e assim por diante.

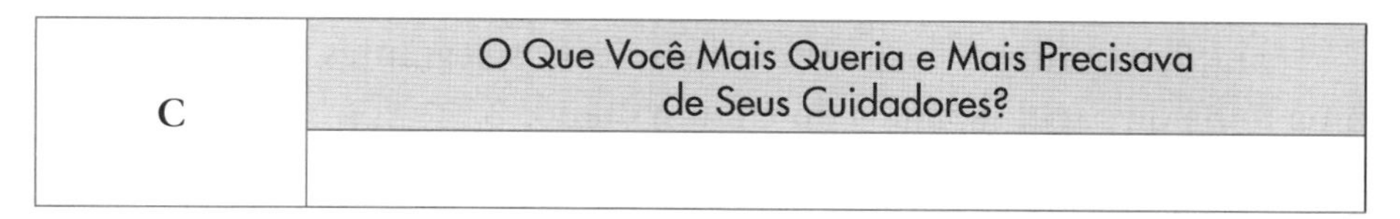

C	O Que Você Mais Queria e Mais Precisava de Seus Cuidadores?

Figura 10. Com palavras isoladas ou frases breves, liste as coisas mais importantes que você recebeu de seus cuidadores na infância. *Dessa vez, quando responder a essa pergunta, faça isso da perspectiva de onde você está em sua vida atualmente, enquanto adulto.* Mais uma vez, use palavras isoladas ou frases breves.

A próxima parte de nosso exercício consiste em preencher o quadro da Figura 11. Seu objetivo é identificar quaisquer frustrações recorrentes de que você se lembra de ter vivenciado na infância. Elas podem ser tão grandes ou tão pequenas quanto você se lembre delas, e podem se estender desde lembranças como a de não ser ouvido ou recebido no colo até desejar reconhecimento por suas realizações.

Quando crianças, éramos muito criativos e geralmente encontrávamos uma maneira de conseguir as coisas de que precisávamos de um modo ou de outro. Seguindo cada frustração infantil no quadro, descreva como você lidou com ela. Como você contornou os obstáculos em sua vida para conseguir o que precisava? Podem ser temas simples, por exemplo, “quebrou as regras”, “retirou-se do mundo” ou “encontrou outra fonte de apoio”.

D	1. Suas Frustrações	2. Como Você Aborda suas Frustrações?

Figura 11. No quadro acima, descreva as frustrações de sua infância e o que você fez para lidar com elas. Como nos passos precedentes, e até o grau em que você puder, responda com palavras isoladas e frases curtas, como será mais fácil trabalhar com suas respostas.

A última parte deste exercício destinado a descobrir suas crenças subconscientes consiste em preencher a forma simples que se segue, usando as palavras isoladas ou frases curtas extraídas dos quadros nas Figuras 9, 10 e 11. Enquanto estiver fazendo isso, tenha em mente que não há absolutos. Raramente os padrões são tão claramente definidos na vida que você pode dizer que é “absolutamente assim” ou que foi “definitivamente isso” o que aconteceu. O que você está procurando aqui são temas e padrões subconscientes que talvez estejam sendo encenados em sua vida atualmente (e que poderiam até mesmo estar exaurindo sua vida.

Para descobrir por si mesmo, complete as seguintes afirmações em uma folha de papel separada ou em um diário.

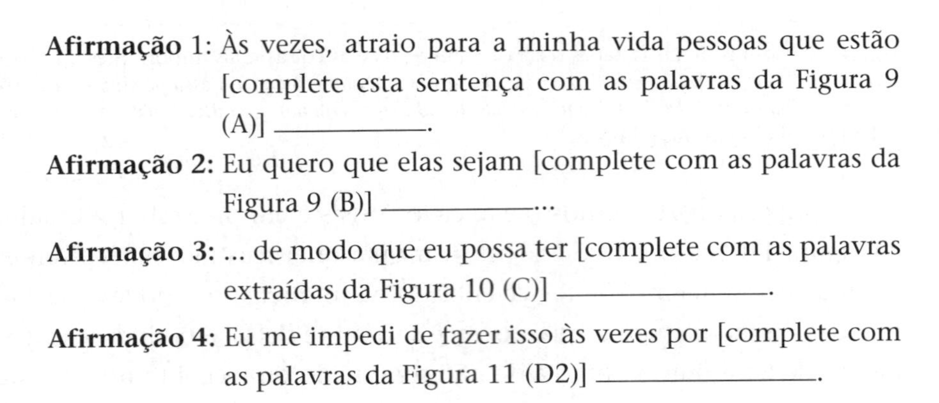

Afirmação 1: Às vezes, atraio para a minha vida pessoas que estão [complete esta sentença com as palavras da Figura 9 (A)] ____________.

Afirmação 2: Eu quero que elas sejam [complete com as palavras da Figura 9 (B)] ____________...

Afirmação 3: ... de modo que eu possa ter [complete com as palavras extraídas da Figura 10 (C)] ____________.

Afirmação 4: Eu me impedi de fazer isso às vezes por [complete com as palavras da Figura 11 (D2)] ____________.

Não fique surpreso se você começar a reconhecer padrões na história da sua vida aclarando-se até mesmo antes que o seu quadro seja completado. Em um momento, eu examinarei como esses padrões podem levá-lo a compreender suas crenças subconscientes.

Quando você der o impulso inicial para começar a identificar seus padrões, todo o resto parecerá se encaixar. Uma amostra do que um quadro completo poderia descrever é o seguinte:

Afirmação 1: Às vezes, atraio para a minha vida pessoas que são *zangadas, indisponíveis, julgadoras.*
Afirmação 2: Eu quero que elas sejam *amorosas, compreensíveis, receptivas ...*
Afirmação 3: ... de modo que eu possa ter *amor, companheirismo.*
Afirmação 4: Eu me impedi de fazer isso às vezes *retirando-me do mundo, quebrando as regras.*

Este exercício simples é uma ferramenta poderosa para ajudá-lo a reconhecer os padrões de suas verdadeiras crenças, que são um subproduto de memórias, percepções, julgamentos e desejos. Ao responder honestamente a cada pergunta, você será capaz de juntar os elementos de suas crenças subconscientes que podem projetar nova luz sobre as experiências que você trouxe para sua vida.

Como mencionei antes, não há absolutos quando se trata de crenças subconscientes. Este exercício foi elaborado para fornecer uma diretriz e identificar apenas padrões gerais. Aqui está o que as informações no gráfico preenchido indicam:

– A **Afirmação 1** ajuda-o a reconhecer que você às vezes atrai, ou atraiu no passado, pessoas em sua vida com características que você *menos* apreciava em seus próprios cuidadores de infância. Embora possa não ser uma escolha consciente de sua parte encontrar tais indivíduos, também não é uma coincidência. Como você percebeu essas qualidades negativas quando era criança e tinha na época uma forte aversão a elas, você criou uma "carga" emocional sobre elas. Sua aversão pela qualidade negativa (como receber críticas ou ser ignorado) tornou-se o ímã que atrai diretamente essa qualidade para sua vida quando adulto.

Naturalmente, essas características são muitas vezes ofuscadas por outras que você prefere e pelas quais você também se sente atraído de maneira positiva. Isso é comum em relacionamentos e amizades românticos nos quais, no início, tendemos a ver apenas os atributos favoráveis que queremos ver. Uma atração inicial de romance ou confiança nos seduz para um relacionamento que acabará por inflamar nossas aversões mais fortes e profundas.

Talvez seja por isso que não é incomum, no calor de uma discussão, ouvirmos a comparação de nosso amigo ou parceiro com nossa mãe, pai ou outro cuidador de infância. Sinceramente, ele sente-se assim porque nossos relacionamentos adultos estão espelhando toda a gama das respostas de nossos cuidadores ao mundo. Em um nível subconsciente, podemos desenvolver a crença de que aqueles com "más" qualidades são pessoas más.

– A **Afirmação 2** ajuda-o a reconhecer que as reações que você costuma esperar dos outros são as mesmas qualidades que considerou boas ou positivas em seus cuidadores primários. Portanto, não é surpreendente que as expressões de amor, cuidado, carinho e atenção cuidadosa que você procura em seus relacionamentos mais íntimos são as que percebeu como positivas no início da vida. Elas foram benéficas para você, e você ainda as vê dessa maneira como adulto. Você acredita que elas são boas e que aqueles que possuem essas qualidades são boas pessoas.

– A **Afirmação 3** traz uma percepção das coisas que você deseja e de que mais precisa na vida a partir da perspectiva de uma criança. Em última análise, a resposta a esta pergunta ilustra que, apesar de que agora você possa ser adulto, você ainda está procurando essencialmente os mesmos objetos de desejo ou de anseio que procurava quando era jovem – a diferença é que agora você, habitualmente, procura obtê-las de maneira mais sofisticada e adulta.

– Embora as Afirmações de 1 a 3 sejam interessantes e possam projetar alguma luz sobre padrões em sua vida, a **Afirmação 4** é a principal razão para você fazer esse exercício. Ela sugere que, subconscientemente, você pode, na verdade, estar colocando em curto-circuito a grande alegria e as realizações que são possíveis em sua vida tentando atender às suas necessidades usando versões atualizadas das técnicas que aprendeu quando criança.

Somos criaturas do hábito. Assim que encontramos algo que funcione, tendemos a ficar com ele. Isso pode ser saudável se esse "algo" for uma homenagem e um processo de afirmação da vida. Mas pode ser *in*salubre e destruir nossos sonhos mais profundos se for desonroso para nós ou para os outros, e se for uma maneira tortuosa de superar os obstáculos da vida para conseguir o que queremos e o que precisamos.

Só para insistir, não há certezas neste exercício. As perguntas são planejadas para iluminar possíveis padrões de crenças subconscientes que podem estar bloqueando nossa alegria, nosso sucesso e a abundância que nossa vida experimenta atualmente. Não podemos reconhecer esses padrões em nós mesmos, mas eles são revelados no exercício porque se espelham em nossos relacionamentos.

Sempre que ofereço este exercício em um seminário, faço minha própria cópia do quadro. E cada vez que o faço, aprendo algo novo. Embora já tenha perdido a conta de quantas vezes compartilhei o processo, sempre me vejo pensando em uma característica diferente que descreve meus cuidadores ou lembrando-me de outra maneira que eu superei os obstáculos da infância. A razão pela qual nossas respostas podem variar é porque mudamos ao longo de nossa vida. E conforme fazemos isso, nossas perspectivas também mudam, inclusive aquelas em nosso passado.

Este quadro oferece uma janela poderosa para o complexo mundo de crenças subconscientes. No entanto, só porque o exercício é rápido e fácil, por favor, não pense que não é eficaz. Eu pessoalmente testemunhei que as aguçadas percepções que emergiram dessas perguntas simples giram em torno de casos extremos, que vão desde pessoas à beira de tirar suas próprias vidas até problemas de saúde que estavam roubando a vida de alguém que *queria* viver. E tudo o que os participantes fizeram foi espiar os primeiros anos de sua memória e perceber que suas crenças mais preocupantes nem eram as deles, mas vinham de seus cuidadores.

Então, eu convido você a usar este quadro mais de uma vez, especialmente quando você está passando por grandes mudanças ou desafios em sua vida. Durante esses momentos, os problemas que às vezes são mais difíceis de ver em você mesmo tendem a vir à tona em seus relacionamentos com os outros. Quando eles o fazem, é geralmente de uma maneira que não pode ser perdida! É também nessas ocasiões que suas crenças profundamente ocultas estão mais disponíveis para a cura por meio da integração em sua percepção consciente.

Acreditando na Realidade

Não é incomum que as pessoas tenham resistência à ideia de que a crença desempenha um imenso papel invisível em suas vidas. Afinal, quanto poder algo tão simples como uma crença realmente poderia ter?

> Código de Crença 18:
> Em nossos maiores desafios da vida, com frequência descobrimos que nossas crenças mais profundamente ocultas estão expostas e disponíveis para a cura.

Vivemos em um mundo onde somos condicionados a pensar que a mudança acontece como resultado de força bruta. Quando queremos ver algo feito de maneira diferente, somos ensinados que devemos martelar a realidade existente a fim de que essa mudança realmente aconteça. Seja a cirúrgica remoção de um tumor, o grito com que proclamamos nosso voto para que seja aceito, ou a derrota militar de um ditador, o pensamento convencional tem sido o de que se nossa ação não exigir muito esforço, provavelmente não vai funcionar. Assim, é realmente possível mudar nosso mundo, nosso corpo ou qualquer objeto ou fato por meio de um poder invisível que todos já possuem?

Essas são boas perguntas. Talvez a melhor maneira de respondê-las seja por meio de um exemplo. A seguinte história ilustra o poder que pode vir do foco da crença de uma pessoa – neste caso, a de um homem que consegue espelhar por meio de seu corpo o sofrimento experimentado por outra pessoa. Nesse exemplo, descobrimos que não era apenas a pessoa com a crença que mudou para sempre, mas também que isso ocorreu com a vida daqueles que testemunharam isso.

Cheguei ao local da conferência no fim da tarde para preparar a apresentação que eu faria bem cedo na manhã seguinte. Depois de encontrar alguns amigos que vieram mais cedo pelo mesmo motivo, concordamos em que faríamos um almoço tardio ou jantar mais cedo, e dedicaríamos o restante da noite para trabalhar em nossos programas.

Estávamos sentados no restaurante por apenas alguns minutos quando percebemos que algo estava acontecendo na entrada, onde vários convidados esperavam para se sentar. Foi difícil *não* notar: o burburinho típico de cerca de 200 amigos, apresentadores e hóspedes do hotel que faziam suas refeições de repente chegou a uma abrupta parada. Como a onda silenciosa que se move por um público quando ele percebe que o *show* está para começar, todo o restaurante rapidamente ficou em silêncio. Todos os olhos estavam voltados para a frente da sala, para o grupo de pessoas que acabara de entrar e o homem a quem elas cercavam. Eu era um daqueles que haviam ficado muito surpresos com o que viram.

Enquanto observava a *hostess* guiar a comitiva de dez ou mais pessoas entre as mesas, eu não conseguia desviar os olhos do homem no centro do grupo. Ele era mais alto do que aqueles ao seu redor. Tinha olhos pacíficos; cabelos grossos, escuros e cacheados; e uma barba igualmente espessa e muito cheia que cobria a maior parte de seu rosto. Estava vestido com um conjunto de roupas soltas, todas brancas, quase indistinguíveis uma da outra, que contrastavam com as Levi's e camisetas que eram o uniforme da maioria das pessoas na sala. Uma coisa era certa: esse homem não era um "local". Mas não foi isso que atraíra nossa atenção.

Graças à combinação de suas vestes, cabelo e barba, esse homem imediatamente obteve uma resposta poderosa das pessoas na sala. Eu ouvi sussurros comparando-o a Jesus. Quando passou por nossa mesa, seus olhos encontraram os meus e nos cumprimentamos com um leve aceno de cabeça. Então vi claramente o que eu apenas suspeitava depois de observá-lo de uma certa distância.

Do centro da testa até a ponte do nariz e no espaço entre as sobrancelhas, a ferida não poderia ser confundia de tão perto: era uma cruz. Mas não qualquer cruz. Lá, estampada no rosto do homem, havia uma ferida aberta que formava as proporções perfeitas de uma cruz cristã. Sem bandagens para cobri-la, se definia como uma combinação de sangue fresco e seco.

Quando ele passou e ergueu a mão em um gesto sutil de olá, pude perceber que sua testa não era o único lugar onde seu corpo tinha uma lesão. Suas palmas estavam envoltas em uma gaze branca que combinava com as roupas, isto é, exceto onde o sangue vazava pelas bandagens e manchava o tecido. Enquanto ele caminhava em direção à sua mesa, outros que seguiam em seu grupo simplesmente olhavam para mim com um pouco de irritação no olhar, como se dissessem: "*Qual é o problema, você nunca viu um homem sangrar assim antes?"* Eles estavam obviamente acostumados a receber tais olhares enquanto faziam suas visitas públicas. Quase instantaneamente uma palavra despontou em minha mente e, tão silenciosamente quanto pude, sussurrei de maneira quase instintiva: "*Estigmas*! Este homem está vivendo com estigmas!"

Quando o grupo se sentou, aos poucos os sussurros foram retomados na sala enquanto os outros comensais voltavam às suas refeições e conversas. Embora eu certamente já tivessse lido sobre o fenômeno dos estigmas – casos em que as pessoas se identificam tão vigorosamente com as feridas de Jesus causadas pela crucificação que elas também as manifestam em seus corpos – eu nunca realmente vira um exemplo vivo. No entanto, aqui estava precisamente essa pessoa, sentada cerca de pouco mais de 9 metros de distância de mim, preparando-se para uma refeição no restaurante de um hotel. Logo descobri que ele fora escalado no último minuto para ser um dos apresentadores da conferência.

Imediatamente, perguntas começaram a correr pela minha mente. A mais óbvia era simplesmente: "*Como isso acontece?*" Como podem as crenças de um homem ser tão poderosas a ponto de se manifestar como as feridas físicas que eu estava vendo em seu corpo? Mais tarde descobri que havia feridas adicionais em seus pés e torso, todas elas combinando com as de Cristo, que se seguiram à crucificação descrita nos Evangelhos.

O que havia em um evento que acontecera há dois mil anos e que poderia hoje influenciar esse homem de maneira tão poderosa? Ou, mais precisamente, o que havia nos sentimentos desse homem em relação ao evento que exercera tamanho impacto em sua vida? A resposta a essa pergunta, e o mistério do efeito placebo, estão, ambos, apontando aos pesquisadores uma direção que tornou a ciência da medicina um pouco menos segura.

A Crença Sobre o Corpo

Nos últimos três séculos, temos confiado na linguagem da ciência para explicar o universo e como ela funciona. Não há nada em nosso modelo científico tradicional que explique um estigma. Quando os cientistas testemunham um fenômeno tão bizarro, há uma tendência de atribuí-lo a uma anomalia. É simplesmente um acaso o fato de que eles se sentem confortáveis em colocá-lo em uma categoria chamada "mistério não resolvido", para ser reexaminado em algum outro momento. Pode ser que, ao fazer isso no passado, tenhamos ignorado as mesmas coisas que nos mostram como o mundo realmente funciona.

Será que a crença de uma pessoa poderia ser tão poderosa que ela efetivamente espelhasse seus sentimentos mais profundos na carne de seu corpo? Absolutamente! Embora as pesquisas sobre o efeito placebo possam não ser tão atraentes quanto uma cruz cristã estampada na testa de um homem, isso é precisamente o que esses e outros estudos semelhantes estão nos dizendo. Quando acreditamos que algo é verdadeiro, nossa crença se combina com outras forças no campo da matriz de Planck para dar instruções ao corpo que o fazem tornar-se verdadeiro. Às vezes, os efeitos são visíveis no mundo físico além do nosso corpo, como vimos no experimento sobre a paz realizado no Oriente Médio. Ou, no caso dos estigmas, eles são espelhados no corpo que está tendo os sentimentos.

Consciente ou subconscientemente, nossas crenças são parte da informação que envolve nosso mundo e nós mesmos. Desde a regeneração de órgãos e da pele até as curas que foram descritas nos experimentos placebo, o material de que somos feitos está em conformidade com o padrão que modela nossas crenças mais profundas. E é aqui que as novas descobertas da biologia celular se tornam tão empolgantes, isso porque estão dizendo a mesma coisa – e estão fazendo isso na linguagem da ciência.

O recente reconhecimento de que o campo "lá fora" está influenciando a maneira como o material de que somos feitos funciona dentro de nossas células enviou uma onda de choque através do mundo das ciências da vida tradicionais. Biólogos mergulhados na crença de que o DNA é a chave para destravar os mistérios da vida tiveram de reconsiderar sua posição à luz dos estudos mostrando que os genes estão respondendo a informações vindas do campo que os cerca. O que é importante é que nossas crenças – as ondas elétricas e as ondas magnéticas criadas por nosso coração – fazem parte desse campo. Em outras palavras, embora o DNA seja certamente importante – e seja definitivamente um código que carrega a linguagem da vida em nossas células – há outra força que está dizendo a ele o que fazer.

É essa enorme reavaliação que levou a todo um novo ramo da biologia chamado *epigenética*, definido como o estudo de "influências ocultas sobre os genes" – influências que podem vir de várias fontes, incluindo as crenças que controlam nosso DNA.[8] Essa linha de pensamento está nos colocando de volta na equação da vida como poderosos agentes de mudança. Essas são as profundas e aguçadas percepções que nos levarão a compreender fenômenos como o efeito placebo e explicarão por que a crença de um homem em algo que aconteceu há dois mil anos pode se manifestar como as feridas que aparecem no seu corpo hoje.

Costuma-se dizer que aquilo que consideramos verdadeiro sobre o nosso mundo pode ser mais importante do que aquilo que realmente existe. O motivo? Se acreditarmos em algo com uma clareza suficiente, nosso subconsciente transformará nossa crença na realidade que acreditamos como nosso ponto de partida! Em outras palavras, parece que este ditado é verdadeiro: "Veremos isso quando acreditarmos nisso".

Como o popular palestrante motivacional Robert Collier reconheceu há mais de um século: "Nossa mente subconsciente não pode dizer a diferença entre a realidade e um pensamento imaginado ou imagem imaginada".[9] Então, para alguém que se identifica vigorosamente com a experiência da crucificação de Jesus, não deveria causar tanta surpresa ver sua mente subconsciente dirigir seu corpo para criar nele precisamente aquelas feridas. Em sua crença, ele está vivendo a Paixão de Jesus como uma realidade.

Uma vez que encontramos algo que nos diz que nossa maneira prévia de ver o mundo está incompleta, ou mesmo totalmente errada, a parte difícil de mudar nossas crenças ficou para trás. Nossa experiência direta é o catalisador que quebra os laços da percepção que podem nos ter mantidos presos em nossa velha maneira de ver. Então, estamos no caminho para algo novo, um ponto de vista diferente. A chave é que isso aconteça espontaneamente. Não nos encontramos necessariamente sentados em um Starbucks e dizendo para nós mesmos: *"OK, agora eu preciso de algo novo em que acreditar"*. A nova crença acontece automaticamente na presença da experiência que nos dá uma razão para abraçá-la.

A questão agora é menos sobre o fato de a crença influenciar ou não nosso corpo e nossa vida, e mais sobre as crenças que formam o fundamento da saúde ou da doença, da abundância ou da carência e da alegria ou do sofrimento que nossas experiências nos trazem. Em suma: *"No que é que acreditamos?"*

Isso não é uma questão do que você *pensa* ou *gostaria de pensar*, que você acredita. Em vez disso, esta pode ser a única mais poderosa e reveladora pergunta que você pode fazer a si mesmo: *"No que você realmente acredita?"*

CAPÍTULO QUATRO

No Que Você Acredita?: A Grande Questão no Âmago da Sua Vida

"Não acredite em nada simplesmente porque você ouviu.
Não acredite em nada simplesmente porque se fala disso e muitos propagam rumores sobre isso, ou apenas por causa da autoridade de seus professores e anciãos. Mas, depois de observação e análise, quando você descobrir que qualquer fato concorda com a razão, então aceite-a e viva de acordo com ela."
– **Buda** (c. 563 a.C. – c. 483 a.C.)

"Há duas maneiras de ser enganado.
Uma consiste em acreditar no que não é verdade; a outra é recusar-se a acreditar no que é verdade."
– **Søren Kierkegaard** (1813 – 1855), filósofo

Descrevemos como nossas crenças funcionam e por que elas têm poder para mudar nosso corpo e nossa vida. Com tamanha força modelando tudo, desde o sucesso de nossos relacionamentos até a duração de nossa vida, faz um tremendo sentido perguntar sobre nossas próprias crenças. De onde elas vêm? Como atuam em nossa vida? E talvez o mais importante, *no que nós de fato acreditamos* – e não no que nós *pensamos* que acreditamos ou no que nós *gostamos* de acreditar, mas no que nós *realmente* acreditamos sobre o nosso mundo, outras pessoas e nós mesmos? A resposta honesta para essas perguntas aparentemente inocentes abre a porta para nossas maiores realizações – e nossa cura mais profunda. Na ausência de tal compreensão, os mistérios mais profundos da vida com frequência permanecem sem solução.

Morrendo por uma Crença

No início da vida, desenvolvemos nossas crenças centrais – ideias básicas que aceitamos a respeito de nós mesmos, de outras pessoas e de nosso mundo. Elas podem ser positivas ou negativas, afirmadoras da vida ou negadoras da vida. As experiências da infância costumam ser aquelas em que nossas crenças centrais começam. Depois de ouvir repetidamente que não merecemos isso ou aquilo no início da vida, por exemplo, podemos desenvolver uma crença fundamental de que não somos dignos de receber. Como essas percepções são muitas vezes subconscientes, não é incomum descobrir que elas urdem o seu caminho ao longo de nossa vida de maneiras inesperadas. Portanto, uma crença central inconsciente que não somos dignos de receber pode estar ligada ao desempenho de uma vida de carência que se manifesta no amor, no dinheiro e no sucesso... e até mesmo na própria vida.

Há alguns anos, uma querida amiga contou-me uma história que me levou às lágrimas. É um belo exemplo de quanto poder uma crença central em nosso coração pode ter sobre nossa vida. Ela descreveu como seu pai morreu aos 75 anos depois de uma curta batalha contra uma forma particularmente agressiva de câncer. Embora ela tenha aceitado minhas condolências quando eu disse a ela que sentia muito por sua perda, foi o que ouvi a seguir que torna essa história tão significativa.

Embora minha amiga e sua família certamente tenham ficado tristes com a perda do homem que era tão central em suas vidas, ela disse que não ficaram realmente surpresos. Desde que ela uma garotinha, ela ouvia seu pai afirmar que ele não viveria além dos 75 anos de idade. Embora ele fosse um homem saudável e cheio de vida e não tivesse nenhum motivo real para esperar que sua vida terminasse abruptamente, era apenas algo em que ele acreditava. Como *seu próprio* pai morrera aos 75 anos, em sua mente essa expectativa de vida foi o modelo que o ajudou a estruturar seu tempo na Terra.

Ele compartilhava sua crença com a família desde que alguém conseguia se lembrar. Embora ele pudesse querer viver mais e gostasse de passar o tempo com os amigos e familiares, ele não estava com raiva ou desapontado com a ideia de deixar o mundo depois de apenas sete décadas e meia de vida. Com base nos capítulos anteriores deste livro e no poder que sabemos que está em nossas crenças, o que vem a seguir não deve causar surpresa.

No 75º aniversário do homem, sua família e amigos se reuniram em torno dele para ajudá-lo a comemorar. Pouco depois, ele foi acometido por um câncer. Após uma breve batalha contra a doença, ele morreu – assim como acreditava que faria – antes de atingir a marca de 76 anos de vida na Terra.

Há numerosos históricos de casos sugerindo que o poder de uma crença pode ser "herdado" se for aceita e mantida por outros. Os estudos mostram que as crenças podem até mesmo ser transferidas de uma geração para a próxima. Se elas são positivas e afirmam a vida, a capacidade de perpetuá-las por muitas gerações é algo bom. Se, por outro lado, elas são limitantes e negam a vida, elas podem encurtar a experiência que nós prezamos tão profundamente, mas muitas vezes tomamos como certo: a da própria vida.

Tudo o que é preciso, no entanto, é que uma pessoa, em qualquer geração, cure as crenças limitantes. Ao fazer isso, tal indivíduo as terá curado não apenas para si, mas também para inúmeras gerações que virão... assim como o próximo exemplo ilustra.

Curando uma Crença "Herdada"

Quando ouvi sobre o pai da minha amiga, lembrei-me de uma situação semelhante que eu tinha visto há mais de vinte anos. Essa história, no entanto, tem um final diferente, e demonstra o poder de um indivíduo para curar a crença em uma morte prematura que durou pelo menos duas gerações.

Mesmo para os padrões de hoje, o fim da década de 1970 foi uma época de tremenda tensão e incerteza no mundo. Os norte-americanos ainda estavam cambaleando diante do embargo do petróleo que colocou o país de joelhos apenas poucos anos antes. No fim de 1979, militantes iranianos tomaram como reféns mais de cinquenta norte-americanos em um flagrante ato de agressão que deixou o mundo se perguntando como os EUA reagiriam. E tudo isso estava acontecendo durante um dos conflitos mais assustadores (mesmo que não tenha sido declarado) na história da nação, a Guerra Fria.

Foi nessa época que eu acabara de ser contratado por uma grande empresa de energia para trabalhar com seus novos computadores de última geração, alta velocidade e do tamanho de uma sala (a miniaturização ainda estava a alguns anos adiante), a fim de explorar o leito do oceano para descobrir "enrugamentos" e falhas ainda não conhecidos – indicações de possíveis novas fontes de energia. Para a nação em geral e a cultura corporativa na qual eu estava imerso, a última coisa que poderia tocar a mente de qualquer pessoa era a possibilidade de que nossas crenças pudessem influenciar a realidade.

Poucos dias depois de começar o trabalho no meu novo emprego, conheci uma mulher contratada quase ao mesmo tempo. Ela descreveria a situação de uma crença de vida-e-morte tão poderosa que ela e sua família aceitaram essa situação como um fato "herdado".

Como novos funcionários, havíamos completado o processo de concluir a orientação habitual no início do dia. O fluxo aparentemente interminável de apresentações incluiu uma variedade estonteante de pacotes e apólices de seguro. Seguindo a orientação, minha nova colega e eu nos vimos envolvidos em conversas sobre as políticas com uma intensidade que surpreendeu a nós dois.

Embora eu certamente concordasse com o fato que era responsabilidade de todos poder adquirir o melhor seguro possível, após um dia inteiro de apresentações, todos os pacotes começaram a parecer iguais. Eu estava a ponto de escolher um e seguir em frente. Eu não entendia por que minha amiga estava tão preocupada até mesmo com os menores detalhes para saber como, precisamente, os benefícios realmente funcionavam. Meu pensamento era que as chances estavam a nosso favor de maneira tal que não precisaríamos deles por anos. Eu não compreendi por que era tão importante para ela saber as complexidades de como registrar uma reclamação, de quão rapidamente ela receberia um cheque no caso da morte do marido, e em quanto tempo a apólice de seguro poderia entrar em vigor – isto é, até que ela compartilhasse comigo a seguinte história.

"Nenhum dos homens da família do meu marido vive além dos 35 anos", ela me disse em um tom de voz prosaico.

"É mesmo?", respondi, provavelmente parecendo tão perplexo quanto minhas palavras soaram.

"Oh, sim", disse ela, sem sequer pensar duas vezes. Ela obviamente já tivera essa conversa antes. "*Não há nada que possamos fazer, você sabe. É tudo genético.* O avô do meu marido morreu aos 35 anos. O pai dele morreu quando *ele* tinha 35 anos. Alguns anos atrás, seu irmão morreu aos 35 anos. Meu marido tem 33 anos, e ele é o próximo, então temos de planejar agora", explicou ela.

Eu não conseguia acreditar no que estava ouvindo. Embora não conhecesse o marido de minha colega, sabia que eles se conheciam há muito tempo e tiveram dois lindos filhos juntos. Se ela realmente esperava que ele seguiria o padrão dos homens em sua família, então o interesse dela no seguro de repente fez um tremendo sentido para mim. Ela honestamente sentia que faria uso da apólice em breve.

Ao mesmo tempo, uma parte de mim simplesmente não conseguia aceitar a história toda. Não é que eu não sentisse que os tipos de fatos que minha colega de trabalho estava descrevendo podiam acontecer. Eu apenas não acredito que elas *precisam* acontecer. A ideia de ser vítima de uma duração de vida limitada porque ocorre na família não parecia verdadeira para mim. Eu não conseguia deixar de pensar que talvez sua história poderia ter outro final; talvez algo fosse mudar na vida deles e seu marido seria o primeiro a quebrar o ciclo que atormentara sua família durante tanto tempo quanto alguém podia se lembrar. Agora que ela me contou sobre a "maldição" e nós estávamos prestes a trabalhar juntos, a porta estava aberta para as conversas profundas, muitas vezes emocionais, que viriam a seguir.

Eu também aprendi rapidamente que algo como o tempo de vida de um cônjuge pode ser um assunto muito delicado e falar sobre ele pode ser um pouco constrangedor – especialmente com uma pessoa com quem você divide o escritório.

Embora as pesquisas tenham mostrado uma correlação inconfundível entre nossas crenças fundamentais e a saúde, a vitalidade e a longevidade de nosso corpo, também é fácil interpretar erroneamente esse tipo de conexão. É tudo sobre a maneira como as informações são compartilhadas.

Por um lado, acredito que ninguém acorda uma manhã e *escolhe conscientemente* manifestar uma condição física que trará dor em sua vida e sofrimento para seus entes queridos. Por outro lado, também sei, além de qualquer dúvida razoável, que, ao alterar uma crença, podemos renovar a saúde e a vitalidade de nosso corpo. A chave está em encontrar uma maneira de compartilhar tais possibilidades milagrosas sem que isso pareça um julgamento crítico ou sem sugerir que uma condição com risco de vida é "culpa" de alguém.

E isso é o que fiz de melhor para oferecer à minha amiga. Logo nos encontramos imersos em conversas na hora do almoço, explorando o mundo como possibilidades quânticas e o poder da crença de escolher entre elas em vida.

Não posso lhe dizer com certeza como essa história terminou porque deixei a empresa alguns anos depois. Já se passaram mais de vinte anos desde o tempo em que conversava com minha ex-colega de escritório. O que posso dizer com certeza, no entanto, é o seguinte: quando saí, o marido da minha amiga tinha alcançado, *e transposto*, seu 35º aniversário. Na ocasião do meu almoço de despedida, ele estava saudável e definitivamente vivo! Para surpresa e alívio de sua família, ele quebrou o que eles viam como a "maldição genética" multigeracional de sua família. E porque ele transcendeu os limites que outros impuseram para ele em suas crenças, ele deu a si mesmo uma razão para pensar de maneira diferente em sua vida, além de oferecer à sua família e amigos motivos para fazer o mesmo.

Às vezes, isso é tudo o que é preciso: uma pessoa fazendo o que parece impossível na presença de outras. Ao testemunhar os limites rompidos, elas podem então sustentar a nova possibilidade em suas mentes, porque a vivenciaram pessoalmente.

Quando ouvimos histórias como as citadas anteriormente, nos vemos perguntando: "É simplesmente uma coincidência?" É um acaso que o tempo de vida de alguém *apenas acontece* de se conformar precisamente com a sua expectativa ou a de seus familiares? Ou é algo mais?

Com o renascimento do interesse pela conexão mente/corpo, que começou no fim do século XX, novos estudos estão surgindo quase semanalmente em periódicos científicos e comprometidos com a *mainstream*, que identificam um *link* direto entre a maneira como pensamos e sentimos em nosso corpo e a maneira como funcionamos fisicamente. É essa conexão que acontece em nossa vida cotidiana, assim como os entes queridos dos meus dois amigos demonstram.

Embora suas histórias ilustrem o poder de uma crença para uma pessoa, esse poder poderia ser ainda mais profundo, a ponto de afetar a todos nós? É possível que, coletivamente, compartilhemos de uma crença que é tão comum, e nos afeta em um nível tão profundo, que realmente estabeleceu limites para a duração da vida humana? Se isso for verdade, ela pode ser curada, e seu limite mudado? A resposta a ambas as perguntas é: "*Sim*". A fonte de tal crença pode surpreendê-lo.

Morremos Antes do Tempo?

Você já se perguntou por que morremos depois de apenas 70 ou 100 anos?

Além do trauma óbvio de fatos como guerra, assassinato, acidentes e escolhas de estilos de vida precários, qual é a verdadeira causa da morte nos seres humanos? Por que as probabilidades de se continuar uma vida saudável, vital e significativa parecem trabalhar contra nós à medida que passamos daquela que é com frequência considerada "meia-idade", e mais tarde se aproximar da marca dos 100 anos?

Entre cientistas, profissionais médicos e acadêmicos, há uma concordância segundo a qual nosso corpo tem uma capacidade milagrosa para sustentar a vida. Dos cerca de 50 trilhões de células que residem no ser humano de idade média, documenta-se que a maioria delas tem a capacidade para consertar a si mesma e se reproduzir ao longo de toda a duração de nossa vida. Em outras palavras, estamos constantemente repondo e nos reconstruindo de dentro para fora!

Até recentemente, os cientistas acreditavam que havia duas exceções ao fenômeno da regeneração celular. Curiosamente, esses casos especiais são os das células dos dois centros mais intimamente identificados com as qualidades espirituais que nos tornam quem somos: nosso cérebro e nosso coração. *Embora novos estudos tenham mostrado que as células desses órgãos retêm a capacidade para se regenerar, também parece que elas são tão resilientes que podem durar toda a vida e não precisam necessariamente disso!*

Então, estamos de volta à pergunta original: *"Por que o limite superior da duração da nossa expectativa de vida parece pairar em torno da marca dos 100 anos?"* O que é que tira nossa vida?

Com exceção de medicamentos usados incorretamente e condições diagnosticadas de forma incorreta, a maior causa de morte dos adultos com mais de 65 anos são as doenças cardíacas. Acho essa estatística fascinante por causa do trabalho que nosso coração é construído para realizar e quão bem o faz. O coração humano médio bate aproximadamente cem mil vezes por dia – o equivalente a mais de 35 milhões de vezes por ano – e bombeia seis quartos de sangue ao longo de aproximadamente quase treze mil quilômetros de artérias, vasos e capilares a cada vinte e quatro horas. Pelo que parece, nosso coração é tão vital para quem e o que somos que ele é o primeiro órgão a se formar no útero de nossa mãe, mesmo antes de nosso cérebro.

Em termos de engenharia, quando o sucesso de todo um projeto depende de uma única peça de equipamento, esse componente recebe o *status* de "missão crítica". Por exemplo, no programa espacial, quando um rover vai pousar em Marte e não haverá ninguém por perto para consertar algo que possa quebrar, os engenheiros precisam realizar uma entre duas ações para garantir o sucesso da missão. Eles: (1) constroem a única peça do rover da qual depende toda a missão – *a peça de missão crítica* – com tal precisão que não pode dar errado, ou (2) construir sistemas de *backup*, e de *backups* para os *backups*. Às vezes, eles até mesmo constroem ambos.

Sem dúvida, o órgão milagroso que alimenta o sangue para cada célula dentro de nós se desenvolveu – seja por planejamento consciente ou por processos naturais – para ser a peça de missão crítica do "equipamento" mais autocurativo e mais duradouro do corpo. Então, a qualquer hora, a perda de alguém que amamos é atribuída ao "fracasso" de um órgão tão magnífico que temos de nos perguntar *o que realmente* aconteceu com aquela pessoa. Por que seria o primeiro órgão a se desenvolver no corpo de alguém – e aquele que tem um desempenho *tão* impressionante, e por *tanto* tempo, com células que são *tão* duradouras que eles nem precisam reproduzir – simplesmente param de trabalhar depois de apenas algumas décadas? Isso não faz sentido... a não ser que haja outro fator que não consideramos.

A medicina moderna geralmente atribui as doenças cardíacas a uma série de fatores físicos e de estilos de vida, que vão desde o colesterol e a dieta até toxinas ambientais e estresse. Embora esses determinantes possam ser avaliados com um grau de precisão puramente químico, eles fazem pouco para abordar a verdadeira razão pela qual as condições existem. O que "o colapso do coração" realmente significa?

Talvez não seja uma coincidência o fato de que todos os fatores de estilo de vida ligados à insuficiência cardíaca também estejam ligados à força que fala ao próprio universo: a emoção humana. Existe algo que *sentimos* ao longo do curso de nossa vida que pode levar ao colapso catastrófico do mais importante órgão do corpo? A resposta é: "*Sim.*"

A Ferida Que Mata

Um crescente corpo de evidências descobertas por pesquisadores de ponta sugere que a *ferida* (*hurt*) pode causar o colapso do nosso coração. Especificamente, os sentimentos negativos não resolvidos que estão por trás da dor crônica – *nossas crenças* – têm o poder de criar as condições físicas que reconhecemos como doenças cardiovasculares: tensão, inflamação, pressão alta e artérias obstruídas.

Essa relação mente/corpo foi documentada recentemente em um estudo seminal realizado na Universidade de Duke e dirigido por James Blumenthal.1 Ele identificou experiências de longo prazo de medo, frustração, ansiedade e decepção como exemplos do tipo de emoções negativas intensificadas que são destrutivas para o coração e nos colocam em risco. Cada uma delas faz parte de um leque mais amplo que comumente identificamos como "ferida".

Estudos adicionais apoiam a existência dessa relação. O terapeuta Tim Laurence, codiretor do Hoffman Institute na Inglaterra, descreve o impacto potencial de nosso fracasso em curar e perdoar velhas feridas e decepções. "No mínimo", diz Tim, "ele separa você da boa saúde".[2] Ele apoia essa afirmação citando vários estudos que mostram, assim como Blumenthal, que as condições físicas de raiva e tensão podem levar a problemas que incluem pressão alta, dores de cabeça, baixa imunidade, problemas de estômago, e, finalmente, ataques cardíacos.

O que o estudo de Blumenthal mostrou foi que ensinar as pessoas a "abaixarem o tom" de suas respostas emocionais às situações da vida poderia prevenir ataques cardíacos. Esse é precisamente o ponto em que podemos curar nossa ferida – especificamente, o que acreditamos ser verdade sobre ocorrênciasque nos feriram.

> Código de Crença 19:
> Nossas crenças sobre feridas não resolvidas podem criar efeitos físicos com poder para nos causar danos ou até mesmo para nos matar.

Claramente, esse estudo, juntamente com outros, não está sugerindo que é ruim ou prejudicial à saúde sentir emoções negativas no curto prazo. Quando realmente encontramos esses sentimentos na vida, eles são indicadores – calibres pessoais – nos dizendo que tivemos uma experiência que está pedindo atenção e cura. Somente quando ignoramos eles e as crenças que os sustentam, e eles continuam atuando por meses, anos ou uma vida inteira sem serem resolvidos, é que podem se tornar um problema.

Será que a resposta à nossa pergunta sobre por que morremos é a de que a dor das decepções da vida nos machucou até a morte? Os estudos de Blumenthal sugerem: "Talvez quando as pessoas falam sobre morrer de coração partido, elas estão realmente dizendo que intensas reações à perda e à decepção podem causar um ataque cardíaco fatal".[3] Na linguagem de sua época, antigas tradições sugerem precisamente essa possibilidade.

Os Primeiros 100 Anos são os Mais Difíceis

Então, por que a idade humana máxima parece pairar ao redor da marca dos 100 anos? Por que não 200 anos, 500 ou até mais? Se fôssemos acreditar nos relatos do Antigo Testamento (ou da Torá na tradição judaica), veríamos que muitos povos antigos mediam suas vidas em séculos, em vez de décadas, como fazemos hoje. O livro do Gênesis, por exemplo, afirma que Noé viveu 350 anos *depois* do Dilúvio. Se ele tivesse 950 anos quando morreu, como o texto também diz, isso significaria que ele estava em condições físicas, mentais e vitais boas o suficiente para construir a arca que garantiria a sobrevivência de todas as raças humanas e animais quando tinha 600 anos!

De acordo com as Escrituras, aqueles que viveram até idades avançadas não eram simplesmente cascas enrugadas de seus eus anteriores, escassamente penduradas no frágil fio da vida. Eles eram cheios de atividade e vitalidade, desfrutando suas famílias, e até mesmo começando novas. E por que eles não deveriam estar? Sem dúvida, vivemos em corpos construídos para durar muito tempo. E, aparentemente, eles faziam isso no passado. Então, por que não agora? O que mudou?

Este é um daqueles lugares onde devemos cruzar a tradicional fronteira entre ciência e espiritualidade em busca de respostas. Sem dúvida, há mais em nós do que os elementos que constituem o DNA de nosso corpo. Embora a ciência ainda tenha que capturar ou provar digitalmente a existência da alma, sabemos que ela é a força misteriosa que anima os elementos de nosso eu físico. É o que dá vida ao corpo. E é aí que encontramos o âmago da nossa resposta. Quando nossa alma dói, nossa dor é transmitida para o corpo como a qualidade espiritual da força vital com que alimentamos cada célula.

> Código de Crença 20:
> Quando nossa alma fica ferida, nossa dor é transmitida para dentro do corpo como a qualidade espiritual da força vital com que alimentamos cada célula.

Os cerca de cem anos que vemos como a duração da vida humana parecem ser o limite de quanto tempo podemos suportar a ferida que nos dói na alma e não tem solução. Em outras palavras, a marca do século pode estar nos dizendo quanto tempo podemos suportar a tristeza e as decepções da vida antes que elas nos alcancem. Todos nós podemos atestar a dor que ocorre quando observamos as pessoas que amamos, os animais de estimação que amamos e as experiências às quais crescemos apegados desaparecerem de nossa vida. Poderia toda uma vida de perda, decepção e traição ter o poder de incapacitar até mesmo nosso órgão mais forte e mais durável – o coração?

Absolutamente! E pode haver ainda mais: a ferida que nos mata poderia ser ainda mais antiga e ir ainda mais fundo do que tínhamos imaginado.

Além dessas fontes óbvias de dor, talvez haja outra que é menos evidente, mas tão grande e tão universalmente compartilhada que é difícil para nós suportar até mesmo pensar sobre isso. Ao longo das culturas e sociedades, as histórias de criação afirmam que para se tornarem indivíduos neste mundo, precisamos "romper" com uma família de almas coletivas maior. Ao mesmo tempo, um dos medos universais mais profundos é apenas este: estar separado e sozinho.

Talvez a grande dor que está por trás de todas as outras seja a dor da separação de uma existência maior. Se isso for verdade, então talvez seja porque percamos nossa alma familiar maior a tal ponto que tentamos preencher o vazio recriando um senso de unidade por meio de famílias menores aqui na Terra. Não é de se admirar, portanto, que sua perda possa ser tão devastadora para nós. Ela nos atira de volta diretamente na dor da ferida original.

Para muitas pessoas, é o anseio de "se apegar" às suas famílias, relacionamentos e memórias de experiências passadas que criam as condições que levam ao seu maior sofrimento. Elas anseiam pelos animais de estimação que nunca poderão ter novamente e as pessoas de quem sentem falta, e o álcool e as drogas muitas vezes se tornam o anestésico socialmente aceitável usado para entorpecer a dor profunda da alma.

Se pudermos encontrar uma maneira de apreciar os momentos que compartilhamos com aqueles que amamos, bem como com a percepção do quanto nos sentíamos bem no tempo em que passamos juntos nesse tempo que agora terminou, então teremos dado um passo gigantesco em direção à nossa maior cura. Com base nessa perspectiva, os mesmos princípios que nos permitem ferir a nós mesmos também podem funcionar ao contrário, isto é, nos oferecem o poder curativo da vida. Essa chave parece estar relacionada à maneira como nos sentimos a respeito do que a vida nos mostra.

Código de Crença 21:
Os mesmos princípios que nos permitem ferir a nós mesmos até a morte também podem funcionar no sentido contrário, permitindo-nos curar a nós mesmos no caminho da vida.

Embora todas essas sejam possibilidades em que pensar, o que sabemos com certeza é isto: há um potencial biológico para nosso corpo durar muito mais tempo do que ele o faz e para nós vivermos vidas mais saudáveis e mais ricas do que muitos de nós parecem vivenciar atualmente. Além dos elementos físicos, existe alguma coisa que parece estar faltando na equação moderna para a longevidade. Seja como for que escolhemos chamá-la, essa "alguma coisa" é uma força espiritual que nos alimenta e nos nutre. Na linguagem de outra época, os antigos nos deixaram instruções para abrir espaço a essa força vital de que toda a vida depende. Para levar uma vida longa, saudável e gratificante, devemos curar as crenças limitadoras que estão no centro de nossas feridas mais profundas.

Agora que você sabe como as crenças inconscientes podem funcionar, faz sentido dar uma olhada nas relações da vida cotidiana para revelar suas próprias crenças profundamente arraigadas. Vamos começar com o amor. O que segue o ajudará a ser muito claro sobre onde você está em relação a essa força vital em sua vida.

As três perguntas que estou prestes a fazer a você podem parecer tão simples a princípio que você poderia se perguntar por que eu iria formulá-las. E embora *sejam* óbvias, em nossa vida atarefada às vezes negligenciamos o óbvio em nosso esforço para encontrar respostas rápidas e soluções rápidas. Às vezes, isso nos ajuda apenas a reservar um momento, sentarmos e – com a maior honestidade e respeito por nós mesmos – revisitarmos o básico. Assim que fizermos isso, podemos usar nossas respostas para nos direcionar até o nosso próximo passo.

Em vez do coletivo "nós" de que temos falado até agora, é aqui que a cura espontânea pela crença se torna individual. Essas perguntas foram elaboradas para você, então é a você que vou encaminhá-las de uma maneira pessoal e perguntar como se eu estivesse falando com você. Eu o convido a responder o seguinte:

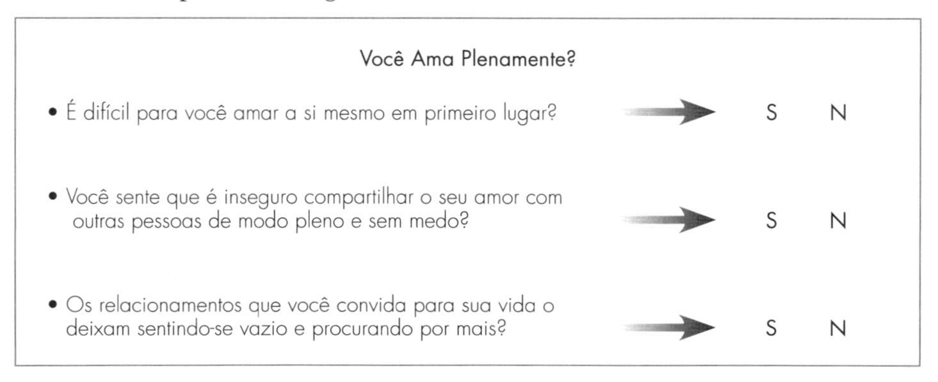

Figura 12. Três perguntas simples destinadas a despertar a possibilidade de maior aceitação, longevidade e cura em sua vida. A maneira como você responder a elas o ajudará a identificar qualquer fato que se interponha entre você e sua experiência mais plena de amor afirmador da vida.

Se sua resposta a qualquer uma das perguntas anteriores for "sim", então quais você acha que são as chances de que a decepção, o sofrimento e a traição que você experimentou na vida derivam de uma crença inconsciente que transborda para suas experiências conscientes? Para descobrir, você precisa apenas olhar um pouco mais fundo uma crença sutil que possa explicar por que esse "sim" está lá. Para fazer isso, você terá de responder a mais uma pergunta simples, mas reveladora, a Grande Questão que você – e somente você – pode responder para si mesmo.

A Grande Questão no Âmago da sua Vida

Há uma crença central que orienta nossa vida, e o faz de maneiras que podemos nem mesmo estar cientes ou pensar sobre ela. A razão pela qual essa crença pode ter tanto poder, mesmo sem sabermos que existe, é que ela é inconsciente. Isso mesmo – rodando em piloto automático como um programa instintivo no fundo de nossa mente neste exato momento, ela é uma crença central tão poderosa que tem sido o padrão relativamente ao qual todos os outros de nossa vida têm sido comparados.

Tão diversificada quanto sua vida tem se mostrado, e tão variada quanto todas as suas experiências se manifestam, não há nada que tenha acontecido e que não tenha sido moldado por meio dos olhos dessa única crença. Sem exceção, todo o seu amor e cada um dos seus medos; todas as oportunidades na vida nas quais você teve a confiança necessária e todas aquelas nas quais você teve medo de falhar; a saúde, vitalidade e juventude de seu corpo; a maneira como você envelhece; e o sucesso ou fracasso de cada relacionamento que você terá com outra pessoa, com você mesmo, seu mundo e o todo o universo... tudo isso, e mais, se condensa no que você afirma em uma única crença.

Você pode descobrir o que essa crença representa para si mesmo respondendo a uma única pergunta – a Grande Questão – abaixo. A maneira como você o faz revela a verdade de uma poderosa crença subconsciente que está no cerne da sua existência. A questão é esta:

> *Você acredita que existe uma única fonte para tudo o que acontece no mundo, ou acredita que há duas forças opostas e em oposição – boas e más – uma que "gosta" de você e outra que não gosta?*

É isso! É breve. Mas, por favor, não se deixe enganar pela simplicidade dessas poucas palavras. Elas também são poderosas e profundas. Essa é uma pergunta que cada um de nós precisa responder em algum momento de nossa vida. E é, talvez, sobre o maior relacionamento com o qual jamais teremos pedido para chegar a um acordo. Em sua simplicidade reside sua elegância.

A maneira como você responde à Grande Questão o levará a redefinir a essência de quem você acredita que é, e como você se sente sobre sua vida no mundo. Quando você experimenta a clareza que a resposta a essa pergunta oferece, você está avisando seu "programador interno" para mudar e ajustar os padrões que afirmam a vida em seu corpo. Tudo começa com essa pergunta simples. É assim que funciona.

O Padrão da sua Vida

Sua resposta à Grande Questão é o gabarito ou padrão de sua vida. Se você acredita que há duas forças separadas que existem no mundo, com dois modos muito diferentes de expressão, então você sempre verá tudo o que acontece na vida através dos olhos dessas polaridades e dessa separação. Mesmo que isso possa ser uma crença inconsciente sobre a qual você nunca falou com outras pessoas, e talvez nem a reconheça em si mesmo, ela ainda assim pode dominar sua aceitação do amor e do sucesso em cada relacionamento, cada carreira, todas as suas finanças e a qualidade de sua saúde.

> Código de Crença 22:
> Nossa crença em uma força única para tudo o que acontece no mundo, ou em duas forças opostas e conflitantes – uma boa e a outra má – desempenha um papel em nossa experiência de vida, saúde, relacionamentos e abundância.

Essa crença única, às vezes inconsciente, pode sequestrar as experiências mais poderosas de nossa vida, e isso pode ocorrer sem que sequer saibamos que aconteceu.

Por exemplo, se virmos a força da "luz" como um amigo que nos ama e quer apenas o melhor para nós, embora acreditemos que a "escuridão" não se preocupa conosco e quer nos atrair para padrões autodestrutivos, então o mundo começa a parecer o campo de batalha entre essas forças. E quando o mundo se torna efetivamente o *campo de batalha*, a vida se torna a *batalha*. Se estivermos convencidos de que as duas forças estão em desacordo uma com a outra, começamos a ver esse conflito se manifestando em cada crença, de como somos dignos de receber amor (veja o quadro no capítulo anterior) e sucesso, e de quão merecedores somos da própria vida! Na presença de uma crença tão profundamente arraigada se expressando com o poder e velocidade reativa de nossa mente subconsciente, não nos causa surpresa, então, reconhecer essa batalha se manifestando como a química de nosso corpo.

Como observamos antes, para cada sentimento *não físico*, emoção e crença que criamos dentro de nosso corpo, há o *equivalente físico* dessa experiência que se torna a atividade construtiva de nossas células. Então nós, literalmente, temos o que podemos chamar de "química do amor" e "química do ódio". Com esse fato em mente, o que você acha que acontece quando vivemos nossa vida acreditando que existem duas forças básicas neste mundo – uma que é boa e outra que é má, uma que gosta de nós e outra que não gosta, uma que está aqui para nos ajudar e outra que está lá fora para nos apanhar? A resposta se torna óbvia.

Se acreditarmos no âmago do nosso ser que a vida é uma dádiva rara e preciosa a ser nutrida, explorada e estimada, então o mundo se parece com um lindo lugar para explorarmos. Ele é rico em diversas culturas, experiências e oportunidades. A chave aqui é que precisamos *acreditar* que estamos seguros antes de podermos mergulhar nos benefícios de tal experiência. Isso é mais do que simplesmente esperar ou desejar que seja verdade. Precisamos aceitar e acreditar nela no âmago do nosso ser.

Então você está dizendo "Sim, certo! Diga-me novamente, onde é que esse mundo seguro existe?" e eu concordaria que, se olharmos para os meios de comunicação de massa e a opinião popular, temos todos os motivos para acreditar que nosso mundo pode ser qualquer coisa, *menos* seguro.

Por outro lado, se realmente acreditarmos, no âmago de nosso ser, que este mundo é perigoso, e se incorporarmos essa crença em cada dia em nossa vida, veremos isso acontecer em todas situações em que estamos envolvidos desde nossos empregos e carreiras até nossos relacionamentos e nossa saúde. Mesmo quando novas oportunidades se colocam em nosso caminho, sentiremos que não somos apoiados, não estamos prontos nem somos dignos de aceitá-las. Teremos medo de correr riscos, não nos sentiremos dignos de ter o emprego ou o romance que nos traz a verdadeira alegria, e nos veremos conformados com o que quer que apareça em nosso caminho.

Se não temos razão para acreditar de modo diferente, não causa surpresa que podemos descobrir que a batalha, na qual nós acreditamos no nível subconsciente, é encenada nas próprias células de nosso corpo – eles interpretarão nossas crenças como as instruções para produzir a química que rouba de nós a própria experiência que mais prezamos: a própria vida!

Às vezes, a representação dessas crenças em nosso corpo é sutil. É uma bênção quando isso ocorre, pois nos dá a oportunidade de reconhecer os sinais de nosso medo e resolvê-los antes que seja tarde demais. Às vezes, no entanto, não é assim tão sutil.

Nosso Corpo: A Resposta Espelhada à Grande Questão

Meu avô era um homem de hábitos. Quando ele encontrava algo que funcionava para ele, jamais descartava essa coisa. Isso pode explicar como ele e minha avó permaneceram casados por mais de cinquenta anos. Depois que ela morreu, e ele estava morando com seu irmão, meu relacionamento com ele mudou. Desenvolvemos uma amizade fácil e um nível mais profundo de compartilhamento que durou pelo restante de sua vida.

O lugar favorito do vovô para fazer sua refeição era na franquia local da rede de *fast-food* Wendy's. Quando eu o visitava saindo do meu trabalho fora do estado em feriados ou ocasiões especiais, eu sempre reservava um dia inteiro para levar o vovô em qualquer lugar que ele quisesse. Era o *nosso* dia juntos, e eu perguntei a ele repetidas vezes: "Vovô, onde você gostaria de passar o dia?" Sempre acompanhei minha pergunta com uma lista de belos restaurantes e cafés, todos perto de sua casa na cidade. Embora ele ouvisse com atenção e realmente refletisse sobre cada opção em sua mente, sua resposta seria sempre a mesma, e eu sabia qual seria: "No Wendy's".

Uma viagem até o Wendy's demorava o dia todo. Geralmente, chegávamos lá no fim da manhã, pouco antes da corrida da hora do *rush* do almoço dos homens de negócio, que tinham de entrar e sair em apenas uma hora. Sentávamos e assistíamos a eles virem e irem até que fôssemos os dois únicos clientes restantes. Então, eu ouvia suas histórias sobre com o que nosso país se parecia durante a Grande Depressão, ou conversaríamos sobre os problemas do dia e sobre o que eles significariam para o futuro do mundo. Quando a noite chegava e a multidão do jantar tornava o restaurante barulhento demais para se conversar, ele terminava seu cheeseburger e a tigela de chili, da qual ele cuidava por horas, e eu o levava para casa.

Certo dia, quando o vovô estava sentado à minha frente à mesa de nosso restaurante favorito, de repente ele se inclinou em minha direção e caiu sobre a mesa. Ele estava totalmente desperto e consciente. Seus olhos estavam claros. Ele poderia falar perfeitamente, e para todos os efeitos tudo o mais parecia bem. Ele simplesmente não conseguia se sentar direito na cadeira. Foi naquele dia no Wendy's que descobrimos que o vovô desenvolveu, em seus 80 anos de idade, uma doença que costuma ser encontrada em mulheres na casa dos 30 anos.

Chamada de *myasthenia gravis*, essa condição torna-se bem conhecida quando o corpo de uma pessoa deixa de responder à sua intenção de mover os músculos, ficar em pé ou até mesmo fazer algo tão simples como manter sua cabeça erguida. Do ponto de vista clínico, é definida como uma doença autoimune que ocorre quando a substância que normalmente transporta as instruções entre os nervos e os músculos de uma pessoa (acetilcolina) é absorvida por uma substância química especial – produzida pelo próprio corpo da pessoa.

Então, embora meu avô pudesse ter pensamentos que comandassem seu corpo para, por exemplo, "sentar-se ereto", e seu cérebro *enviasse* o sinal desse pensamento para o seu corpo, os músculos nunca o receberiam. A substância química "sequestraria" o sinal. Em outras palavras, meu avô desenvolveu uma condição em que seu corpo trabalhava contra si mesmo em um campo de batalha entre dois tipos conflitantes de química – um que produzia tudo de que precisava para funcionar de maneira normal, e o outro que impedia que essas funções acontecessem. Entre minhas viagens, passei o máximo de tempo que pude com meu avô e tentei ajudá-lo a lidar com sua experiência enquanto aprendia sobre sua condição.

Durante nosso tempo juntos, descobri algo muito interessante sobre sua vida e a história de nosso país – algo que eu acredito estar diretamente relacionado à sua condição. Vovô foi um jovem que trabalhara em uma mercearia durante a Grande Depressão. Se você já conversou com pessoas que viveram naquela época, é provável que tenha ficado ciente da tremenda marca que a experiência deixou em suas vidas. Aparentemente da noite para o dia, tudo mudou: a economia despencou em um estado de estagnação, fábricas pararam suas operações, lojas fecharam, alimentos tornaram-se escassos e pessoas não podiam sustentar suas famílias. Meu avô foi uma dessas pessoas.

Embora ele tivesse feito tudo o que era humanamente possível para trazer comida para sua nova esposa e a família extensa que morava com eles, e fizesse tudo isso relativamente bem, *na sua mente* ele acreditava que fracassara. *E em seu coração ele se sentia culpado por seu fracasso.* Ele sentiu vergonha por não ter sucesso como marido, filho, genro e amigo.

Antes de morrer, lembro-me de que perguntei a ele sobre a Depressão e sua experiência. E me lembro da tristeza que encheu seu rosto, quando ele desabou, e chorou contando-me a história. Ainda estava tão fresca em sua mente, tão presente em seu coração, e era uma parte muito significativa de sua vida mesmo depois de mais de sessenta anos.

Em minha mente, a conexão era óbvia. Meu avô não estava descrevendo um sentimento passageiro de inadequação sobre sua vida em um tempo anterior; em vez disso, estava descrevendo um tremendo sentido de culpa crônica e não resolvida, que ele sentia atuar no presente. Ele abrigara tudo isso desde aqueles anos, e finalmente esse sentido se somatizara como sua experiência física. A conexão era evidente porque a crença é um código, e nossos sentimentos de crença são seus comandos.

A sensação crônica de desesperança que meu avô trabalhara tão duramente para suprimir – sua crença subconsciente de que ele estava desamparado – tornou-se a expressão literal de seu corpo. Por meio de sua relação mente/corpo, seu eu físico reconheceu suas crenças como um comando inconsciente e produziu com maestria a química para combiná-los. *Literalmente, seu corpo tornou-se a desesperança de sua crença.* Eu não tive de pesquisar muito para descobrir por que a condição parecia fazer seu aparecimento de maneira tão repentina e em um estágio tão avançado de sua vida.

Não muito antes de seu início, a esposa de meu avô, minha avó, tinha sido hospitalizada por causa de uma doença cancerígena que rapidamente tirou sua vida. Ele próprio internado no hospital durante a doença dela, meu avô mais uma vez sentiu que era incapaz incapaz de demonstrar qualquer atitude pela mulher que ele amou por mais de cinquenta anos. Para mim, a correlação entre as circunstâncias da morte da minha avó e a ocorrência repentina da condição do meu avô era muito grande para ser uma coincidência. Foi o gatilho que trouxe todas as antigas memórias de inadequação desde a Grande Depressão até o presente.

Infelizmente, a conexão mente/corpo não fazia parte do treinamento recebido pela equipe médica que cuidava dele na época. Para eles, sua condição era puramente física, embora rara para um homem de sua idade, e eles o trataram como tal. Cada dia até o restante de sua vida, meu avô tomou catorze medicamentos diferentes para compensar os sintomas e efeitos colaterais indesejados que pareciam estar ligados à sua crença de que ele estava impotente para ajudar aqueles que amava. Embora eu soubesse que isso nunca seria o diagnóstico médico oficial, as correlações são muito convincentes, assim como os estudos também o eram, para sugerir que sua condição apenas "acontecera".

O poder de nossas crenças pode funcionar em qualquer direção para se tornar afirmador ou negador da vida. Tão rapidamente quanto nossas crenças inconscientes podem criar as condições que encontramos na história anterior do marido da minha colega, elas podem reverter aquelas que ameaçam a própria vida. O que torna essa possibilidade tão atraente é que nossas crenças podem ser mudadas intencionalmente, em um momento no tempo. A chave é sentir como se elas fossem reais, em vez de simplesmente pensar, esperar ou desejar que se tornem verdadeiras em nossa vida. Desse modo, *nossas* crenças pessoais podem superar as crenças conscientes mantidas por aqueles em quem confiamos, como médicos e amigos. Às vezes, tudo o que precisamos é que outra pessoa nos lembre que isso é possível.

Em última análise, a chave para transformar nossas crenças mais limitantes pode ser encontrada na cura de nosso relacionamento mais íntimo neste mundo: aquele que identificamos entre nós e as forças fundamentais que fazem o nosso mundo como ele é – "luz" e "trevas". São nossas crenças mais profundas, muitas vezes inconscientes, a respeito dessas forças que formam a base para todas as outras crenças à medida que atuam de maneira a afirmar ou negar a vida.

As Forças da Luz e das Trevas: Inimigas Eternas ou Realidades Mal-Entendidas?

Sem dúvida, vivemos em um mundo de opostos. E inquestionavelmente, é a tensão entre eles que faz a nossa realidade ser o que ela é. Desde as cargas das partículas atômicas até a concepção de uma nova vida, tudo se refere a prós e contras, mais e menos, "ligado" e "desligado", masculino e feminino. Na teologia, esses opostos assumem nomes e aparências que se traduzem nas forças da luz e das trevas, do bem e do mal. Embora eu não negue sua existência, *estou* descrevendo como é possível mudar o que elas significam em nossa vida e, com isso, redefinir nosso relacionamento com elas.

Se vemos a vida como uma batalha constante entre a luz e a escuridão, então precisamos julgar tudo através dos olhos dos opostos – e o mundo parece um lugar realmente assustador. Tal visão requer que nós nos identifiquemos com um ou com o outro, e que vemos o que escolhemos como o melhor ou mais poderoso. É aqui que às vezes temos problemas com nossas próprias crenças subconscientes, bem como com as dos outros. Lembro-me de pensar sobre isso quando criança – e de pensar muito.

Tendo crescido em uma cidade conservadora do norte do Missouri, eu questionava o que me ensinaram na escola, na igreja e na minha família sobre as ideias de luz e trevas, bem e mal, e o que essas forças significavam em minha vida. Alguma coisa simplesmente não fazia sentido para mim. Meu condicionamento me levou a acreditar que vivemos em um mundo de bem e mal, com ambos lutando para se tornar a força dominante em minha vida. Aqueles que tinham boas intenções ensinaram-me que eu poderia reconhecer a diferença entre os dois pela maneira como os vivenciava: Os elementos que me feriam eram da escuridão, e a alegria de me sentir bem era da luz. Implícito na ideia do mal estava o medo de que havia algo lá fora – algo horrível que estivesse à espreita, esperando apenas o tempo certo e o momento certo para que, em um instante de fraqueza, todo o bem que eu havia alcançado poderia ser tirado de mim. Se isso fosse verdade, significaria que esse "algo" era tão incrível em sua existência que tinha poder sobre nós, poder sobre *mim*.

Lutei com a ideia de que podemos realmente estar vivendo nesse tipo de mundo – não tanto porque eu não gostava dele, mas simplesmente porque ele não fazia sentido. Eu sabia que teria de reconciliar o que me ensinaram sobre as forças da luz e das trevas com o que elas significaram para *mim* em algum ponto na minha vida. No entanto, em vez de uma grande revelação em um único momento crucial, esse ponto veio gradualmente como resultado de um sonho recorrente que eu tive muitas vezes quanto tinha meus 30 e 40 anos.

Talvez não por coincidência, isso aconteceu durante alguns dos maiores desafios e dores mais profundas da minha vida. Sempre fui uma pessoa muito visual, e por isso a natureza gráfica desse sonho em particular, juntamente com as emoções poderosas do que isso significa para mim, surgiu sem me causar nenhuma surpresa.

O sonho sempre começava da mesma maneira: eu me via sozinho em um lugar que estava completamente escuro e era totalmente vazio. No começo, nada mais havia ao meu redor, apenas a escuridão, que se estendia por toda parte e parecia interminável. Gradualmente, no entanto, algo sempre entrava no campo de visão, algo situado muito, muito longe.

À medida que meus olhos se adaptavam ao que estavam vendo, conseguia me mover para mais perto, e passava a reconhecer rostos. O que eu estava vendo eram pessoas – muitas delas –, algumas que eu conhecia e algumas que nunca tinha visto antes. (Curiosamente, havia momentos em que eu me via esperando junto a um semáforo no trânsito de uma cidade pequena ou andando em um aeroporto movimentado, quando eu avistava alguém que eu tinha visto apenas algumas horas antes no sonho.)

Quando o sonho entrava em foco, percebi que naquela massa de pessoas estavam incluídos todos os que eu conhecera ou que conheceria ao longo de toda minha vida, incluindo todos os meus amigos, todos os membros da minha família, e cada pessoa que eu já amei. E eles estavam todos lá, juntos, separados de mim por uma grande divisória que se abria na escuridão entre nós.

Era aqui que o sonho ficava realmente interessante. De um lado da divisória, havia um abismo tão luminoso que nos cegava, e do outro havia um abismo que era mais negro do que as trevas. Cada vez que tentava cruzar a divisória para chegar às pessoas que eu amo, eu me desequilibrava para um lado ou para o outro. Cada vez que eu resistia a cair na escuridão ou na luz, eu me encontrava de volta ao lugar onde começara, perdendo a todos de uma maneira tremenda, à medida que as pessoas se afastavam cada vez mais.

Certa noite, tive o sonho e algo mudou. Começou da mesma maneira, mas, no momento em que percebi o que estava acontecendo, eu sabia o que esperar. Nessa noite, em particular, fiz algo diferente: quando comecei a cruzar a divisória e a sentir a escuridão e a luz me puxando em sentidos opostos, eu não resisti – e não me rendi. Em vez disso, mudei a maneira como me sentia na presença deles, e alterei o que acreditava sobre eles.

Em vez de julgar um como "bom" e o outro como "mau", ou como melhor ou pior do que o primeiro, eu permiti que tanto a luz como a escuridão estivessem presentes e deixá-los se tornarem meus amigos. No instante em que fiz isso, algo absolutamente incrível aconteceu: de repente, eles pareceram diferentes a mim. Nessa diferença, eles se fundiram, preencheram a divisória e se tornaram a ponte que me levou a todos que eu amava. E quando isso aconteceu, foi o fim dos sonhos recorrentes. Embora eu tenha tido outros que me ensinaram de maneira semelhante, nunca mais tive este, em particular, dessa forma, novamente.

O Efeito em Cascata da Cura

Durante vários meses antes da cura em meu sonho recorrente, eu me encontrava em alguns dos relacionamentos mais difíceis da minha vida adulta. De amizades e parcerias comerciais à família e até a parceiras românticas, tudo parecia estar espiralando-se desesperançadamente fora de controle por razões que eu simplesmente não compreendia. Como vim a descobrir graças a um reconhecimento dos antigos espelhos essênios de relacionamento, a cujo respeito escrevi em *A Matriz Divina*, desenvolvi um forte sentido do que eu "deveria" e "não deveria" ser em relação à honestidade, à integridade e à confiança nas outras pessoas. E foi precisamente o meu julgamento dessas qualidades que comprovou ser o poderoso ímã que continuou atraindo esses relacionamentos para mim.

Quase imediatamente depois do sonho, algo inesperado começou a acontecer: em uma questão de dias, cada uma das pessoas que espelhavam meus julgamentos começou a desaparecer da minha vida. Eu não estava mais zangado com elas. Não estava mais ressentido com elas. Não me ressentia mais delas. Comecei a sentir uma sensação estranha de "nada" com relação a todas elas. Não havia esforço intencional de minha parte para afastá-las. Tendo redefinido minha relação entre a luz e as trevas, e reconhecido minhas experiências com essas pessoas pelo que elas eram e não pelo que os meus julgamentos faziam com que elas se parecessem, descobri que simplesmente não havia mais nada para mantê-las em minha vida. Cada uma delas começou a desaparecer das minhas atividades do dia a dia. De repente, havia menos ligações telefônicas delas, menos cartas e menos pensamentos sobre elas ao longo de todo o meu dia. Meus julgamentos eram o ímã que mantinha esses relacionamentos no lugar.

Embora esse novo desenvolvimento tenha sido interessante, depois de alguns dias algo ainda mais intrigante e até mesmo um pouco curioso começou a ocorrer: percebi que outras pessoas que estiveram em minha vida por muito tempo, e com as quais eu não estivera em conflito, ou em alguma luta de qualquer tipo, também começaram a desaparecer. Mais uma vez, não houve esforço consciente da minha parte para terminar esses relacionamentos. Eles simplesmente não pareciam mais fazer sentido. Em uma das raras ocasiões em que tive uma conversa com um desses indivíduos, ela me pareceu tensa e artificial. Onde antes havia um terreno comum, agora havia um mal-estar. Quase tão depressa quanto percebi a mudança nesses relacionamentos, comecei a me tornar ciente de algo que para mim era um fenômeno novo.

Cada um dos relacionamentos que saíram da minha vida baseava-se no mesmo padrão – aquele mesmo que originalmente trouxera as pessoas para *dentro* de minha vida. Esse padrão era o julgamento de suas ações visto através de minhas crenças sobre a luz e as trevas. Além de ser o ímã que atraiu os relacionamentos para mim, meu julgamento também foi a cola que os manteve juntos. Em sua ausência, a cola se dissolveu. Percebi o que parecia ser um efeito cascata que funcionava desta maneira: uma vez que o padrão era reconhecido em um lugar, um relacionamento, seu eco reverberava em muitos outros níveis da minha vida.

Suspeito que esse efeito cascata de cura ocorre com frequência em nossa vida, embora nem sempre possamos reconhecê-lo. Na história anterior, aconteceu tão rapidamente que teria sido difícil deixar de percebê-lo.

Então, eu o convido a examinar as relações de sua vida, particularmente as que têm sido difíceis. Quando, de repente, elas parecem desaparecer sem razão aparente, seu desaparecimento pode ser a indicação de que alguma coisa em suas crenças mudou. Pode ser apenas o fato de que a cola de uma percepção foi curada e não sobrou nada para manter esses relacionamentos próximos.

Reescrevendo as Regras da Batalha Antiga

Embora os efeitos de nossas crenças atuem em nossos relacionamentos e em nossa saúde, aquilo sobre o qual, em última análise, estamos falando é o que vimos, historicamente, como a antiga batalha mencionada anteriormente – a luta entre as forças da luz e das trevas – manifestando-se em nosso corpo e no mundo. Durante milênios, fomos condicionados a polarizar essas forças em nossa vida – para escolher uma e destruir a outra. Embora a batalha tenha pelo menos dois mil anos, ela está claramente conosco hoje. Nós a vemos se manifestando através da tecnologia e das crenças do século XXI.

Como acontece com qualquer conflito, temos de nos perguntar: *"Se estamos usando o estratégia certa, então por que ninguém reivindicou a vitória?"* É possível que a antiga luta entre a luz e a escuridão não seja uma batalha a ser vencida ou perdida no sentido usual dessas palavras? E se a ideia toda é mudar as regras que mantêm essa batalha atuando? E se o segredo para essa batalha diz menos respeito a vencer e mais sobre como mudamos as crenças centrais que a mantêm no lugar? Talvez a chave para a grande batalha entre a luz e a escuridão se desenrole como pequenas escaramuças manifestando-se bem na nossa frente durante o tempo todo. Se for esse o caso, o que podemos aprender com elas?

Conheci pessoas, por exemplo, que dizem que só se associam com outras pessoas que são "da luz", ou que as "forças das trevas" se apossaram de seus amigos e famílias. Quando dizem isso, respondo com uma única pergunta: eu as convido a traçar a linha divisória entre os dois – eu peço-lhes que me mostrem onde termina a luz e onde começam as trevas. No momento em que tentam fazer isso, posso mostrar-lhes algo ainda mais poderoso do que as próprias forças da luz e das trevas... pois no instante em que começam a fazer essa distinção, elas apenas caem na antiga armadilha que as mantém travadas nas próprias crenças polarizantes das quais elas me dizem que estão tentando escapar!

Eis o porquê: é o julgamento delas sobre o bem e o mal – o de que um deles é melhor ou mais merecedor de sua existência do que o outro – que lhes assegura que elas permanecerão na mesma condição da qual elas me disseram que gostariam de mudar. Não estou sugerindo que meus amigos tolerem ou concordem com o que a escuridão pode trazer para nossa vida. Há, no entanto, uma enorme diferença entre *julgar* essas forças e *discernir* que elas existem e o que elas representam. E é nessa distinção sutil, mas significativa que descobrimos o segredo que nos permite superar a polaridade e curar o conflito entre as trevas e a luz – não apenas para sobreviver a ele, *mas também para se tornar maior* do que os opostos que a própria batalha permite. Esse é, conforme acredito, o tema do sonho que descrevi anteriormente.

Para algumas pessoas, a ideia de misturar luz e escuridão em uma única força poderosa em nossa vida é algo que elas sempre acreditaram ser possível, mas talvez nunca tenham sabido como realizar. Para outras, o próprio pensamento de reconciliar essas duas forças é a coisa mais estranha que elas podem imaginar. Isso vai contra tudo o que já lhes foi ensinado – e pode até mesmo soar como uma heresia! Poderia, mas isso até que olhemos para os seguintes fatos:

- **Fato 1:** As crenças e sentimentos que sustentamos em nosso coração estão mantendo uma conversa contínua com nosso cérebro em cada momento de cada dia.
- **Fato 2:** Durante esse diálogo, nosso coração diz ao nosso cérebro para enviar uma "química do amor" ou uma "química do medo" ao nosso corpo.
- **Fato 3:** A química do amor crônico afirma e perpetua vida em nosso corpo.
- **Fato 4:** A química do medo crônico nega a vida em nosso corpo.
- **Fato 5:** Internalizar a crença em que duas forças com diferentes agendas estão combatendo, é convidar o combate entre nosso corpo e nossa vida.

Pergunta: Com base nesses fatos, faz sentido permanecer empenhado em uma batalha contínua entre a luz e a escuridão ao reconhecer uma como amiga e a outra como inimiga? Ou faz *mais* sentido reconhecer que ambas são necessárias, e que de fato *são requeridas* para a existência do nosso mundo tridimensional de elétrons e prótons, dia e noite, masculino e feminino, e vida e morte?

Embora, para algumas pessoas, a descrição de nossa relação com a polaridade como uma batalha seja uma metáfora, para outras ela atua como a realidade de suas vidas de cada dia. De qualquer maneira, aqui o fato de importância-chave é que a batalha – real ou metafórica – só pode existir enquanto nossas crenças a mantiverem no lugar.

Enquanto eu curava meus julgamentos a respeito da luz e das trevas, essa cura se refletia em todos os meus relacionamentos: do romance e das parcerias aos negócios e às finanças. Foi imediata e tudo começou com uma simples mudança no que considero verdadeiro sobre uma crença que atua tão profundamente em nosso subconsciente coletivo que podemos nem sequer reconhecê-la, embora ela seja tão universal que afeta a todos nós em cada momento de cada dia. E isso nos faz recair na Grande Questão: *"Acreditamos que há duas forças separadas (uma que gosta de nós e*

Código de Crença 23:
Para curar a batalha antiga entre a escuridão e a luz, podemos descobrir que ela se refere menos a derrotar uma ou a outra, e mais a escolher nossa relação com ambas.

outra que não gosta), ou acreditamos que há uma única força que funciona de muitas e variadas maneiras para nos proporcionar nossa experiência".

Uma vez que reconciliamos os poderes da luz e das trevas como elementos da mesma força, a questão torna-se a seguinte: "*Como usamos essa força unificada em nossas vidas?*" E é aqui que pensar na crença como um programa de computador torna-se uma coisa tão poderoso. Como acontece com qualquer programa, se soubermos o código, escolhemos nossos limites. Compreender a linguagem da crença nos dá o poder de escolher os limites de nossa vida.

CAPÍTULO CINCO

Se Você Conhece o Código, Você Escolhe as Regras: Quebrando o Paradigma dos Falsos Limites

---

"[Em uma realidade simulada] os simuladores determinam as leis, e podem mudar as leis que governam seus mundos."
– **John D. Barrow,** astrofísico e ganhador do Templeton Prize de 2006

"[Cada pessoa nasce com um] poder infinito, contra o qual nenhuma força terrestre tem a menor importância."
– **Neville Goddard** (1905-1972), filósofo

Se realmente acreditamos que somos parte de uma simulação cósmica ou se apenas usamos a ideia como uma metáfora para o nosso relacionamento com o nosso mundo cotidiano, isso pode ser menos importante do que as possibilidades que uma tal noção implica. Metáfora ou fato, os conceitos nos dão uma linguagem com a qual podemos compartilhar tanto a conversa como um lugar para começar.

De qualquer maneira, a experiência de nossa vida é baseada em um programa – um código de realidade – que traduz possibilidades em realidade. A crença é esse código. Se soubermos como criar o *tipo* correto de crença, então nossas ideias sobre o que "é" e o que "não é" mudam para sempre. Em outras palavras, nada é impossível em um mundo baseado na crença.

Acreditando na Crença

Anos atrás, eu me lembro de ter visto tarde da noite um episódio de um programa de ficção científica que ia ao ar todas as semanas na TV em preto e branco da década de 1960. Talvez você também se lembre dele: o episódio começava com a visão de um avião de guerra aliado voando em algum lugar sobre a Europa durante Segunda Guerra Mundial. Na parte de baixo dele havia uma canópia transparente que servia como assento de observação para um dos aviadores na missão. Parecia uma bolha de vidro que pendia da fuselagem e permitia ao homem, a partir de dentro, ver tudo ao seu redor. Do seu ponto de vista vantajoso, ele conseguia relatar a presença de aeronaves inimigas que o piloto e o navegador não conseguiam ver.

O enredo geral do programa era previsível. Vemos sem surpresa que o avião é atacado e fortemente danificado pelo fogo antiaéreo do inimigo. O que acontece a seguir, no entanto, sugere algo não tão previsível – e é a razão pela qual compartilho essa história.

Embora o avião estivesse danificado, ainda podia voar. O piloto decidiu tentar um pouso de emergência no aeroporto amigo mais próximo. No entanto, quando ele verificou com o restante de sua equipe, ele descobre que, no ataque, perderam o trem de pouso. De repente, o piloto se encontra em uma situação de boas notícias-más notícias: a boa notícia é, pelo que parecia, que ele seria capaz de pousar derrapando a barriga de seu avião na pista; a má notícia é que, ao fazer isso, a bolha de observação seria esmagada sob o peso do avião e seu amigo morreria.

O restante do drama se concentra na tensão emocional do piloto esgotando todas as outras alternativas e chegando a uma terrível conclusão: Para salvar sua tripulação e a si mesmo, pousar o avião era sua única opção. Se ele não tentasse, todos morreriam. Mesmo que isso não tenha sido dito, as outras pessoas também percebem que o pouso mataria seu amigo debaixo do avião. E o homem na bolha de observação sabe a mesma coisa. E é aqui que a história dá uma guinada inesperada.

Na cena seguinte, vemos o piloto em agonia emocional enquanto começa a aproximação final para o pouso e sabe o que está a ponto de acontecer. De repente, o tripulante na cúpula de observação cai em um transe. Só então nós descobrimos que ele também é um artista e tem um bloco de desenho e um lápis em seu pacote de suprimentos. Nós o vemos através da bolha enquanto ele rapidamente, e de maneira hábil e deliberada, desenha uma imagem do avião dentro da qual ele está, uma imagem completa com a cúpula de observação e ele mesmo dentro dela. Sem uma pista do que estava acontecendo, ficamos nos perguntando por que esse sujeito está desenhando uma imagem quando seu avião está prestes a se espatifar no solo.

Com o aeroplano desenhado em detalhes perfeitos, o artista toma a liberdade de dar um toque final em sua criação – ele desenha o trem de pouso intacto e totalmente estendido, assim como seria se ele estivesse realmente lá. Mas não era apenas qualquer velho trem de pouso desenhado – ele incluía pneus enormes e exagerados, como se tivessem saído de um *cartoon* de *Mickey Mouse*. Completavam-no tiras de cana-de-açúcar e raios de luz brilhantes fluíam de sua superfície.

O traço final do desenho ficou completo assim que o avião tocou o solo, e a essa altura o piloto está emocionalmente em frangalhos, acreditando ter assassinado seu amigo. Bem, você pode imaginar o que acontece a seguir: quando o piloto pousa, ele percebe que, de alguma forma, as rodas estão funcionando. Ele manobra o avião até parar. Imediatamente, os membros da tripulação se levantam de seus assentos em toda a cabine, saltam sobre a pista, e começam a correr à procura de segurança.

Quando se voltam para entender como conseguiram pousar, o que eles veem é a realidade de um avião danificado pelo fogo, perfurado por balas e bombardeado pela guerra – com pneus de desenho animado que sustentavam a ele e ao amigo deles na bolha de observação descendo na pista para se juntar a eles.

Aqui está a chave para essa história: Mesmo que o artista estivesse consciente, ele parecia estar atordoado – em um estado que hoje chamaríamos de *estado alterado*. Ele estava em um sonho desperto. Enquanto sonhava, os pneus faz de conta estavam lá, segurando o avião até que todos estivessem seguros. Mas quando seus camaradas, em grande agitação, o abraçam com carinho, eles o despertam de seu "transe". Podemos ver o avião ao fundo e, de repente, os pneus que ele está imaginando desaparecem de vista. Eles simplesmente evaporam. O avião parece pender em pleno ar durante uma fração de segundo e, em seguida, cai ao chão e se espatifa em uma nuvem de fumaça e fogo, esmagando a cúpula de observação na qual ele estivera amarrado apenas alguns momentos antes. Com descrença, espanto e maravilhamento, os membros da tripulação olham uns para os outros e começam a chorar – e é aí que a história termina.

Embora seja um relato fictício, ele é poderoso por dois motivos:

1. Em primeiro lugar, é um lembrete de que a própria experiência da imaginação e da crença, que estamos condicionados a descartar em nossa cultura, é uma força criativa em si mesma, que vive dentro de cada um de nós e não requer nenhum treinamento especial para sabermos que está lá.
2. Em segundo lugar, essa história nos lembra que experimentar tal milagre em nossa vida exige que *acreditemos** em nós mesmos, bem como no próprio milagre.

---

* Uma das coisas importantes que a experiência psicodélica da década de 1960 trouxe à tona é a mensagem sobre a necessidade de nos libertarmos do poder paralisante, "coisificador" das crenças que nos aprisionam. Em 1968, quando a grande banda 13th Floor Elevators lançou sua obra-prima, Easter Everywhere, criada na mesma cidade (Austin) e produzida e lançada praticamente na mesma época, também foi lançado outro LP que, exatamente por essa sincronicidade acabou por ser injustamente esquecido. Desenterrado só na década de 1990, e hoje igualmente cultuado como obra-prima, Power Plant, da banda Golden Dawn, traz à tona uma visão tão atual da crença que às vezes parece uma espécie de trilha sonora do livro que o leitor tem nas mãos. "Evolution", a canção que abre o LP, evoca "um lugar onde nada é velho e onde você pode relaxar por um momento e ver que todas as coisas estão relacionadas, se você acreditar", numa antecipação perfeitamente contemporânea à valorização atual da interconexão não dualista do budismo radical e da coesão que o entrelaçamento quântico nos faz reconhecer no tecido mais profundo da realidade. Na canção "Starvation" (Inanição), o poder autolibertador da crença é enfatizado em um verso que diz: "Se você acreditar em elevação, ela acontecerá com você". Outra canção, "I'll Be Around" (Eu Estarei por Perto), investe contra o poder totalitário da crença, quando ele é usado para manipular e controlar a percepção: "Você só consegue ver aquilo em que você acredita", e na canção "Tell Me Why" (Me Diga Por Quê?), a mesma mensagem é invertida, reforçando o poder coletivo da crença em aprisionar nossa mente: "Aqueles que não acreditam, simplesmente não conseguem ver". Finalmente, o refrão de "Seeing Is Believing" (Ver para Crer) denuncia ostensivamente o anacronismo da fraqueza espiritual de Tomé: "Ver para crer. Não! Não! Não! Isso foi há muito, muito tempo!"

Em suma, esse estranho álbum-conceito, cujo tema básico era, primeiro, libertar o "crer" das garras do "ver", e depois instaurar o "crer para ver", deixando as asas do "crer" nos levarem por mundos desconhecidos, universos paralelos, belezas psicodélicas. [...] Reconhecer na experiência psicodélica um ensinamento que pode nos ajudar a libertar o crer das garras do literalismo, da reificação e da banalização da experiência espiritual pelas religiões fundamentalistas (bem como pela análise racionalista cega, limitada e limitante), entre outras religiões e crenças prisioneiras da letra morta de Paulo, era, em essência, o despertar para o qual essa joia perdida e reencontrada da geração psicodélica propunha para as gerações futuras. (N. do T.)

Embora essa história seja uma bela ilustração de uma possibilidade, o poder da crença do artista tem uma base factual que explora todo o restante deste livro. A chave é que ele *acredita* na força de sua imaginação e sabia que tinha uma ligação direta com os acontecimentos de sua vida. Nesse exemplo, em vez de simplesmente suspeitar ou acreditar pela metade que ele poderia reescrever sua realidade, ele sabia disso com cada fibra de seu ser.

Ele sabia disso tão profundamente que somatizou sua crença, tornando a imagem em seu sonho a realidade de seu mundo. Um corpo crescente de evidências científicas sugerem que todos nós temos o poder de fazer exatamente isso. Usei a história fictícia com o objetivo de abrir a porta para a possibilidade, uma vez que ela exibe o fato de muitas pessoas poderem se beneficiar com a clareza de um indivíduo mesmo sem que, eles próprios, compreendam esse poder. Talvez o mais importante seja o fato de essa história ilustrar a inocência do tripulante ao expressar o seu sonho por meio de sua arte. Ela mostra exatamente o quanto o poder da crença pode ser simples.

A seguir, eis um relato *verdadeiro* desses princípios. É a história da determinação de uma mulher para ter sucesso onde ninguém teve no passado, e sua crença em que seria ela que o faria antes de mais ninguém.

"Milagres" da Vida Real

Em 2005, Amanda Dennison, de Alberta, Canadá, foi registrada no *Guinness World Records* para a caminhada sobre o fogo mais longa documentada na história. Embora incontáveis indivíduos tenham usado tal experiência como uma ferramenta de construção de confiança em seminários sobre o crescimento pessoal, o que tornou a caminhada de Amanda um pouco diferente foi o tempo em que ela manteve o foco que lhe permitiu realizar tal demonstração. No dia de sua caminhada sobre o fogo, ela caminhou por uma cama de carvões incandescentes cuja temperatura era de 927 °C, e ela fez isso ao longo de uma distância de 61 metros, para se tornar a primeira pessoa a estabelecer tal recorde sem lesões.[1]

Teorias científicas foram oferecidas no passado para explicar como as pessoas têm conseguido andar ilesas sobre brasas acesas, cobrindo distâncias muito mais curtas. Eles incluem fatores como a rapidez com que o caminhante se move e a possibilidade de uma fina película de transpiração sobre os pés os isolarem das brasas incandescentes. Essas teorias simplesmente não se sustentam na presença de mais de 61 metros de carvão no caso de Amanda. Então, o que aconteceu com ela? O que foi que a colocou à parte naquele dia de verão em 2005 e permitiu-lhe realizar tal façanha?

Talvez a grande questão seja esta: *"O que acontece com qualquer pessoa que realiza algo tão milagroso?"*

Quantas vezes ouvimos falar de pessoas realizando ações que pareciam violar o senso comum da realidade cotidiana e até mesmo quebrar as "leis" da física e da natureza, pelo menos como as compreendemos hoje? Os programas de notícias na televisão, por exemplo, publicaram histórias de soldados retornando dos campos de batalha do Iraque com ferimentos que seus médicos diziam que os impediria de andar novamente. E então algo acontecia – uma experiência interior que não é bem compreendida na área médica – e um ano depois, essas pessoas estão correndo em uma maratona.

Ou então, ficamos sabendo de pessoas que viviam vidas cotidianas normais e, de repente, apresentaram o que parecia uma habilidade sobre-humana que elas nunca exibiram antes – por exemplo, a força para salvar a vida de outra pessoa, como foi o caso de Tom Boyle, de Tucson, no Arizona, no verão de 2006. Depois de ver um adolescente atropelado por um carro e, em seguida, preso debaixo dele, Tom correu para a cena e *levantou o carro até uma altura suficiente* para o motorista puxar o garoto de 18 anos, Kyle Holtrust, de baixo do veículo.

Depois do incidente, Boyle procurou descrever o estado mental que o dominara quando ergueu o carro. "Tudo o que eu conseguia pensar era isto: 'E se ele fosse o meu filho?'", disse. "Eu gostaria que alguém fizesse o mesmo por ele, que levasse o tempo que precisasse, e que acariciasse sua cabeça e o fizesse sentir-se bem até que a ajuda chegasse."[2] Embora histórias como a de Boyle sejam raras, elas não são desconhecidas, esses eventos não ocorrem todos os dias, eles *de fato* acontecem. E não podemos sempre atribuir tais façanhas exclusivamente à força do corpo de um homem.

No verão de 2005, a *BBC News* apresentou o relato de uma mulher que levantou mais de vinte vezes o peso de seu corpo para libertar um amigo que estava preso embaixo de seu carro depois de um acidente – e ela fez isso apesar de ela mesma estar ferida. A mulher, Kyla Smith, de 23 anos e com 1,70 metro de altura, perdeu o controle de seu carro e capotou ao se desviar da estrada. Quando o carro parou, ela pôde ver que a perna do seu amigo estava fora do carro, presa embaixo dele. Ela saiu pela janela do motorista, depois *ergueu o carro a quinze ou dezoito centímetros do chão* para libertar o amigo. "Eu simplesmente sabia que tinha de libertá-lo", disse ela logo depois do acidente, "e não havia mais ninguém por perto no momento".[3]

Embora esses eventos não aconteçam todos os dias, o ponto essencial é que eles acontecem. E se acontecem para uma pessoa ou para uma dúzia de pessoas, então isso pode ser o sinal de que algo está disponível a todos nós. A chave parece ser o fato de que vivemos nossa vida com base no que acreditamos sobre nossas capacidades e nossos limites – por exemplo, a crença de que um carro é pesado demais para que consigamos levantá-lo. É somente quando acontece algo que nos muda – como outra pessoa que depende de nós para sobreviver – que nossas crenças limitadas mudam. Mesmo que isso dure apenas um instante, compreender que essa "alguma coisa" existe, é abrir a porta para possibilidades ainda maiores de compreender a nós mesmos e ao nosso mundo.

Devemos a nós mesmos e aos outros descobrir o que muda dentro das pessoas que são capazes de levantar um carro para resgatar alguém ou realizar façanhas semelhantes, mas que o raciocínio diz que elas não podem realizar. O que há na maneira como elas pensam sobre si mesmas que as torna diferentes daqueles ao seu redor, que acreditam no contrário? E talvez o mais importante: "Como uma mudança naquilo que elas acreditavam dentro de si mesmas se traduz em uma mudança no que elas se tornaram capazes de fazer no mundo?"

Responder a essas perguntas aparentemente inocentes é destravar o que talvez seja o maior segredo da nossa existência. E fazer isso é entrar no reino indistinto, nebuloso, que tem sido o campo de batalha de filósofos e religiões durante séculos, e agora é considerado a última fronteira da ciência: o mistério da consciência e da realidade.

> Código de Crença 24:
> Um milagre que é possível para qualquer pessoa é possível para todos.

O ponto crucial do mistério, tanto para cientistas como para filósofos, é o de que nosso mundo cotidiano não parece ser o mundo "real". Em vez disso, estamos vivendo o que é descrito como uma ilusão – o que os antigos chamavam de *realidade de sombras* – isto é, o reflexo de algo ainda mais real do que o nosso universo do dia a dia. O fio condutor que corre através de cada uma dessas ideias é o fato de que a realidade real não está aqui. Não está nem perto daqui. Embora nosso corpo esteja certamente neste mundo, a força viva que se expressa *através* dele tem seu fundamento efetivo em outro lugar, como uma realidade maior que nós, a qual simplesmente não somos capazes de ver do nosso ponto de vista "vantajoso".

Do ponto de vista histórico, a ciência tende a descartar comparações como essas desconsiderando-as como meras "histórias" criadas por pessoas não científicas para explicar o que elas não compreendem ou simplesmente não têm outras explicações para abordá-las... isto é, até recentemente. Agora, a existência de dimensões superiores, a suspeita crescente de que o nosso mundo é uma simulação, e a noção de que a consciência é o material (o "estofo") de que tudo é feito é, hoje, a concepção em que as conversas científicas começam! Quer olhemos para tudo da perspectiva da ciência ou da espiritualidade, ainda chegamos ao ponto de partida formulando a mesma pergunta atemporal: "*Quão real é nossa realidade?*"

Quão Real é o "Real"?

Quando indagado a respeito de sua crença na realidade, Albert Einstein frequentemente respondia com palavras que soavam mais como as de um filósofo do que as de um cientista. Por ser comumente citado como alguém que afirmava que *a realidade é apenas uma ilusão, apesar de ser uma ilusão muito persistente* –, mostrando-nos com isso que ele suspeitava que o nosso mundo cotidiano poderia não ser tão determinado pela certeza quanto gostaríamos de pensar.

Em um discurso para a Academia Prussiana de Ciências, que proferiu em 27 de janeiro de1921, ele esclareceu sua visão da realidade como cientista. "Na medida em que as leis da matemática se referem à realidade, elas não são corretas", começou. Sugerindo que ainda não conhecemos tudo o que existe para se conhecer sobre como o mundo funciona, ele continuou: "e na medida em que [as leis da matemática] são corretas, elas não se referem à realidade".[4]

Que avaliação poderosa e honesta da posição em que nos encontramos na compreensão do universo e de nossa existência! Em palavras simples e diretas, a mesma mente que descobriu como liberar a energia de um átomo ($E = mc^2$) estava nos dizendo que a explicação sobre como o universo funciona ainda estava em disputa.

No Budismo Mahayana, o Sutra Lankavatara é considerado um dos *sutras* (textos sagrados) mais importantes.[5] Acredita-se que ele é o registro direto das palavras de Buda, proferidas quando ele ingressou na grande ilha do Ceilão, hoje Sri Lanka. Entre as chaves centrais do texto está a ideia de que não há objetos externos em nossa realidade. Tudo o que existe é consciência. Dentro da consciência de tudo o que "é", tanto o mundo da forma como o mundo da ausência da forma resultam de uma "imaginação subjetiva" especial.

Então, embora qualquer experiência certamente *pareça* real o suficiente para nós, os ensinamentos afirmam que é somente para onde dirigimos nossa atenção enquanto estamos tendo um sentimento sobre o objeto que focalizamos que uma realidade possível torna-se aquela experiência "real". Em outras palavras, o que vivenciamos como realidade cotidiana é uma forma de sonho coletivo.

Exceto por uma ligeira variação na linguagem, essa antiga tradição assemelha-se muito a teorias emergentes sobre uma realidade virtual. Tanto nas velhas como nas novas maneiras de pensar, estamos intimamente entrelaçados no tecido da própria realidade. Em ambas, é por intermédio de nossa interação enquanto estamos no sonho que as possibilidades de nossa mente se tornam a realidade de nosso mundo. Em vez de pensar em nós como "*outsiders*" (estranhos) misteriosamente gotejados *dentro* da experiência de nossa realidade terrestre, essas tradições sugerem que somos inseparáveis dela.

Podemos ter uma ideia do quão profundamente se estende a interconexão entre nós e a realidade se pensarmos na conexão semelhante que há entre a gota d'água e o oceano onde ela é encontrada. Embora seja possível separar os dois sob certas condições, geralmente é difícil saber onde uma termina e o outro começa. Para todas as intenções e propósitos, assim como o oceano e a gota são uma e a mesma coisa, somos parte da realidade que estamos criando.

O que torna as ideias de realidade virtual e de tempo onírico tão atraentes são as semelhanças inconfundíveis entre o que elas nos dizem sobre a maneira como a realidade funciona. Como mencionamos no Capítulo 1, por exemplo, John Wheeler, da Universidade de Princeton, sugere que não apenas desempenhamos um papel na realidade, mas também *desempenhamos um papel principal* no que ele chama de "universo participatório". Como participantes, descobrimos que o ato de focalizar nossa consciência – *de olharmos para algum lugar e examinarmos o mundo* – é um ato de criação em si mesmo e de si mesmo. Somos os que estão olhando. Somos os que estão examinando nosso mundo. E para onde quer que olhemos, nossa consciência faz algo para nós percebermos.

O elemento comum que é a chave em todas essas ideias é o fato de que, em um universo participatório, você e eu somos parte da equação. Somos simultaneamente catalisadores para os eventos de nossa vida e experimentadores daquilo que nós criamos. Ambos estão acontecendo ao mesmo tempo.

> Código de Crença 25:
> Em uma realidade participatória, estamos criando nossa experiência, bem como experimentando aquilo que criamos.

Como criadores e experimentadores, a pergunta que pede para ser indagada é esta: "*Se* nossa interação com o universo está constantemente criando e modificando nosso mundo, então como sabemos quais interações têm quais tipos de efeitos?" Em outras palavras: "Quais são as regras que descrevem como nossa realidade funciona? Você tem a sabedoria de reconhecê-las quando as vemos?"

"Ou seria possível que já as encontramos?" "Poderiam as 'leis' da física estar nos mostrando os meandros de como a realidade desempenha seus papéis?" Nesse caso, então, à medida que os cientistas resolvem os mistérios da natureza, eles também estão nos mostrando as chaves espirituais do nosso próprio empoderamento. No entanto, destravar isso com sucesso significa que precisamos levar em consideração, para tudo o que vemos, como as regras são testadas. Isso inclui as anomalias – os fenômenos que nem sempre se ajustam ao que as teorias predizem. Como descobrimos com frequência, são efetivamente as anomalias que nos ajudam a obter mais detalhes sobre as chaves sutis que nos abrem caminhos para reconhecer como tudo realmente funciona! Isso nos leva ao ponto em que nos encontramos hoje.

À Procura das Regras da Realidade

Ao longo dos últimos trezentos anos, cientistas propuseram, testaram e atualizaram suas explicações sobre como funcionam o universo e fenômenos como a gravidade e a luz. O problema é que todos os esforços levaram a um lugar onde agora temos dois conjuntos de regras para descrever o que vemos em diferentes partes da mesma realidade: a *física clássica* e a *física quântica*.

Em 1687, as "leis" de Newton estabeleceram os fundamentos para a ciência da física clássica. Juntamente com as teorias de James Clerk Maxwell sobre a eletricidade e o magnetismo, enunciadas em meados da década de 1860, e as teorias da relatividade de Albert Einstein, por volta do fim da década de 1900, a física clássica foi tremendamente bem-sucedida em explicar os fatos que ocorrem em grande escala que vemos, como o movimento dos planetas e galáxias e maçãs caindo de árvores. Ela nos serve tão bem que somos capazes de calcular as órbitas de nossos satélites e até mesmo de colocar seres humanos na Lua.

Durante o início da década de 1900, no entanto, os avanços científicos nos mostraram dois lugares na natureza onde as leis de Newton simplesmente não parecem funcionar: o mundo muito grande das galáxias e o mundo muito pequeno das partículas (o mundo quântico). Antes dessa época, simplesmente não dispúnhamos da tecnologia para observar a maneira como os átomos se comportam durante o nascimento de uma estrela distante ou para perscrutar o universo subatômico. Nesses dois domínios, o muito grande e o muito pequeno, os cientistas começaram a reconhecer fenômenos que não podiam ser explicados pela física clássica.

Às vezes, por exemplo, a "energia quântica" (isto é, a energia elétrica, eletrônica, luminosa etc., que todos conhecemos, referenciada ao nível quântico onde ela é produzida e veiculada) se manifesta como partículas e age exatamente da maneira como se supõe que as partículas o façam. E quando ela o faz, segue as regras físicas que os cientistas usam para descrever "coisas" individuais, quando o mundo parece certo e todos estão felizes. Outras vezes, porém, a energia em seu nível quântico parece desafiar essas leis. Pode aparecer em muitos lugares ao mesmo tempo, comunicar-se com o passado a partir do presente, e até mesmo mudar de uma "coisa" particulada para "não coisas" ondulatórias (distribuídas como ondas invisíveis), em conformidade com as exigências da situação. E é esse o comportamento que muda tudo.

Como somos feitos do mesmo material que parece violar as regras que descrevem nosso mundo, seu comportamento também muda as regras que descrevem a *nós* e a quem nós acreditamos que somos no mundo. Um novo tipo de física – a física *quântica* – teve de ser desenvolvida para poder explicar essas exceções.

A diferença nas maneiras como os mundos quântico e cotidiano parecem operar criaram duas escolas de pensamento entre os cientistas. Cada um tem suas próprias teorias para apoiá-lo. O grande desafio que restou foi o de unir essas duas diferentes linhas de pensamento em uma visão única do universo, uma teoria *unificada*.

Fazer isso requer a existência de algo que conecte o muito grande e o muito pequeno de maneiras que estamos apenas começando a compreender. E esse "algo" permaneceu um mistério, mesmo que possamos tê-lo visto já em 1909.

Será que o Mundo Muda Porque Estamos Olhando para Ele?

Embora a ideia de que nossas crenças e a realidade cotidiana estejam intimamente conectadas seja antiga, a prova científica da conexão surgiu repentinamente com um único experimento realizado em 1909. A própria demonstração é simples. O pensamento que levou a ela é visionário. Os resultados são tão profundos e significativos que ainda estamos falando sobre eles hoje.

Com toda a probabilidade, até mesmo os cientistas que realizaram o agora famoso experimento da dupla fenda não sabiam exatamente quão profundamente suas descobertas afetariam suas vidas, o mundo inteiro e o futuro de nosso planeta. Como poderiam saber? Eles estavam simplesmente realizando um teste científico explorando o "material" de que tudo é feito: as partículas quânticas de nosso corpo e do universo.

Em seu laboratório na Inglaterra, o físico Geoffrey Ingram Taylor começou sua demonstração enquanto encontrava uma maneira de disparar o material de que os átomos são feitos – as partículas, ou *quanta* (plural de *quantum*), de luz chamadas *fótons* – de um projetor para um alvo a uma curta distância.[6] Aqui está a chave: antes que os fótons pudessem atingir o alvo, eles precisavam atravessar uma barreira que tinha duas fendas.

Assim como a água pode atravessar os muitos orifícios em uma rede protetora de janela quando descongela do estado sólido para o líquido, o experimento de Taylor mostrou que os fótons faziam algo muito semelhante. Para perplexidade dos cientistas, os fótons mudavam da forma da partícula (ou forma particulada), que poderia passar através de uma abertura por vez no anteparo (a fenda única), para a forma da onda (ou forma ondulatória) que poderia atravessar muitas fendas no anteparo (na verdade, uma dupla fenda). A razão pela qual isso é tão surpreendente é o fato de que não há, na física clássica, absolutamente nada capaz de explicar como o material de que tudo é feito é capaz de mudar a própria natureza de sua existência. Para explicar o que eles descobriram, um novo tipo de física teve de ser imaginado: a *física quântica*.

As duas perguntas que Taylor e os cientistas precisaram fazer foram: (1) "Como as partículas 'sabiam' que havia mais de uma fenda no anteparo?" e (2) "O que causou a transformação das partículas em ondas para se acomodarem à situação?" Para responder a essas perguntas, tinham ainda de responder a uma outra, mais reveladora: *"Quem tinha conhecimento de que havia mais de uma fenda no anteparo?"* A resposta é óbvia – apenas as pessoas presentes na sala estavam cientes das condições precisas do experimento: os cientistas. A implicação dessa resposta é o lugar onde nossas ideias de realidade são testadas.

O "conhecimento" dos cientistas poderia ter um efeito sobre o experimento? Seria possível que a consciência dos observadores no laboratório

– a crença e a expectativa de que as partículas se comportariam de uma maneira ou de outra – tivesse de algum modo se tornado parte do próprio experimento? E, em caso afirmativo, o que isso significa para nós? Se as crenças dos cientistas afetassem os fótons no experimento, então será que as *nossas* crenças não fariam o mesmo na vida cotidiana?

Essa possibilidade abriu a porta para algo que era quase impensável na época. E as implicações ficaram pessoais muito rapidamente. Na linguagem da ciência, elas sugerem precisamente aquilo que nossas tradições espirituais mais antigas e estimadas afirmam estar no ponto crucial de nossa existência: a qualidade de nossas crenças e expectativas tem um efeito direto e poderoso sobre o que acontece em nossa vida cotidiana.

Código de Crença 26:
Em 1998, cientistas confirmaram que, para influenciar fótons, basta "observá-los", e descobriram que quanto mais intensa for a observação, maior será a influência do observador sobre a maneira como essas partículas se comportam.

Quase noventa anos depois de ter abalado, pela primeira vez, os fundamentos da física clássica, o experimento da dupla fenda foi repetido. Dessa vez, no entanto, os cientistas dispunham de uma tecnologia melhor e de equipamentos mais sensíveis. Em um relatório publicado em 1998 intitulado "Quantum Theory Demonstrated: Observation Affects Reality" ["A Teoria Quântica Demonstrada: A Observação Afeta a Realidade"], o Instituto de Ciência Weizmann, de Israel, confirmou os experimentos originais de 1909, enquanto anunciava uma descoberta adicional que removeu qualquer dúvida a respeito do que as descobertas estavam demonstrando.[7] Eles descobriram que quanto mais partículas eram observadas, mais elas eram afetadas pelo observador.

O experimento de 1998 é importante para nossa vida cotidiana por causa dos seguintes fatos inegáveis:

- Nosso corpo e o mundo são feitos do mesmo estofo quântico que sofreu mudança nos experimentos quando foi observado.
- Somos todos "observadores".

Isso significa que a maneira como vemos o mundo e o que acreditamos sobre o que vemos não podem mais ser descartados ou apagados com borracha como se não tivessem consequência.

Na verdade, os experimentos sugerem que a própria consciência é aquilo de que todo o universo é feito, e pode ser o "elo perdido" em teorias que unificariam a física clássica e a quântica. John Wheeler deixa pouca dúvida quanto ao que os novos experimentos significam para ele, afirmando: "Não poderíamos sequer imaginar um universo que não [...] contivesse observadores [nós] porque os próprios materiais de construção do universo são esses atos de participação do observador".[8]

A partir de nossa busca das menores partículas de matéria que nos permitam responder ao nosso empenho em definir os limites do universo, a relação entre a observação e a realidade sugere que talvez nunca encontremos esses limites. Não importa o quão profundamente perscrutamos o mundo quântico do átomo ou quão remotamente penetramos na vastidão do espaço profundo, o ato de olharmos com a expectativa de que algo exista pode ser precisamente o que cria algum fato para nós vermos.

Nesse caso, a regra principal que descreve como nossa realidade funciona já pode ter sido revelada no experimento de 1909 de Taylor.

A Regra Principal da Realidade

Durante uma conversa que teve com sua aluna Esther Salaman por volta de 1920, Albert Einstein revelou a "linha de fundo" em relação à sua curiosidade sobre Deus como uma força criadora no universo. "Eu quero saber como Deus criou este mundo", ele começou. "Não estou interessado neste ou naquele fenômeno, no espectro deste ou daquele elemento. Quero conhecer seus pensamentos [de Deus]. O resto são detalhes".[9]

Em muitos aspectos, nossa busca pelas regras que descrevem como a realidade funciona se parecem com a linha de fundo de Einstein. Embora possamos procurar sutilezas aqui e ali, e embora elas sejam úteis quando as encontramos, o que realmente estamos procurando é a chave que nos abre para o conhecimento de como este mundo funciona. Queremos saber *como* e *por que* as coisas acontecem. Todo o resto equivale aos "detalhes" de Einstein.

O experimento original da dupla fenda e as variações dele que foram repetidas confirmaram a premissa básica de nossas mais estimadas tradições espirituais, as quais sustentam que o mundo ao nosso redor é um espelho de nossas crenças. Desde os antigos vedas indianos, que alguns estudiosos acreditam remontar a cinco mil anos a.C., até os Manuscritos do Mar Morto, de dois mim anos atrás, um tema geral parece sugerir que o mundo é realmente o espelho de coisas que acontecem em um reino superior, ou em uma realidade mais profunda. Por exemplo, comentando sobre as novas pesquisas sobre os fragmentos dos Manuscritos do Mar Morto conhecidas como *The Songs of the Sabbath Sacrifice* [As Canções do Sacrifício do Sabbath], seus tradutores resumem assim o conteúdo: "O que acontece na terra é apenas um pálido reflexo dessa realidade maior e suprema".[10]

A implicação desses dois textos antigos e da teoria quântica é a de que, nos mundos invisíveis, criamos a planta (*blueprint*) para os relacionamentos, carreiras, sucessos e fracassos do mundo visível. Com base nessa perspectiva, nossa realidade funciona como uma grande tela cósmica que nos permite ver a energia não física de nossas emoções e crenças (isto é, de nosso rancor, ódio e raiva, bem como a de nosso amor, compaixão e compreensão) projetada no meio (ou sustentáculo) físico da vida.

Talvez seja por isso que se diga que nós mantemos conosco a força mais poderosa no cosmos desde o momento do nosso nascimento – e essa é o acesso direto ao universo. O que poderia ser mais empoderador do que a capacidade para mudar o mundo e a nossa vida simplesmente alterando o que nós acreditamos em nosso coração e em nossa mente? Esse poder soa como o material (o "estofo") de que são feitos os contos de fadas. Talvez seja precisamente por isso que somos tão atraídos por essas "fantasias": elas despertam a memória que dorme dentro de nós, e que revela nosso poder no mundo e nossa capacidade para fazer da realidade o céu ou o inferno que escolhermos.

Se você tiver alguma dúvida a respeito do quanto esse poder é real em nossa vida, não precisamos ir além dos históricos de caso do efeito placebo no Capítulo 2, o milagre de Amanda Dennison caminhando sobre o fogo no começo deste capítulo, ou o relato da vida real de uma mulher pesando pouco mais de quarenta e cinco quilos e levantando um carro que pesava, no mínimo, vinte vezes mais que o peso do seu corpo. Na mente subconsciente daqueles que experimentaram o placebo e realizaram as façanhas miraculosas, e na mente consciente de Amanda Dennison, nos é mostrado o poder de nossa capacidade para definir nossos próprios limites da realidade.

Em cada exemplo, há uma correlação direta entre o que a pessoa acreditou, como ela se sentiu a respeito de suas crenças, e o que realmente aconteceu no mundo. Embora possamos não compreender totalmente *por que* esses efeitos funcionam como o fazem, pelo menos precisamos dizer que *existe* um. A correlação inconfundível que nos leva à regra principal de nossa realidade é simplesmente esta: Precisamos *nos tornar* em nossa vida o que escolhemos experimentar em nosso mundo.

Uma vez que conhecemos essa regra principal, os ensinamentos espirituais do passado, subitamente, adquirem um significado ainda mais profundo e mais rico. Para mim, pessoalmente, encontro-me em um lugar de reverência, respeito e gratidão ainda maiores do que o fizeram aqueles que, no passado, dedicaram o melhor de si para preservar esse segredo. Nas palavras de sua época, sem as palavras, os termos e os experimentos de alta tecnologia que comprovam o que nossa mente do século XX exige hoje, os mestres do nosso passado compartilharam o segredo quântico da maior força do universo. E, como vimos no fragmento do Manuscrito do Mar Morto citado anteriormente, eles fizeram isso na presença daqueles que ainda acreditavam que uma tempestade era o sinal de deuses zangados!

> Código de Crença 27:
> A Regra Principal da Realidade é esta: precisamos ***nos tornar*** em nossa vida o que escolhemos experimentar no mundo.

Sabendo que nós devemos *nos tornar* em nossa vida as próprias coisas que escolhemos experimentar em nosso mundo, os mestres, agentes de cura, místicos e santos da história demonstraram e promoveram a regra principal em seus milagres e curas. Embora muitos daqueles que foram testemunhas diretas confundiram as manifestações com um sinal de "especialidade" e entregaram seu poder a quem os estava promovendo, outros reconheceram a dádiva que eles forneceram e transmitiram o segredo para as gerações futuras.

Eles sabiam que devemos dar ao material de que a realidade é feita algo para trabalhar a fim de que ele possa realizar um milagre. Faz perfeito sentido.

Se esperarmos que a realidade (ou Deus / a matriz / o espírito / o universo) responda às nossas preces, então precisamos *nos tornar* em nossa vida o gabarito para o que estamos pedindo aos átomos da realidade para se formarem. Precisamos dar à matriz algo com que trabalhar. Quando casamos a regra principal com ações que permitem que ela nos sirva, algo poderoso e lindo acontece. E é esse "algo" que faz a vida valer efetivamente a pena!

Vivendo da Resposta

Há uma diferença sutil, mas poderosa, entre trabalhar *para* obter um resultado e pensar e sentir *a partir* dele.

Quando trabalhamos em direção a algo, embarcamos em uma jornada sem fim. Embora possamos identificar marcos quilométricos e definir metas para nos aproximar de nossa realização, em nossa mente estamos sempre "em nosso caminho" para o objetivo, em vez de na experiência de realizá-lo. Os estudos que concluem que "a observação afeta a realidade" demonstram duas chaves para traduzir as possibilidades de nossa mente na realidade do nosso mundo:

1. Além de qualquer dúvida, a realidade muda na presença de nosso foco.
2. Quanto mais nos concentramos, maior é a mudança.

Essas observações científicas confirmam os princípios que os grandes professores do nosso passado compartilharam com seus ouvintes ou leitores em linguagem não científica. E é por isso que a advertência de Neville Goddard, de que devemos "entrar na imagem" (do desejo do nosso coração, do nosso sonho, do nosso objetivo ou da nossa oração respondida) e "pensar com base nisso" é tão poderosa. Quando colocamos nosso foco no que nossa vida seria parecida se nossos sonhos já estivessem realizados, o que nós estamos realmente fazendo é criar, dentro de nós, as condições que permitem ao nosso sonho realizado nos circundar.

Vamos agora dar uma olhada no trabalho atual de Neville.

Talvez a melhor maneira de ilustrar uma verdade tão bela, intensa e profunda seja por meio de um exemplo. Embora o filósofo do século XX conhecido em vida apenas como Neville tenha compartilhado de muitas histórias de casos que descrevem o "milagre" de viver a partir de um resultado, para mim a história seguinte tem sido uma das mais poderosas por causa de sua simplicidade, clareza e inocência.

A história começa com Neville explicando o poder da imaginação e da crença para uma mulher de negócios que veio procurá-lo para obter conselhos em Nova York. Depois de descrever a filosofia de *viver a partir da resposta* e de compartilhar com ela das instruções de como fazer isso, os princípios de Neville são validados de uma maneira que nem mesmo ele estava esperando.

O neto da mulher, de 9 anos de idade, a estava visitando. Ele veio de fora do estado e esteve com ela durante sua reunião. Quando estavam saindo do escritório, o menino voltou-se para Neville e disse com entusiasmo: "Eu sei o que eu quero e agora sei como conseguir".[11] Embora ambos, Neville e a mulher, tenham ficado surpresos com as palavras do menino, o filósofo fez a pergunta lógica: O que era aquilo que aquele menino sabia tão claramente que ele queria? A resposta que veio a seguir não foi nenhuma surpresa para a avó do menino, pois, aparentemente, os dois tiveram essa conversa muitas vezes no passado: Ele queria um cachorrinho. "Cada noite, quando eu estou indo dormir, eu finjo que que eu tenho um cachorro e que nós vamos dar um passeio", disse o menino.

Inflexível a respeito de todas as razões pelas quais ele *não podia* ter um cachorro, a mulher explicou ao neto, mais uma vez, que seus pais não permitiriam, que seu pai nem mesmo gostava de cães, e que o menino era muito jovem para cuidar de um. Não haveria cachorro, e acabou!... Ou melhor, até cerca de seis semanas depois. Foi então que a mulher ligou para Neville espantada.

Um dia depois do encontro no escritório de Nova York, o menino praticou tudo que ele ouviu da discussão entre Neville e sua avó. Enquanto acreditavam que ele estivesse brincando com seus brinquedos durante a consulta, ele estava, de fato, absorvendo os detalhes específicos de sua conversa. Aplicando cada um deles todas as noites enquanto adormecia, o menino imaginava seu novo cachorro deitado na cama com ele. A chave aqui é que ele se sentia na vida *como se* o cachorro já estivesse com ele. Em suas crenças, ele viveu sua experiência como se ela fosse real. Em sua imaginação, ele "acariciava o cão realmente sentindo seu pelo".[12]

Ironicamente, não muito tempo depois, a escola do menino fez um teste especial em apoio à Semana da Bondade com os Animais. A cada um dos estudantes pediu-se para escrever uma redação intitulada "Por Que Eu Gostaria de Ter um Cachorro." Depois que os textos foram avaliados, o menino venceu e recebeu um lindo filhote de *collie*. Depois de testemunhar todas as sincronicidades que levaram seu filho a ter o cachorro, os pais do menino reconheceram que algo maior do que seus sentimentos sobre a situação estava tomando lugar. Eles mudaram de ideia, e o novo amigo do menino foi bem-vindo em sua casa.

Embora seja certamente possível descartar tudo isso como coincidência, o que vem a seguir nos faz parar e reconsiderar o que essa história está nos dizendo. Quando a mulher contou a Neville o que havia acontecido e descreveu como seu neto fora premiado com um cachorrinho *collie*, a única frase que ele deixou para falar no final foi a peça que encaixou tudo junto. Ao longo de todo o tempo em que seu neto havia procurado por um cachorrinho, ele expressava com muita clareza sobre qual era exatamente a raça que ele queria – sempre foi um *collie*!

Uma das razões pelas quais esta história é tão poderosa é por causa do maneira como o menino foi capaz de compreender e aplicar as ideias simples que ele ouviu "secretamente". No decorrer de uma conversa passageira que um estranho estava tendo com sua avó, o menino foi capaz de separar a filosofia de Neville da situação de sua avó. Enquanto os adultos estavam descrevendo ideias maduras aplicadas a temas maduros, ele foi capaz de coletar os princípios básicos destinados a ajudar sua avó em seu negócio e aplicá-los ao seu desejo por um *collie*. Se uma criança pode fazer isso, todos nós podemos! A chave é sairmos da nossa avaliação e das nossas crenças sobre o que é e o que não é possível e permitir que a simplicidade da regra principal se desdobre em nossa vida.

Embora eu fique constantemente perplexo quando as pessoas compartilham tais irresistíveis demonstrações de fé, raramente posso dizer que fico surpreso de verdade. Afinal, se a crença fosse a força mais poderosa do universo, então, quando um menino de 9 anos encontra o cachorrinho dos seus sonhos nesse universo – *exatamente o cachorrinho como ele imaginava* – por que esperaríamos algo diferente?

O segredo aqui é que o menino estava se vivenciando em sua imaginação como se seu cachorro já estivesse com ele. Ou seja, ele estava vivendo *a partir* do resultado de sua imaginação. E nesse resultado, seu cachorrinho era real. Usando uma linguagem direta e que não era absurda, William James, psicólogo e filósofo do século XIX, lembra-nos de como é fácil aplicar esse princípio na vida real: "Se você quiser uma qualidade [na vida], aja como se você já a tivesse. Se você quer uma característica, aja como se você tivesse essa característica".[13] Nas palavras de Neville, a maneira de fazer isso é tornar "seu sonho futuro um fato presente".[14]

Compreender por que algo tão simples como imaginar que estamos acariciando um cachorro, acreditando no que visualizamos e "realmente sentindo seu pelo" é tão poderoso em nossa vida porque, com isso, compreendemos a própria natureza de nossa realidade refletida. O poeta William Blake reconheceu a imaginação como a essência de nossa existência, em vez de algo que simplesmente experimentamos em nosso tempo livre. "O homem é todo Imaginação", disse ele, esclarecendo, "o Corpo Eterno do Homem é a Imaginação, isto é, Deus, Ele Mesmo".[15]

O filósofo e poeta John Mackenzie descreveu com mais detalhes nosso relacionamento com a imaginação, sugerindo que "a distinção entre o que é real e o que é imaginário não pode ser mantida com precisão... todas as coisas existentes são... imaginárias".[16] Em ambas as descrições, os eventos concretos da vida devem primeiro ser concebidos como possibilidades antes que possam se tornar uma realidade.

Em linguagem não científica, James, Neville, Mackenzie e Blake, cada um deles, nos diz com precisão como podemos aplicar a regra principal à vida real. Em nosso mundo do século XXI de *microchips* e nanotecnologia, não é de se admirar que somos céticos quando ouvimos que mover os átomos da realidade é algo tão simples que até mesmo uma criança pode fazê-lo. O problema é que parece fácil demais para ser verdade... isto é, até que consideremos o que a ciência tem nos mostrado e o que nossas tradições espirituais mais valorizadas sempre nos disseram: vivemos em um universo refletido, e estamos criando os reflexos.

Assim, por favor, não suspeite da simplicidade das palavras de Neville quando ele sugere que tudo o que precisamos fazer para transformar nossa imaginação em realidade é "assumir o sentimento" de nosso desejo realizado. Em um universo participatório de nossa própria criação, por que esperaríamos que o poder de criar deveria ser mais difícil?

Um Coelho com Chifres: A Física Quântica em um Mosteiro Budista

Durante minha primeira viagem a um mosteiro budista, no fim da década de 1990, descobri rapidamente como a mente dos ocidentais funciona de maneira diferente da dos monges e freiras nos lugares que viemos de tão longe para explorar. Sem dúvida, a maior diferença foi a nossa aparentemente interminável necessidade de saber *por que* as coisas funcionam da maneira como o fazem e a *falta* de uma necessidade dessa informação naqueles que vivem nos mosteiros. Eles pareciam ter uma aceitação de que às vezes os fatos e objetos apenas "são" como eles são. E tudo parecia estar ligado ao que eles acreditavam a respeito de si mesmos e do mundo.

Depois de aproximadamente duas semanas de aclimatação a altitudes tão elevadas quanto 4.870 metros acima do nível do mar, respirando a espessa poeira da estrada que nosso ônibus antigo sugava para dentro de seu sistema de ventilação, e suportando dias de catorze horas tendo nosso corpo sacudindo ao longo de estradas que eram pouco mais do que trilhas de jipe desgastadas pela água, vi minhas crenças serem testadas de uma maneira que eu jamais esperaria.

Acabamos de chegar a um mosteiro dilapidado que agora estava ocupado por um grupo de cerca de cem freiras. Enquanto estávamos sentados entre elas terminando uma partilha sincera de cânticos sagrados, a paz da sala mal iluminada foi repentinamente perturbada. Da porta aberta, os fortes raios do sol do fim do dia tornaram impossível ver o rosto da silhueta imponente de pé na entrada. Em uma voz que era só um pouco acima de um sussurro, ouvi nosso tradutor identificando o homem na porta. "*Geshe-la*", disse ele, dizendo-nos que ele era um poderoso professor.

Embora estivéssemos fazendo o nosso melhor para vê-lo, o homem que comandou tal autoridade entrou na sala para *nos* ver melhor. Quando o fez, tive minha primeira oportunidade de observá-lo. Ele era alto, tinha a cabeça raspada e era definitivamente tibetano. Enquanto ele passeava lentamente pela sala, permanecemos sentados sobre os espessos tapetes que eram usados para isolar as freiras do frio piso de pedras sob elas. No início, o professor disse pouco enquanto olhava a sala e avaliava a situação. Então, começou a gritar perguntas em voz alta para quem iria responder.

Procurei nosso tradutor para entender o que estava acontecendo e ele compartilhou a conversa que estava sendo realizada entre o professor e as freiras. "Quem são essas pessoas?" o *geshe* perguntou enquanto fazia um movimento de varredura sobre nossas cabeças com a mão. "O que está acontecendo aqui?" Ele obviamente não estava acostumado a um grupo de ocidentais sentados com as freiras, fazendo o que fazíamos da maneira como fazíamos. Nosso tradutor juntou-se à conversa enquanto as freiras explicavam quem éramos e por que estávamos lá.

Em seguida, tão abruptamente quanto o homem havia entrado na sala, o tom de seu questionamento mudou de suspeita e de incerteza para de filosofia – especificamente, a filosofia do que é real no mundo. Ele perguntou ao tradutor quem era o professor do nosso grupo, e de repente todos os olhos se voltaram para mim.

"Aqui!" disse nosso tradutor, apontando em minha direção. "Aqui está o *geshe* que trouxe essas pessoas hoje." Quase sem nenhuma pausa, o professor olhou diretamente para mim e me fez uma pergunta. Embora eu não conseguisse entender uma só palavra de seu dialeto tibetano, ouvi o tom e a inflexão de sua voz quando nosso tradutor começou a falar. "Se você está em uma peregrinação no deserto e vê um coelho com chifres, ele é real ou imaginário?" ele perguntou.

Eu não conseguia acreditar no que estava ouvindo. Aqui estávamos nós, um pouco antes do pôr do sol em um remoto mosteiro de montanha situado a 4.570 metros acima do nível do mar no planalto tibetano, com uma sala cheia de freiras entoando cânticos, e esse homem estava me perguntando sobre um "coelho com chifres". Na minha infância, eu ouvi falar de uma criatura mitológica, o cruzamento impossível entre um coelho e um antílope – um *jackalope* – nas histórias inacreditáveis que *hikers* delirantes compartilhavam em torno de uma fogueira. Embora avistamentos de *jackalopes* parecem abundantes desde a América do Norte até as montanhas dos Andes peruanos, ainda não estivera na presença de ninguém que recontasse o mistério com uma cara séria. *Jackalopes* simplesmente não existem. No entanto, aqui estava eu sendo questionado sobre a perspectiva de ver um em um lugar onde eu menos esperava! Enquanto eu estava me recuperando das circunstâncias surreais do momento, de repente percebi que este era um teste e era *eu* que estava sendo testado.

Quando eu estava prestes a responder, ergui os olhos para o professor. O movimento de suas mãos criou uma pequena nuvem de poeira e fiapos conforme ele gesticulava por baixo de suas vestes. De repente, o espaço ao redor do seu perfil imponente adquiriu um brilho estranho, quase como um halo, conforme o sol reluzia através da névoa de partículas suspensas.

Por alguma razão, minha mente voltou ao formato de pergunta-e-resposta que aprendi na escola primária. Depois que me faziam uma pergunta, eu a repetia com minhas próprias palavras para ter certeza de que a entendi corretamente. Em caso afirmativo, eu seguiria com minha resposta. "É um coelho com chifres no deserto real ou no deserto imaginário?", comecei. De uma só vez, até a conversa típica das freiras entre si tornou-se muito quieta. Todos estavam ouvindo minha resposta a essa improvisada interrogação filosófica sobre a realidade. "A experiência do coelho com chifres no deserto é a experiência de quem o vê", comecei. "Se essa pessoa é você, *ela é tão real quanto você acredita que seja.*"

Passando no Teste da Realidade

A sala estava quieta quando as palavras saíram de minha boca. Prendi minha respiração, olhando para o professor para ver se minha resposta era o que ele esperava. Ele pareceu surpreso. Lentamente, um grande sorriso se espalhou pelo seu rosto. Conforme se voltava para o tradutor, fez outra pergunta. Então o tradutor sorriu ao repetir as palavras do professor.

"De que mosteiro veio este *geshe*?"

Quando as freiras ouviram isso, houve um suspiro de alívio, seguido por risos esporádicos que rapidamente levaram a uma onda de risos. Pelo visto, minha resposta foi típica do que se poderia esperar daqueles que tinham aprendido sobre as revelações nas escrituras budistas; não era uma resposta que se esperaria de um ocidental.

O professor sorriu enquanto se virava e caminhava lentamente de volta para a porta. As conversas na sala voltaram ao baixo sussurro que estivera presente apenas alguns momentos antes. Sem dizer uma palavra, o monge passou pelos pesados tecidos de brocado que impedem o ar frio da montanha de soprar para dentro do mosteiro. Sentindo tanto um senso de honra ao ser questionado e de realização após a aprovação da minha resposta, voltamos aos nossos cânticos de paz.

Embora meu "teste" tenha sido breve, também foi uma confirmação poderosa do quanto o conhecimento do poder da crença está realmente difundido. O que foi tão interessante sobre o intercâmbio com nosso *geshe* foi o fato de que seu teste confirmou o que os experimentos estão nos dizendo e o que as tradições espirituais do mundo têm sugerido durante séculos.

Se o universo, nosso corpo e a vida cotidiana são uma experiência virtual baseada na consciência, então a crença é o programa que nos permite "acordar" enquanto ainda estamos na simulação. Então, quando fazemos a antiquíssima pergunta: "Quão real é a realidade?", a resposta começa a soar como a solução de um enigma filosófico. *A realidade é tão real quanto nós acreditamos que seja*. O segredo é simplesmente este: aquilo com que mais nos identificamos é o que experimentamos em nossa vida. Dessa maneira, o que chamamos de nossa realidade é macio, maleável e sujeito a mudanças. Está em conformidade com nossas expectativas e crenças.

Portanto, embora as "leis" da física sejam certamente reais o suficiente e existam sob algumas condições, as evidências sugerem que, quando nós mudamos essas condições, também reescrevemos as leis. E não precisamos ser cientistas de foguetes – ou, por extensão, quaisquer cientistas – para fazer isso. Pode ser algo tão simples quanto Amanda Dennison caminhando sobre brasas à temperatura de 927 °C ou Milarepa empurrando sua mão *através* da rocha nativa de uma parede de caverna. Em ambos os casos, as leis da física foram violadas. Em cada caso, foi a habilidade de

> Código de Crença 28:
> Tendemos a experimentar na vida aquilo com que nos identificamos em nossas crenças.

um indivíduo para criar intencionalmente as condições de consciência – o que ele acreditava ser verdadeiro sobre o seu mundo – que mudaram a realidade.

É isso o que traz a ciência, depois de percorrer um círculo completo, de volta às tradições místicas e espirituais do mundo antigo. A ciência e o misticismo descrevem uma força que conecta conjuntamente todas as coisas. Ambos estão dizendo isso de dentro de cada um deles, e cada um de nós tem o poder de influenciar como a matéria se comporta e a realidade se desdobra, simplesmente através da maneira como percebemos o mundo ao nosso redor.

Agora que sabemos a regra principal de tal realidade refletida, como podemos aplicá-la em nossa vida? Se nossas crenças profundamente entrincheiradas, às vezes subconscientes, são a semente do que experimentamos, então como curamos as falsas crenças que nos limitam? Como reescrevemos o nosso código da realidade? É aqui que uma nova perspectiva, que explode as condições de tudo o que consideramos verdadeiro no passado, pode ser tão poderosa. A chave é encontrar a experiência que funciona para nós – e reconhecê-la quando chegar.

CAPÍTULO SEIS

A Cura da Crença: Como Reescrever Seu Código da Realidade

"A nova maneira de ver as coisas envolverá um salto imaginativo que nos deixará perplexos."
– **John S. Bell** (1928-1990), físico quântico

"Vejo minha vida como o desdobramento de um conjunto de oportunidades a serem despertadas."
– **Ram Dass** (1931-2019), filósofo

Em 1986, assisti a um concerto em Boulder, no Colorado, e a atração principal era um homem que mudou minha vida. Seu nome era Michael Hedges, e ele foi sem dúvida um dos guitarristas mais talentosos do século XX.[1] No verão daquele ano, ele estava em uma rara turnê solo que incluiu o local íntimo onde o conheci.

Em vez dos habituais lugares para concertos em um enorme estádio, onde o artista se parece com uma manchinha em um palco distante, Michael escolheu tocar em um casual ambiente de restaurante. Mesas de pedestal foram organizadas em torno do palco, e ninguém estava a mais do que alguns metros de distância da *performance*. Todos no local podiam ver tudo e ver muito bem.

Michael simplesmente entrou no palco e, com pouco mais de um "Olá, sou Michael Hedges", algo extraordinário começou a acontecer: de repente, suas mãos estavam fazendo movimentos que, em toda a minha vida, nunca vi um guitarrista fazer. Quando ele começou sua *performance* desacompanhado, seus dedos esticaram e dobraram de maneiras misteriosas para formar os acordes e criar sons proporcionando ao ambiente uma sensação que só posso descrever como surreal. E nem tudo aconteceu só nas cordas. Nunca deixando que faltasse uma só batida, a parte de trás e as partes laterais de sua guitarra se tornaram a seção de percussão para os toques e solavancos que ele tocava entre as notas. O que era ainda mais surpreendente é que seus olhos estavam fechados durante todo o *show*!

Fiquei tão comovido com o que vi que passei pelo pessoal de sua equipe e caminhei até ele durante o intervalo para agradecê-lo por uma noite tão poderosa. Surpreendentemente, ele me saudou como se me conhecesse por anos. Ele me deu as boas-vindas quando subi ao palco, e juntos caminhamos até seus instrumentos e ele passou a me perguntar como certos efeitos soavam em toda a sala. Conversamos até o programa recomeçar e eu voltei para o meu lugar. Fiquei absolutamente encantado com o restante do *show*.

Nunca mais tive a oportunidade de falar com Michael Hedges. Embora eu sentisse que provavelmente faríamos isso em algum momento, sua morte repentina em dezembro de 1997 impediu que isso acontecesse. Apesar de a minha noite com ele ter sido breve, foi uma experiência que mudou minha vida.

Sou guitarrista desde os 11 anos e tocar o instrumento continua a ser uma das paixões mais consistentes da minha vida hoje. No decorrer dos primeiros seis meses, quando estava aprendendo a tocar, fui doutrinado na forma e no estilo da *guitarra clássica*. O nome diz tudo. Há uma postura especial que o corpo de um guitarrista clássico é ensinado a adotar. As mãos estão posicionadas para pairar sobre as cordas, mas raramente elas tocam a face do próprio instrumento. Embora seja lindo assistir a isso nas outras pessoas, sempre me pareceu estranho e rígido.

A razão pela qual eu compartilho esta história é simplesmente esta: observar Hedges naquela noite de 1986 mudou para sempre a maneira como eu pensava em tocar uma guitarra. Nos cerca de noventa minutos em que ele esteve no palco, ele absolutamente detonou todas as regras e quaisquer ideias preconcebidas de forma e estilo que estavam enraizadas em mim desde anos antes. Foi tão libertador para mim vê-lo em sua paixão que ela também me libertou na minha.

Tudo o que Michael Hedges fez foi compartilhar seu dom. Mas, ao fazer isso, ele se tornou a demonstração viva de uma possibilidade maior. E essa é a chave para transformar o que acreditamos ser verdade sobre nossa vida e nosso mundo. *Para mudar as limitações de nossos passados pessoais, nossa mente precisa de um motivo para mudar o que acreditamos – e de um bom motivo.*

A história está repleta de exemplos de crenças que estiveram entrincheiradas durante centenas ou às vezes milhares de anos e depois mudaram da noite para o dia. A história também descreve o que acontece quando as ideias há longo tempo sustentadas que apoiam tais crenças são substituídas por algo tão radical que toda uma visão de mundo de repente tomba e cai. Às vezes, as mudanças são pequenas e aparentemente insignificantes, como assistir a um guitarrista durante noventa minutos no palco. Ocasionalmente, elas são tão grandes que transformam para sempre a maneira como pensamos sobre nós mesmos e o universo.

No verão de 2006, por exemplo, 2.500 cientistas se reuniram em Praga, República Tcheca, para a assembleia geral da International Astronomical Union (IAU). Por causa da descoberta de que existem outros pedaços de rocha ainda maiores do que Plutão orbitando o nosso Sol, ele foi reclassificado como um planeta anão. Aconteceu exatamente assim! Em um minuto, Plutão era um planeta real; no minuto seguinte, deixou de ser. Embora essa reclassificação surpreendesse e entristecesse algumas pessoas, no esquema geral de nossa vida isso teve pouco impacto. Além do fato de que em toda a astronomia, livros escritos antes de 2006 agora se tornaram obsoletos, a nova designação de Plutão provavelmente não abalou realmente o mundo de ninguém.

Em 1513, no entanto, outra descoberta astronômica nos alertou de um único fato que mudou para sempre nossa visão do universo e, em última análise, a nós mesmos. Foi nesse ano que Nicolau Copérnico, um advogado que estudava astronomia no seu tempo livre, realizou cálculos comprovando que o Sol, e não a Terra, é o centro do nosso sistema solar.

Embora a ideia tenha sido proposta mais de mil e setecentos anos antes pelo astrônomo grego Aristarco de Samos, foi considerada tão ultrajante que os filósofos e astrônomos de seu tempo criaram "razões" para desacreditar o que ele descobrira.

Esse é um exemplo de uma crença que, *efetivamente*, mudou nossa vida, e assim o fez de uma maneira que continua até hoje. Quando o livro de Copérnico, *De Revolutionibus Orbium Coelestium*, foi finalmente publicado após sua morte, em 1543, todos, desde os líderes da Igreja Católica Romana até as pessoas comuns na rua tiveram de ajustar sua maneira de pensar a fim de abrir espaço para um *sistema solar* centralizado no Sol (até mesmo essa expressão faz parte da mudança ocorrida). Como Michael Hedges, tudo o que Copérnico fez foi compartilhar seu conhecimento.

A chave em ambos os casos é o fato de que a crença em relação a uma maneira estabelecida de ver as coisas mudou, aparentemente, da noite para o dia. E isso foi feito por meio da demonstração indiscutível de outra possibilidade.

Reescrevendo Nosso Código da Realidade

Na virada do século XIX, um grande filósofo afirmou: "O mundo que vemos e que parece tão insano é o resultado de um sistema de crença que não está funcionando".[2] Embora isso soe como algo que esperaríamos ouvir de um ensinamento de autoajuda no alvorecer do nosso novo milênio, foi realmente proferida por William James no fim do século XIX. Em apenas algumas palavras que são tão significativas para as mudanças que vemos hoje, como eram para aquelas que ocorreram durante sua época, James sugeriu o tema, e a intenção, deste livro.

Se o mundo que "parece tão insano" baseia-se em nossas percepções, então, por que é tão difícil para nós mudar o que não funciona? Como podemos reescrever nossas crenças de modo a refletir nossos amores mais profundos, nossos desejos mais verdadeiros e nossos maiores meios de cura?

Para reescrever nosso código de realidade, devemos nos dar um motivo para mudar o que acreditávamos no passado. A mensagem dessa frase é claramente óbvia e enganosamente simples. É obvia por causa das relações inegáveis entre a crença e a realidade descritas ao longo deste livro. Você pode estar dizendo a si mesmo: "É claro que tudo o que é preciso para mudar o nosso mundo é uma mudança naquilo em que acreditamos". Mas é na simplicidade do que é tão simples que reside o problema.

Mudar nossas crenças pode ser a coisa mais difícil que fazemos na vida. *É mais do que apenas uma questão de decidirmos mudar, ou de ter a vontade de o fazer.* Muito mais.

A razão disso está no que pensamos que nossas crenças dizem sobre nós. Geoff Heath, ex-conferencista principal em aconselhamento e relações humanas na Universidade de Derby, na Inglaterra, descreve o ponto crucial do nosso dilema: "Nós somos o que acreditamos ser. Mudar nossas crenças é mudar nossas identidades [...]. É por isso que é difícil mudar nossas crenças".[3] O que Heath está dizendo aqui vai longe para responder à pergunta de por que é tão difícil para nós modificar nossas percepções.

Na maior parte, crescemos confortavelmente conosco e com a maneira como vemos nosso mundo. A prova é que, se não o fizéssemos, estaríamos constantemente procurando por novas razões para mudar nossa vida. Perturbar nossa zona de conforto é abalar as próprias bases que nos permitem sentirmos seguros no mundo. Então, para fazer uma mudança em algo tão poderoso como as crenças fundamentais que definem nossa vida, precisamos de um gatilho que seja igualmente poderoso. Precisamos de uma *razão* para nos sacudir da complacência de uma maneira de pensar e adotarmos uma nova – e às vezes revolucionária – maneira de ver as coisas. Em suma, precisamos de uma perspectiva diferente.

O catalisador para uma nova perspectiva pode ser algo tão simples quanto ligar os pontos de fatos recém-descobertos que levam a uma nova compreensão que, simplesmente, faça sentido. Ou pode ser algo que derruba as portas de tudo em que acreditamos no passado para nos catapultarmos até uma possibilidade maior – algo como um milagre que ocorra na vida real!

Tanto a lógica como os milagres nos dão boas razões para ver o mundo de maneira diferente. Embora os últimos tenham sido usados pelos grandes mestres do nosso passado, as descobertas da ciência de hoje estão abrindo a porta para maneiras inteiramente novas de ver o mundo sem milagres. E é por isso que o fato de considerar o universo como um computador e a crença como um programa é algo tão poderoso. Uma vez que nós já sabemos como ambos funcionam, quando procuramos uma maneira de mudar, isso nos dá um local familiar para começar.

A Ferida é uma Falha na Crença?

Depois de deixar o mundo corporativo em 1990, eu estava morando temporariamente na área de San Francisco, desenvolvendo seminários e escrevendo livros durante o dia. À noite, eu trabalhava com pacientes que solicitavam minha ajuda na compreensão do papel da crença em suas vidas e relacionamentos. Certa noite, marquei uma consulta com uma paciente com quem já havia trabalhado muitas vezes antes.

Nossa sessão começou como de costume. Enquanto a mulher relaxava na cadeira de vime à minha frente, pedi a ela para descrever o que tinha acontecido na semana desde que conversamos pela última vez. Ela começou a me contar sobre seu relacionamento de dezoito anos com o marido. Durante grande parte do casamento, eles brigavam, às vezes violentamente. Ela estava recebendo críticas diárias e invalidação de tudo, desde sua aparência e seu modo de se vestir até suas tarefas domésticas e de cozinha. Essa depreciação encontrou seu caminho em todos os aspectos de suas vidas, incluindo nos momentos de intimidade, que se tornaram cada vez mais raros ao longo dos anos.

O que tornou a semana anterior diferente foi que a situação se agravou a ponto de chegar ao abuso físico. O marido dela se zangou quando ela o confrontou com perguntas sobre seu "tempo extra" e madrugadas no escritório. Ela estava infeliz com o homem que havia amado e no qual confiara por tanto tempo. Agora, essa infelicidade havia sido agravada pelo perigo de lesões corporais e de emoções que estavam fugindo ao controle. Depois de golpeá-la de um lado para outro da sala em sua briga mais recente, o marido a deixou para morar com uma amiga. Não havia nenhum número de telefone, nenhum endereço e nenhuma indicação de quando, ou mesmo se, eles se veriam novamente.

O homem que tornara a vida da minha paciente um inferno ao longo de anos de abuso emocional e agora de uma violência física que, potencialmente, lhe ameaçava a vida, finalmente foi embora. Conforme ela descrevia a partida dele, eu estava esperando por algum sinal de seu alívio – um sinal que nunca apareceu. Em seu lugar, entretanto, algo surpreendente aconteceu: ela começou a chorar descontroladamente ao se dar conta de que ele se fora. Quando lhe perguntei como ela podia sentir falta de alguém que a machucara tanto, ela se descreveu como se sentindo "esmagada" e "arrasada" com a ausência dele. Em vez de abraçar a saída do marido como uma oportunidade para viver livre de abusos e de críticas, em seu estado de espírito, parecia que ela estava sendo condenada a uma prisão perpétua de solidão. Ela sentia que era melhor ter o marido em casa, mesmo com o abuso, do que não ter ninguém lá.

Logo descobri que a situação de minha paciente não era única ou mesmo incomum. Na verdade, depois de conversar com outras pessoas da indústria de autoajuda, descobri que era exatamente o oposto. Quando nos encontramos em situações nas quais nos entregamos – nosso poder, nossa autoestima, nossa autoconfiança – não é surpreendente experimentarmos exatamente o que minha paciente estava sentindo e nos apegarmos às mesmas experiências que mais nos feriram. Minha pergunta era "Por quê?"

Como tanto sofrimento e mágoa encontram seu caminho em nossa vida? Por que nos apegamos a crenças prejudiciais, que, em essência, perpetuam as próprias experiências que gostaríamos de curar? Quando fazemos essas perguntas, será que, na verdade, estamos pedindo algo ainda mais básico? As crenças que trazem dor e sofrimento são exemplos de uma maneira limitada de ver o mundo. Então, talvez a verdadeira questão seja: *"Por que nos agarramos a crenças que nos limitam na vida?"*

Nossa metáfora da crença como um programa pode oferecer uma pista. Se tivéssemos um programa de computador que nos ferisse todas as vezes que pressionamos a tecla "ligar", assim como nossas crenças às vezes fazem, diríamos que o programa não estava funcionando corretamente – que houve um erro. Será que é assim que fazem as crenças que introduzimos no espelho da consciência e têm um defeito que nos leva a perpetuar as experiências que nos machucam? Ou é possível que o próprio programa funcione impecavelmente e é a maneira como estamos usando nossas crenças que está nos sinalizando a necessidade de mudança?

Independentemente de quão habilmente um programa de computador é montado ou de quão profissionais os programadores são, há sempre a possibilidade de que ele funcionará mal em algum ponto. E quando isso acontecer, o mau funcionamento é chamado de *bug*, soluço (*hiccup*) ou, mais comumente, falha (*glitch*). Se nosso mundo é realmente uma simulação criada por um computador sofisticado, então o programa que o criou poderia ter algum problema? Poderia o computador da consciência do universo chegar a ter uma falha? E se pudesse, saberíamos disso se a víssemos?

Em seu artigo de 1992, "Living in a Simulated Universe" [Vivendo em um Universo Simulado], John Barrow explorou essa mesma questão, afirmando: "Se vivemos em uma realidade simulada, podemos esperar ver falhas ocasionais [...] nas supostas constantes e leis da natureza ao longo do tempo".[4] Embora esse tipo de problema seja certamente possível, pode ser que já estejamos experimentando um outro tipo de falha, talvez uma falha que até mesmo o arquiteto da nossa realidade nunca esperou que pudesse ocorrer.

Ter uma falha nem sempre significa que o programa foi escrito de forma incorreta. Na verdade, ele pode funcionar perfeitamente bem sob as condições para as quais foi originalmente projetado. Às vezes, no entanto, um programa feito para uma condição encontra-se em um conjunto muito diferente de circunstâncias. Embora ainda faça o que sempre foi planejado para fazer – e realmente o faz muito bem – em outro ambiente, pode não produzir o resultado esperado, e por isso parece que o programa tem um erro.

Isso nos leva a uma série de perguntas: "Nos programas de consciência, será que o ódio, o medo e a guerra são o resultado de uma falha em nossas crenças? Embora o estofo quântico do universo definitivamente reflita o que acreditamos, seria possível que nunca tenhamos sido destinados a concentrar nossas crenças em tudo o que nos machuca na vida? Como nos sentimos tão sozinhos em um mundo que compartilhamos com mais de seis bilhões de nossa espécie? Onde aprendemos a sentir tanto medo, e por que permitimos que nossos medos se tornem tão profundamente arraigados em nossas crenças que, em última análise, nos deixam doentes? Se essas são as falhas em nossa consciência, podemos consertá-las assim como consertamos uma falha em um programa?"

Consertando as Crenças Que Nos Ferem

Da mesma maneira que skatistas, músicos e aficionados por café têm sua própria linguagem para descrever suas paixões, os programadores de computador sempre tiveram uma linguagem especial que usam em conversas privadas sobre seu ofício. Graças a filmes de alta tecnologia dos últimos anos, muitos dos termos que antes eram compartilhados apenas nos círculos internos privilegiados de "técnicos" ("*techies*") de *software* tornaram-se lugar comum em nossa vida. Todos nós sabemos o que significa, por exemplo, quando alguém nos diz que temos um "*bug*" em nosso programa, ou que nosso sistema "travou" (*crashed*).

Os programadores têm até mesmo uma palavra especial que usam para os comandos que *corrigem* (*fix*) problemas no *software* existente. Coletivamente, os comandos são chamado apenas assim: um *fix* (conserto), ou um *software patch* (remendo de *software*) ou às vezes simplesmente *patch* (remendo). Aqui, a linha de fundo é o fato de que esse é um pequeno trecho de código inserido no *software* original e que resolve um problema. Se estamos cientes disso ou não, os *patches* de *software* desempenham um papel poderoso em nossa vida.

Na virada para o século XXI, por exemplo, foi um *patch* que nos salvou do pior cenário daquilo que poderia ter sido o desastre Y2K. De redes elétricas globais e satélites a telefones celulares e sistemas de defesa de alerta precoce, que protegem a América do Norte, todos eram dependentes de códigos de data que foram definidos para "expirar" à meia-noite no último dia do ano de 1999 (ou último dia do século XX). Para cada sistema que seria afetado, um pequeno programa foi disponibilizado aos usuários. Esse programa permitiria uma transição suave das datas que começaram com o "19" dos anos 1900 àqueles que começavam com os "20" dos anos 2000, o *patch* Y2K. Como se costuma dizer, o resto é história. O remendo funcionou, e nosso *software* nos ajudará até que novos programas sejam desenvolvidos ou até que chegue o ano 2100, seja o que for que ocorra primeiro.

O ponto essencial é simplesmente este: "Poderia algo semelhante estar acontecendo conosco agora? E se estiver, poderemos consertar nossa falha? Podemos reescrever as crenças que teriam nos limitado no passado?"

Usando Lógica e Milagres para Mudar Nossas Crenças

No Capítulo 3, exploramos os dois lugares nos quais mantemos as crenças que ferem – e que curam – nossa vida: nossas mentes consciente e o subconsciente. Para curar os limites de uma percepção consciente ou subconsciente, precisamos, de alguma forma, ultrapassar o que a mente acreditou no passado e substituí-lo por algo novo baseado em uma experiência que é verdadeira para nós: nossa verdade indiscutível.

Por milhares de anos, milagres têm feito exatamente isso. Embora ainda sejam tão poderosos hoje como o foram no passado, muitas pessoas acreditam que eles se tornaram difíceis de encontrar. Embora isso possa ou não ser o caso, dependendo de como vemos o mundo, agora também podemos usar o poder da lógica para falar diretamente à nossa mente consciente. E quando aceitamos conscientemente uma nova maneira de ver o mundo, nossas crenças subconscientes também são afetadas.

Com base nas analogias com os computadores que usamos em capítulos anteriores, substituindo uma crença existente na mente consciente por uma nova, atualizada e melhorada, pode-se pensar sobre esta última da mesma maneira como pensamos em um *patch* de *software*. O *patch* é construído de maneira independente do *software* original e inserido posteriormente para atualizar o programa e "curá-lo" de respostas indesejadas. A história tem mostrado que a lógica e os milagres podem se tornar a super-rodovia para as crenças profundamente arraigadas que nossa mente aceitou no passado.

Vamos dar uma olhada mais de perto no *patch* lógico e no *patch* milagroso para ver o que são e como criá-los:

> Código de Crença 29:
> Por diferentes razões, que refletem as variações nas maneiras como aprendemos, tanto a lógica como os milagres nos oferecem um caminho até os recessos mais profundos de nossas crenças.

– ***Patch* Lógico:** Podemos convencer nossa mente consciente de uma nova crença por meio do poder da lógica. Uma vez que a mente reconheça uma razão para pensar de maneira diferente sobre o mundo, isso permitirá que o coração abrace essa possibilidade como uma nova crença – isto é, sinta que ela é verdadeira.

– ***Patch* Milagroso**: Nós podemos contornar (ou ultrapassar) completamente a lógica de nossa mente e ir diretamente para o nosso coração. Dessa maneira, nós nem mesmo precisamos pensar sobre o que nós acreditamos. Somos forçados a abraçar uma nova crença na presença de um experiência que está *além* da explicação racional. Esta é a definição de um milagre.

Quando falamos sobre mudar uma crença de maneira consciente, uma das iniciativas mais poderosas que podemos tomar é nos tornarmos cientes disso, e de como isso acontece como os hábitos subconscientes de nossas rotinas diárias. Embarcar em determinado caminho é manter o foco da intenção consciente para tudo o que fazemos em cada momento da vida. Nas tradições budistas, essa prática de atenção plena (*mindfulness*), chamada *Satipatthana*, foi recomendada por Buda para todos os que procuram crescer espiritualmente e, por fim, alcançar a iluminação. Em nosso mundo atual, no entanto, pode não ser prático focar nossa percepção em cada tarefa de cada momento para fazer as mudanças em nossas crenças. E, como vimos antes, não precisamos disso.

Se quisermos identificar quais são nossas verdadeiras crenças, precisamos olhar não mais longe do que o mundo ao nosso redor para ver seus reflexos em nossos relacionamentos, carreiras, abundância e saúde. Se esperamos mudar essas coisas, precisamos de uma maneira de transcender os limites das crenças que as criaram. Do ponto de vista das crenças compreendidas como programas, é aqui que o *patch* milagroso e o *patch* lógico entram.

O Patch *Lógico*

Para que um *patch* lógico funcione, a mente precisa ver um fluxo de informações que nos leva a uma conclusão lógica – uma que faz sentido para nós. Se pudermos ver a conexão em nossa mente, então o questionamento fica de lado e permite que nosso coração aceite o que nos é mostrado. Em outras palavras, nós acreditamos.

Em alguns ramos da matemática, existem afirmações (provas) na forma de "Se isto... então aquilo" para levar exatamente a essa conclusão. Por exemplo, podemos dizer algo assim:

Se: A água na temperatura ambiente é úmida.

E: Estamos cobertos de água à temperatura ambiente.

Então: Estamos molhados.

Nas afirmações anteriores, somos apresentados a dois fatos com que nossa mente não pode discutir: (1) *Sabemos* além de qualquer dúvida razoável que a água em temperatura ambiente é úmida – e está *sempre* úmida; e (2) também *sabemos* que, se estivermos cobertos de água à temperatura ambiente, também estaremos molhados.

Descontando quaisquer circunstâncias atenuantes, como estar sob guarda-chuva ou capa de chuva, nossa mente faz a conexão facilmente. É óbvio para nós que, *se* estivermos cobertos de água, *então* vamos ficar molhados. Embora este possa ser um exemplo tolo, o ponto é claro. É tudo sobre conectar fatos.

Código de Crença 30:
Para mudar nossas crenças por meio da lógica de nossa mente, precisamos nos convencer de uma nova possibilidade por meio de fatos indiscutíveis que levam a uma conclusão inevitável.

Agora, usando uma maneira semelhante de pensar, vamos aplicar esse tipo de lógica ao nosso papel no universo. Eu convido você a considerar o seguinte:

Se: Somos capazes de imaginar qualquer coisa em nossa mente.

E: O poder de nossa crença mais profunda traduz o que nós imaginamos no que é real.

Então: Podemos "consertar" a falha limitante em nossas crenças e, assim, aliviar o maior sofrimento em nossa vida.

Em outras palavras, podemos criar, em nossas crenças, o "remendo" que tornaria obsoletas as limitações do passado. Quando a falha é consertada, a velha crença é substituída por uma nova e poderosa realidade. Isto é precisamente o que vimos em vários exemplos analisados neste livro, incluindo:

- O marido de minha amiga que curou as expectativas de várias gerações de que morreria aos 35 anos.
- A crença de Amanda Dennison de que ela caminharia com segurança mais de sessenta metros sobre carvões em brasa.
- Pessoas que levantaram automóveis do chão por um tempo longo o bastante para libertar pessoas presas sob eles.
- O menino no escritório de Neville que queria um cachorrinho *collie*.

Uma maneira de aplicar o *patch* lógico em nossa vida ocorre quando vemos outra pessoa realizar algo que acreditávamos impossível. Embora possa não haver nenhuma razão "lógica" *pela qual* não podemos fazer algo, se ninguém fez isso antes, um feito aparentemente difícil pode criar uma crença tão forte em nossa mente que começamos a acreditar que é impossível... isto é, até que alguém prove que estamos errados.

A Lógica de uma Pessoa é o Milagre de Outra Pessoa

Os primeiros registros para a corrida de uma milha considerados precisos para os padrões de hoje só passaram a ser mantidos a partir de meados da década de 1800. Foi durante aquela época em que as modernas pistas de corrida foram construídas seguindo diretrizes estritas que assegurariam a precisão da distância e forneceriam uma superfície consistente para os corredores que estavam competindo. Em 26 de julho de 1852, Charles Westhall estabeleceu a referência moderna para a corrida de uma milha na nova pista construída no Copenhagen House Grounds, em Londres. Seu tempo foi de incríveis quatro minutos e vinte e oito segundos, estabelecendo um recorde que não seria superado por muito tempo pelos padrões de corrida a pé: outros seis anos.

Embora o recorde original de Westhall viesse a ser quebrado pelo menos 31 vezes ao longo do fim da década de 1800 e início da de 1900, em cada ocasião o novo recorde foi apenas ligeiramente melhor do que o anterior, às vezes por frações de segundos. Todos ainda tinham mais de quatro minutos, tempo que parecia o limite humano para correr uma milha (1,6 quilômetro). Por mais de cem anos, embora muitas pessoas tenham tentado, pensava-se – *acreditava-se* – que os seres humanos simplesmente não eram fisicamente capazes de cobrir uma milha a pé em menos de quatro minutos... isto é, até 1954, quando o aparentemente impossível aconteceu.

Em 6 de maio daquele ano, o corredor britânico Roger Bannister quebrou a esquiva barreira de quatro minutos pela primeira vez na história humana registrada. Em uma pista em Oxford, Inglaterra, ele cobriu a milha em três minutos e 59,4 segundos. E é aqui que a história se encaixa no poder de nossas crenças.

Embora tenha levado cento e dois anos para Bannister quebrar a marca de quatro minutos por milha, *menos de oito semanas depois, a marca foi quebrada novamente*, por John Landy, da Austrália, com o tempo de três minutos e 57,9 segundos. Uma vez que o limite aparentemente impossível de quatro minutos foi quebrado, quebrou-se igualmente a crença em que isso não poderia ser feito e abriu-se a porta para que outros seguissem com tempos ainda menores e corridas ainda mais rápidas. Desde a façanha de Roger Bannister em 1954, o recorde de corrida de uma milha foi quebrado em pelo menos dezoito vezes, com o recorde atualmente sustentado pelo corredor marroquino Hicham El Guerrouj para sua corrida de 1999, de três minutos e 43,13 segundos! Uma vez que estava claro na consciência que a milha em quatro minutos não era mais um limite de fato, as crenças dos outros foram liberadas para se descobrir com o que os *novos* limites poderiam se parecer. Continuamos a pressioná-los hoje.

Para aqueles que estavam convencidos de que quatro minutos era o menor tempo que um ser humano poderia correr a milha, o tempo recorde de Bannister foi um milagre. Como em mais de um século isso não tinha sido feito, os críticos de qualquer tentativa de quebrar esse recorde acreditavam que era simplesmente impossível conseguir fazê-lo. Para Bannister, no entanto, sua façanha não foi um milagre; foi o produto final da lógica e da dedução que o convenceu de que isso *poderia* ser feito. Então, em uma reviravolta interessante, o processo lógico de uma pessoa planejando e trabalhando em direção a uma meta pode parecer um milagre para os outros. Como esse exemplo nos mostra, é preciso apenas uma pessoa para demonstrar que algo é possível e que o milagre individual pode dar a todos nós a permissão inconsciente para duplicá-lo.

Então, como ele o fez? Embora apenas o próprio Bannister soubesse *precisamente* o que estava se passando em sua mente para libertá-lo do limite dos recordes existentes, sabemos que ele usou a lógica para definir seus objetivos profissionais e mudar suas crenças pessoais. Primeiro, ele escolheu um objetivo que era claro e preciso. Há rumores de que durante seu treinamento ele colocou um pedaço de papel em seu sapato com a inscrição do tempo exata que ele escolheu correr: 3 minutos e 58 segundos.

Ele abordou seu objetivo usando lógica para convencer sua mente de que essa meta era alcançável. Em oposição a olhar para todo o recorde como um obstáculo, ele escolheu pensar nele como se não passasse de alguns meros segundos mais rápido do que outro tempo que ele já havia realizado. Se fôssemos fazer a mesma coisa hoje, usando nosso modelo precedente, a lógica se pareceria com algo como:

Se: Já consigo correr uma milha em 4:01.

E: Tudo o que eu preciso fazer é correr um segundo mais depressa do que já corri para amarrar o recorde em 4:00.

E: Tudo que eu preciso fazer é correr um segundo mais depressa do que isso para definir um novo recorde aos 3:59.

Então: Eu posso fazer isso! Eu posso correr apenas dois segundos mais depressa do que já fiz.

Neste exemplo, quando pensamos em tudo dessa maneira, isso faz grandes objetivos parecerem mais acessíveis. Em vez de considerar a totalidade do recorde mundial; todo o projeto no escritório; ou tudo o que é preciso para mudar de emprego, mudar para uma nova cidade e começar uma nova carreira, parece que nos saímos melhor se pudermos definir nossos objetivos em pequenos incrementos, com cada um deles nos aproximando um pouco mais de nosso objetivo final.

Quando aplicamos essa ideia como um "remendo lógico" às nossas crenças pessoais, ela nos ajuda a contornar e ultrapassar as velhas ideias que podem nos ter impedido de alcançar nossos maiores sonhos e nossas aspirações mais elevadas. Quer esteja correndo a milha mais rápida do mundo, organizando o casamento do século, ou mudando de carreira no meio da vida, se quisermos nos convencer de que isso pode funcionar, precisamos compreender como a mente opera e honrar o que ela necessita para que a nossa mudança seja bem-sucedida.

Construindo seu Patch *Lógico Pessoal*

A seguir está um modelo que você pode usar para construir um *patch* lógico para si mesmo. O que diferencia esse processo de uma afirmação é que aqui você está declarando seus próprios fatos, com base em sua experiência pessoal, o que o leva a uma conclusão lógica e indiscutível. Assim como nos exemplos anteriores, a chave é ser claro, honesto e conciso a fim de que o *patch* faça sentido para sua mente.

Chave 1: Declare como você se sente em relação ao resultado desejado como se ele já tivesse acontecido. Para sua própria clareza, é importante fazer isso em uma frase breve e concisa.

Exemplo: Sinto-me profundamente realizado com o sucesso do meu novo negócio ensinando uma vida sustentável.

Eu me sinto ______________.

Chave 2: Declare qual paixão você está escolhendo expressar.

Exemplo: Tenho paixão para criar e compartilhar o que tenho criado.

Exemplo: Tenho paixão por ajudar os outros.

Tenho paixão por ______________.

Chave 3: Declare a(s) crença(s) limitante(s) que você tem sobre si mesmo e/ou que preencham sua necessidade.

Exemplo: Minha crença limitante é que meu trabalho não vale o tempo que ele gasta para ser criado.

Exemplo: Minha crença limitante é que meu trabalho é insignificante.

Exemplo: Minha crença limitante é que minhas demandas familiares não me permitem satisfazer a essa necessidade.

Minha crença limitante é que ______________.

Chave 4: Declare o oposto de sua(s) crença(s) limitante(s).

Exemplo: Meu trabalho dá uma contribuição significativa para minha vida e meu mundo.

Exemplo: Meu trabalho é valioso.

Exemplo: Minha família quer que eu seja feliz e me apoia nas minhas escolhas.

Minhas ______________.

Chave 5: Declare quando você se sente mais realizado na vida. Isso se tornará seu objetivo.

Exemplo: Eu me sinto mais realizado na vida quando penso em escrever um novo livro sobre vida sustentável.

Exemplo: Eu me sinto mais realizado na vida quando estou criando *workshops* para ensinar a viver uma vida "verde".

Eu me sinto mais realizado na vida quando ________________.

Chave 6: Declare o(s) fato(s) indiscutível(is) que apoiam seu objetivo.

Exemplo: É fato que existe uma demanda por novos livros didáticos sobre vida sustentável.

Exemplo: É fato que já pratico um estilo de vida ecológico por vinte e cinco anos.

Exemplo: É fato que já estou ensinando outras pessoas sobre isso informalmente.

Exemplo: É fato que novas tecnologias tornam possível ser mais eficiente.

Exemplo: É fato que eu me expresso bem escrevendo e já escrevi artigos breves sobre esse tópico.

É fato que ________________.

Embora Roger Bannister possa não ter se sentado e repassado as formalidades que estou descrevendo aqui, sabemos que ele usou um processo passo a passo de lógica para provar a si mesmo que seu objetivo poderia ser realizado e que ele era a pessoa certa para isso. E essa é a chave para um *patch* lógico. Precisa fazer sentido para você – e somente para você – comprovando-lhe que seus objetivos, sonhos e desejos são valiosos e alcançáveis.

Com esses fatos em mente, e usando as informações coletadas das perguntas acima, preencha o quadro a seguir para criar seu *patch* lógico pessoal. Como você pode incluir tantas declarações quantas você escolher para as chaves 4, 5 e 6, seu *patch* lógico pessoal pode conter um número ilimitado de declarações "E".

Modelo para o Seu Patch Lógico Pessoal	
Afirmação Lógica	Número da Chave
Se: E: E: Então faz sentido que:	2 5 6 4
E tenho tudo de que preciso para trazer meu sonho à vida.	

Usando os exemplos anteriores, suas declarações lógicas terminadas se parecerão com o seguinte:

Se: Tenho paixão por criar e para compartilhar o que criei.

E: Eu me sinto mais realizado na vida quando penso em escrever um novo livro sobre vida sustentável.

E: Eu me sinto mais realizado na vida quando estou criando *workshops* para ensinar a viver uma vida "verde".

E: É fato que há uma demanda por novos livros didáticos sobre uma vida sustentável.

E: É fato que eu já pratico um estilo de vida ecológico por vinte e cinco anos.

E: É fato que já estou ensinando outras pessoas sobre isso informalmente.

Então, faz sentido que: Meu trabalho dê uma contribuição significativa para minha vida e para o mundo, meu trabalho é valioso e minha família quer que eu seja feliz e me apoia em minhas escolhas.

E tenho tudo de que preciso para transformar meu sonho em realidade.

Este modelo é uma planta (*blueprint*) ou projeto para você organizar suas crenças em declarações que são verdadeiras para você e não podem ser dissipadas. O projeto é apenas isso – um lugar para começar. Representa uma progressão testada e comprovada de pensamentos

– uma sequência poderosa de informações – que lhe dará uma razão para mudar uma crença profundamente arraigada. O importante a lembrar ao usar esse modelo é simplesmente este: Seu objetivo é criar um programa para você mesmo... para suas crenças. A chave é que *você* fornece as informações que são significativas para *você* e, dessa forma, você está acessando *sua* mente subconsciente. Como cada um de nós trabalha de maneira um pouco diferente, seu programa pode não ser eficaz para outra pessoa.

Embora um *patch* lógico possa ser uma ferramenta poderosa, às vezes exigimos mais do que simples lógica para mudar nossas crenças mais profundas em um nível consciente. Precisamos de mais do que o raciocínio de declarações "Se" e "Então" em nossa mente para nos libertar de uma crença existente, possivelmente porque a pessoa que estamos tentando curar está tão perto de nós, é tão pessoal, que nós simplesmente não conseguimos ser objetivos a respeito dela.

Muitas vezes descobri que isso é verdade para mim quando estou com um amigo ou membro da família em situação de vida ou morte. Independentemente do que todos os fatos, estatísticas e raciocínios dizem à minha mente, meu instinto é que eu só quero que aqueles que amo estejam "bem". Eu desejo que eles estejam seguros, confortáveis e bem. Nesses momentos, a lógica simplesmente não funciona.

Nesse caso, é melhor ir diretamente para um lugar em nosso corpo que foi projetado para criar as ondas de crença que mudam nosso mundo. Precisamos falar diretamente ao coração, e a lógica não vai fazer isso. É quando precisamos de um milagre realmente bom!

O Patch *Milagroso*

Talvez tenha sido Neville quem melhor descreveu o poder de nossa crença para transcender os limites do nosso passado. De sua perspectiva, tudo o que nós vivenciamos – *literalmente, tudo o que acontece conosco ou que é feito por nós* – é produto de nossa consciência e absolutamente nada mais. Até sua morte, em 1972, ele compartilhou as chaves do uso da imaginação e da crença para abrir a porta dos milagres de nossa vida.

Da perspectiva de Neville, o milagre é o próprio resultado. Por sua própria natureza, descreve uma situação que já aconteceu. Embora milagres sejam associados com frequência à reversão de doenças e certamente sejam bem-vindos quando aparecem dessa maneira em nossa vida, eles não estão limitados a curas físicas.

A definição de milagre é que é "um evento que parece inexplicável pelas leis da natureza".[5] É aqui que encontramos seu poder. Ele está *além* da lógica de onde vem ou de como aconteceu. O fato é que ele *de fato* aconteceu. E em sua presença, somos transformados. Embora diferentes pessoas possam ser afetadas de diferentes maneiras, quando experimentamos algo que não podemos explicar, isso nos dá uma pausa. Precisamos reconciliar esse milagre com aquele que acreditamos ser verdadeiro no passado.

A luz da manhã apareceu por trás das montanhas e, de repente, o deserto ganhou vida. Nos primeiros raios do sol da manhã, eu podia ver o rosto dos jovens soldados egípcios, nossa escolta militar, que, do caminhão líder de nosso comboio, olhavam de volta para o nosso ônibus de turismo. Cinco homens ou mais estavam sentados em bancos improvisados que sealinhavam de ambos os lados da cama do caminhão. O trabalho deles era nos escoltar com segurança ao longo do deserto do Sinai até a enorme cidade do Cairo.

Quase tão rapidamente quanto o clima egípcio pareceu mudar, a situação política local tornou-se tensa durante nosso tempo nas montanhas. Agora, para a nossa rota terrestre de volta ao hotel, um sistema de *checkpoint* foi criado para nossa segurança e para monitorar nosso paradeiro em todos os momentos. Eu sabia que seria apenas uma questão de minutos antes de nós desacelerarmos até parar, um guarda entraria no ônibus para verificar nossos documentos, ele diria *Shukran* ("Obrigado"), e nós continuaríamos nosso caminho.

Depois de passar pela primeira série de pontos de controle, logo nos encontramos serpenteando ao longo das praias de areia branca e brilhante do Mar Vermelho em direção ao Canal de Suez. No calor do sol do fim da manhã vertendo através do nosso ônibus turístico, fechei os olhos e imaginei a mesma cena há mais de três mil anos, quando o povo do Egito viajava por uma rota semelhante para a montanha da qual estávamos voltando agora. Exceto pelos ônibus e estradas pavimentadas, eu me perguntei quanto realmente mudou. Logo me vi conversando com membros do nosso grupo, antecipando nossa entrada nas antigas câmaras da Grande Pirâmide agendada para mais tarde naquela noite no Cairo.

De repente, tudo parou. Olhei para cima quando nosso ônibus deu uma parada em uma avenida movimentada. Do meu assento logo atrás do motorista do ônibus, espiei pelas janelas, procurando pontos de referência familiares para me orientar. Para minha surpresa, paramos em frente a um monumento que é um dos símbolos mais poderosos em todo o Egito, talvez até mais poderoso do que as próprias pirâmides: o túmulo do antigo presidente Anwar el-Sādāt.

Quando me levantei para falar com nosso guia e descobrir por que paramos, pude ver a atividade na rua em frente ao nosso ônibus. Os saltaram de debaixo das coberturas de seus carros de tropa e estavam circulando com seus superiores e nosso motorista. Quando saltei os degraus do ônibus para a rua, imediatamente percebi que algo estava acontecendo. Os soldados, nosso motorista e nosso guia egípcio, todos eles, tinham expressões perplexas em seus rostos. Alguns estavam dando tapas em seus relógios de pulso e segurando-os junto aos ouvidos para ver se estavam funcionando. Outros gritavam ansiosamente um para o outro em pequenas explosões em idioma egípcio.

"O que está acontecendo?" Perguntei ao nosso guia. "Por que paramos aqui? Este não é o nosso hotel!"

Ele olhou para mim com admiração absoluta. "Alguma coisa não está certa", disse ele com uma intensidade rara em sua voz normalmente brincalhona. "Ainda não deveríamos estar aqui!"

"O que você está dizendo?", perguntei. "É *precisamente* aqui que deveríamos estar: a caminho do nosso hotel em Gizé."

"Não!", ele disse. "Você não entende. Não *podemos* estar aqui ainda! Não se passou tempo suficiente desde a nossa partida do Mosteiro de Santa Catarina no Sinai para já estarmos no Cairo. Demora pelo menos oito horas para fazermos o trajeto sob o Canal de Suez, atravessar o deserto e entrar pelas montanhas. *Pelo menos oito horas*. Com os *checkpoints*, deveríamos chegar ainda mais tarde. Olhe para os guardas – até eles não acreditam em seus olhos. Faz apenas quatro horas. Estar aqui agora é um milagre!"

Enquanto eu observava os homens na minha frente, uma sensação estranha percorreu meu corpo. Embora eu tenha tido experiências semelhantes a essa quando estava sozinho, isso nunca havia acontecido com um grupo inteiro. Seguindo um transportador de tropas e observando os limites de velocidade – e com o tempo extra nos pontos de verificação – como nosso tempo de condução poderia ter sido reduzido pela metade? Embora a distância entre o Cairo e Santa Catarina não tenha mudado, nossa experiência do tempo enquanto viajávamos mudou. Era um fato que foi gravado nos relógios de pulso de cada militar, guarda armado e passageiro em nosso ônibus. Foi como se nossas memórias do dia tivessem sido comprimidas de alguma maneira em uma experiência de metade da duração que esperávamos. Para onde foi o restante do tempo? O que tinha acontecido, e por quê? As conversas que estavam ocorrendo no ônibus durante a viagem podem oferecer uma pista.

Eu mencionei que nosso grupo estava agendado para uma entrada privada na Grande Pirâmide no fim da noite. Para muitas pessoas, seria o ponto alto da viagem, e tinha sido o assunto da conversa desde que começamos nossa manhã. Na inocência de antecipar as experiências que ainda estavam por vir, o grupo estava conversando sobre elas como se já tivessem acontecido – como se já estivessem dentro da câmara do rei da Grande Pirâmide. Eles estavam conversando sobre os sons que emitiriam na sala acusticamente perfeita, como o ar cheiraria, e qual seria a sensação de estar dentro do monumento que eles viram em filmes e documentários desde que eram crianças.

A chave para o nosso mistério é esta: na crença do grupo, eles já estavam dentro da Grande Pirâmide. Assim como Neville havia descrito em sua conversa com a avó do menino, eles estavam supondo o sentimento de seu desejo realizado. Ao fazer isso, mudaram seu foco de quanto tempo a viagem de ônibus levaria até como seria estar dentro na pirâmide. Nesse dia, com cerca de sessenta pessoas, todas elas compartilhando um sentimento comum, sua realidade mudou para refletir esse sentimento.

Curiosamente, mesmo aqueles que não estavam participando ativamente da experiência – os soldados, os motoristas e os guias – compartilharam do benefício do que foi criado.

Não há razão científica para explicar por que os viajantes em uma viagem que normalmente levaria um dia inteiro conseguiria cobrir a mesma distância em metade do tempo. E essa é a definição de um milagre: é um evento que parece inexplicável pela ciência (pelo menos como conhecemos hoje as suas leis).

Estou compartilhando essa história por duas razões.

1. Primeiro, quero ilustrar que um milagre pode ser experimentado sozinho ou com um grupo. De qualquer maneira, todos podem participar do mesmo "sonho grupal" e ter o mesmo resultado.

2. Em segundo lugar, essa história demonstra que o milagre do grupo pode acontecer espontaneamente, como já vimos. Não houve nenhum esforço consciente por parte das pessoas no ônibus para nos fazer "ir mais depressa" ou "chegar ao Cairo mais rapidamente". Pelo contrário, na mente daqueles entusiasmados com a noite por vir, eles já estavam lá. Uma vez que aceitaram a experiência *como se já ela estivesse acontecendo*, a realidade de tempo mudou para acomodar a experiência.

A beleza desse milagre está no fato de que ninguém precisou entender a física das dobras do tempo, dos buracos de minhoca e da energia quântica para que isso aconteça. Acredito que a realidade sempre funciona assim e muda com igual facilidade.

Em termos de nosso *patch* milagroso, o que é importante aqui é que nossa experiência do grupo não foi o resultado de um processo mental de lógica. Nós não passamos por todas as razões que podem ter levado a uma longa viagem ou tentado convencer nosso motorista a pegar um atalho. Não tivemos de entender *por que* funcionou para que isso acontecesse. Na verdade, essa história ilustra lindamente que se trata menos de fazer algo acontecer e mais sobre acreditar que já o *fez*.

Viajando em nosso ônibus naquele dia, nós simplesmente nos abandonamos ao sentimento e à crença de que já estávamos no lugar que tínhamos

Código de Crença 31:
O poder de um milagre está no fato de que nós não precisamos compreender *por que* ele funciona. Precisamos, no entanto, estar dispostos a aceitar o que ele traz à nossa vida.

esperado uma vida inteira e viajado desde o outro lado do mundo para ver. E talvez isso seja tudo o que foi preciso para "enrugar" o espaço e o tempo e insuflar vida aos nossos sonhos em uma base regular. É por isso que o *patch* milagroso pode ser tão poderoso – ele nos permite participar em nossa realidade por razões que nós não necessariamente reconhecemos e talvez jamais possamos compreender.

Quer vejamos um milagre na vida de outra pessoa, quer isso aconteça conosco pessoalmente, o importante aqui é que, de qualquer maneira, experimentamos algo que está além do raciocínio. Quando o fazemos, nossa mente consciente – e, em última análise, nossas crenças – é alterada. Na presença de nossa aceitação de que o milagre "é", tudo o que pode acontecer é o milagroso. Então, a chave para usar um milagre capaz de mudar nossas crenças é encontrar os eventos milagrosos que já existem em nossa própria vida e nos ensinar a reconhecê-los quando os vemos.

Milagres significam coisas diferentes para pessoas diferentes. Para algumas, testemunhar um evento que está além de qualquer fato que elas possam explicar as fazem se sentir "menos que" e insignificantes em sua vida. Isso porque seu condicionamento subconsciente já as levou a se sentirem impotentes no mundo, elas podem estar predispostas a dar seu poder aos outros. Por isso, se virem alguém levitar sobre um lago em plena luz do dia ou curar instantaneamente uma condição que resistiu a todos os tratamentos por anos, o milagre pode ter um efeito enfraquecedor. O fato de que outra pessoa fez o que elas não foram capazes de fazer por si próprias atua exatamente em suas crenças subconscientes de limitação.

Quando isso acontece, as pessoas tendem a olhar para alguém ou para algo mais a fim de intervir onde se sentem impotentes. Elas estão procurando por um salvador, seja uma droga ou outra pessoa realizando uma ação de cura milagrosa. Se estivermos convencidos de que somos impotentes e dependentes de alguma coisa além de nós mesmos, a fim de ter a experiência, então também sentiremos a necessidade de retornar a essa "coisa" vezes e mais vezes para obter o que precisamos. Nós faremos isso, mas até percebermos que podemos fazer por nós mesmos o que outra pessoa está fazendo *para* nós. É nesse ponto que o salvador não é mais necessário e estamos verdadeiramente curados.

Experimentando Milagres de Longe: O Poder dos Neurônios-Espelho

Nem todos têm a experiência de ficar maravilhados, mas sem se sentirem empoderados na presença de um milagre. Para alguns de nós, testemunhar pode apenas ter o efeito oposto – pode nos capacitar, mostrando que uma possibilidade maior existe. Embora o próprio milagre possa não ser compreendido, o que *está* claro é que outro humano acabou de fazer algo que pensávamos ser impossível. E quando vemos outra pessoa fazer isso, então sentimos que também podemos fazê-lo. Uma nova descoberta sobre como o cérebro funciona pode nos ajudar a compreender por que respondemos dessa maneira.

No fim da década de 1990, um grupo de neurocientistas italianos descobriu que uma parte do cérebro dos mamíferos aloja a memória do que eles chamaram de "vocabulários de ações motoras".[6] Em outras palavras, essa parte especial do cérebro, conhecida como *córtex pré-motor*, armazena as regras para a maneira como agimos e respondemos em uma determinada situação.

A chave aqui é que as regras parecem se basear no que já experimentamos. Essa descoberta faz um tremendo sentido para mim, que estudei artes marciais nas casas dos meus 20 e 30 anos. Meus instrutores sempre começavam a ensinar um novo movimento aconselhando-nos a primeiro "vê-lo" em nossa mente repetidas vezes até que ele ficasse natural e se tornasse uma segunda natureza. Quando usamos nossa imaginação dessa maneira e criamos em nossa mente o que estamos prestes a fazer no mundo, esses estudos sugerem que estamos efetivamente construindo a rede de conexões neurais que tornam possíveis as ações de nossa vida.

Os pesquisadores cunharam uma nova expressão para o grupo especial de neurônios que forma cada uma de nossas bibliotecas de possibilidades. Essas células são chamadas *neurônios-espelho*. Embora os primeiros estudos tenham sido feitos com macacos, uma nova pesquisa mostra que os seres humanos têm o que é descrito como um sistema "ainda mais elaborado" de neurônios-espelho.[7] E, pelo que parece, eles são ativados em dois tipos de circunstâncias diferentes, porém relacionadas:

1. Em primeiro lugar, eles se tornam ativos quando realizamos uma determinada ação, como caminhar sobre uma trave de equilíbrio (ou trave olímpica).
2. Em segundo lugar, *nossos* neurônios-espelho tornam-se ativos quando observamos *outra pessoa* fazendo algo que nos excita. Em outras palavras, essas células parecem nos dar a capacidade de tornar real dentro de *nós* o que vemos nos outros.

Essa descoberta tornou-se o fundamento para novas pesquisas e uma multidão de artigos científicos explorando por que os fãs podem ficar tão entusiasmados ao observar seus heróis esportivos favoritos. Podemos estar sentados no sofá com um prato de *nachos* e nossa bebida favorita assistindo a um torneio de luta livre em uma tarde de domingo, e, enquanto o competidor está envolvido na luta, *nosso* pulso dispara, *nossa* respiração se acelera e *nossos* músculos enrijecem, como se fôssemos nós os únicos que estivessem envolvidos naquele torneio.

Isso pode soar como um exemplo tolo (especialmente se você não gosta de luta livre), mas os neurônios-espelho também estão sendo estudados em um esforço para compreender por que alguns torcedores violentos em uma partida de futebol podem começar uma briga que se espalha até que a situação se transforme em um tumulto completo. Tudo isso aponta de volta para a maneira como respondemos quando vemos outra pessoa fazendo algo com o qual nos identificamos ou aspiramos. Isso é o que torna os neurônios-espelho tão poderosos em nossa discussão sobre milagres.

Se formos o tipo de pessoa que simplesmente precisa de um pequeno impulso em nossa confiança para provar que podemos fazer o que nunca fizemos antes, um milagre pode ir muito longe. Pode ser precisamente por isso que os verdadeiros professores, agentes de cura e fazedores de milagres da história usaram os surpreendentes feitos de seus dias como fizeram. Jesus e Buda realizaram milagres para capacitar aqueles que os testemunharam. E ambos descreveram essas maravilhas como habilidades naturais que qualquer um poderia realizar aprendendo o que eles tinham.

Buda, por exemplo, demonstrou tudo, desde a levitação, a bilocação e a passagem de sua mão pela rocha sólida (como fez Milarepa), até a leitura da mente de outras pessoas para conhecer suas verdadeiras crenças, inclusive seus medos mais profundos. Segundo a lenda, simplesmente movendo as mãos sobre um caroço de manga madura, ele fez com que ela amadurecesse em um tempo comprimido e atingisse a altura de "cinquenta mãos" em questão de segundos. Curiosamente, no entanto, ele nunca considerou que o que ele fez fosse um milagre. Para Buda, essas eram as habilidades que poderiam ser nossas como recompensa por nos conhecermos por meio da meditação profunda.

Todos nós já ouvimos sobre os milagres que Jesus realizou em sua vida. Para muitos, eles tiveram o efeito de nos fazer sentir "menos que" o mestre que viveu há dois milênios. Embora às vezes chegue até nós de uma maneira despreocupada, o impacto do papel de Jesus em nossa sociedade e em nossas crenças é enorme.

Quantas vezes você disse a outras pessoas que iria fazer algo que elas acreditavam não ser viável e responderam aos seus objetivos elevados, dizendo algo como: "Ah, é? Quem você acha que você é – Jesus Cristo?" ou "Como você vai chegar lá – andando sobre a água?" Nessas horas, embora possamos rir no momento, o que acabamos de experimentar é uma expressão inconsciente de uma crença compartilhada de que Jesus realizou ações que não podemos realizar. Se quisermos acreditar em seus ensinamentos e em outros, como os de Buda, no entanto, nada poderia estar mais longe da verdade.

Com efeito, Buda afirmou que seus milagres só eram extraordinários até que conhecêssemos a nós mesmos e entendêssemos como o universo funciona. Em palavras que podem ser mais familiares em nossa cultura, Jesus disse o mesmo. Em resposta às perguntas que seus seguidores fizeram a respeito de seus feitos de aparência sobrenatural, ele afirmou: "Aquele que acredita em mim, fará as obras que faço; e ainda maiores do que essas obras ele deverá fazer..."[8]

Em uma linguagem que é tão precisa hoje quanto era há dois mil anos atrás, o grande mestre está nos falando sobre o poder dos neurônios-espelho. Os estudos mostraram que esses importantes receptores no corpo fazem mais do que apenas responder ao que estão expostos. Nas palavras do escritor científico Jonah Lehrer, eles são "plásticos, ansiosos para modificar suas redes corticais em resposta aos nossos hábitos de visualização".[9]

Ao assistir a nosso guitarrista, herói esportivo ou artista favorito, nós, na verdade, podemos nos tornar melhores no que fazemos por estar na presença deles (ao vivo ou em gravação). Pelo fato de interpretarmos o que eles fazem como reais em nossa imaginação, nossos neurônios-espelho nos ajudam a mimetizar e a imitar o que experimentamos. É por isso que um milagre pode ser tão poderoso em nossa vida. Não só abre as portas dos limites que podemos ter mantido no lugar apenas alguns momentos antes, testemunhando-o de uma perspectiva empoderada que pode nos dar o que precisamos para alcançar os mesmos tipos de fatos em nossa própria vida.

Um Pequeno Milagre de Percepção

Às vezes, apenas quando temos necessidade do poder dos milagres para mudar nossas crenças, eles se materializam nos lugares que menos esperaríamos que o fizessem. Eles podem vir a nós como uma alteração drástica em nossa realidade física ou como uma simples sincronicidade em nossa vida. Às vezes, eles são grandes e não podemos deixar de percebê-los – por exemplo, a visão de Nossa Senhora do Rosário que apareceu a 50 mil pessoas em uma encosta perto de Fátima, em Portugal, em 1917. Outras vezes, são tão sutis que, se não estivermos cientes, podemos deixar de vê-los completamente. Eles podem vir dos lábios de um estranho que, de súbito e misteriosamente, encontramos no momento certo. Se escutarmos com atenção, sempre ouviremos as palavras certas no momento certo para nos deslumbrar na realização de algo que podemos ter deixado de notar apenas momentos antes.

Em uma fria tarde de janeiro de 1989, eu estava subindo a trilha que leva ao topo do Monte Horebe (a montanha de Moisés), no Egito. Passei o dia no Mosteiro de Santa Catarina e queria chegar ao pico por volta do pôr do sol para contemplar o vale abaixo. Enquanto serpenteava pelo estreito caminho da subida, ocasionalmente via outros caminhantes que desciam depois de passar o dia na montanha. Embora eles geralmente passassem por mim simplesmente com um aceno de cabeça ou uma saudação em outro idioma, havia um homem naquele dia que não fez nada.

Eu o vi se aproximando a partir do último zigue-zague na trilha que levava para a parte de trás da montanha. Quando se aproximou, pude ver que estava vestido de maneira diferente dos outros *hikers* que eu tinha visto. Em vez de tecidos e estilos *high tech*, que eram a norma, esse homem usava roupas egípcias tradicionais. Ele usava uma galabia [ou *jellabiya*, roupa egípcia folgada tradicional] esfarrapada, cor de ferrugem, obviamente velha, e sandálias de sola espessa cobertas de poeira. Porém, o que tornava sua aparência tão singular era que ele nem sequer parecia egípcio! Era um homem de aparência asiática, com muito pouco cabelo e usava óculos redondos com aros de arame.

Ao nos aproximarmos um do outro, fui o primeiro a falar. "Olá," eu disse, parando na trilha por um momento para recuperar o fôlego. Som nenhum veio do homem quando ele se aproximou mais. Pensei que talvez não tivesse me ouvido ou que o vento tenha levado minha voz para longe dele em outra direção. De repente, ele parou bem na minha frente no lado alto da trilha, ergueu os olhos do solo e me disse uma única frase em inglês: "Às vezes, você não sabe o que você tem até perdê-lo". Enquanto eu procurava me referenciar diante do que acabara de ouvir, ele simplesmente me contornou e prosseguiu em sua descida pela trilha.

Aquele momento da minha vida foi um pequeno milagre. O motivo disso tem menos a ver com o que o homem disse e mais a ver com o *timing* e o contexto. Aconteceu em 1989 e a Guerra Fria estava chegando ao fim. O que o homem na trilha não poderia saber é o fato de que foi durante minha peregrinação egípcia e, mais especificamente, durante minha caminhada até o topo do montanha de Moisés que eu reservei um tempo para tomar decisões que afetariam minha carreira na indústria da defesa, meus amigos, minha família, e, por fim, minha vida.

Tive de perguntar a mim mesmo quais seriam as chances de um homem asiático vestido com uma galabia egípcia descer do topo dessa montanha histórica no momento exato em que eu estava subindo, parar diante de mim e oferecer-me sua sabedoria, que, aparentemente, vinha de lugar nenhum. Minha resposta à minha própria pergunta era fácil: as chances eram quase nulas! Em um encontro que durou menos de dois minutos em uma montanha que fica a metade do outro lado do mundo a contar da localização de minha casa, um total estranho trouxe clareza, e uma sugestão de advertência, a respeito das enormes mudanças que eu faria poucos dias depois. Na minha maneira de pensar, isso é um milagre.

Suspeito que todos nós experimentamos pequenos milagres em nossa vida todos os dias. Às vezes, temos a sabedoria e a coragem de reconhecê-los pelo que eles são. Nos momentos em que não conseguimos reconhecer isso, mesmo assim está tudo bem. Parece que nossos milagres têm uma maneira de se voltar para nós repetidas vezes. E cada vez que o fazem, tornam-se um pouco menos sutis, até que, possivelmente, não podemos mais deixar de captar a mensagem que eles trazem à nossa vida!

A chave está no fato de que eles estão em toda parte e ocorrem todos os dias por diferentes razões, respondendo a diferentes necessidades que podemos ter no momento. Nosso trabalho talvez tenha menos a ver com indagações a respeito das coisas extraordinárias que acontecem em nossa vida cotidiana e mais a ver com a aceitação das dádivas que elas nos trazem.

Experimente o seguinte: quando você se dirigir hoje ao mundo exterior, antes de sair de casa, prometa a si mesmo que encontrará pelo menos um milagre. Sem quaisquer limites ou fronteiras sobre com o que você pensa que ele deveria se parecer, simplesmente declare para si mesmo sua clara intenção de que, entre os muitos milagres que cruzarem seu caminho, você reconhecerá um deles. Então, observe seu mundo mais de perto. A definição da palavra *milagre* que eu quero que você use é: "Um evento que parece inexplicável pelas leis da natureza". Depois de escolher reconhecê-los e aceitá-los em sua vida, não fique surpreso se eles aparecerem de repente em todos os lugares!

Acreditando em Nosso Caminho para uma Possibilidade Maior

Os últimos capítulos mostraram que, quando pedimos a nós mesmos para transcender nossas limitações, o que realmente estamos pedindo é para mudar nossas crenças. E, para isso, precisamos de um bom motivo. O corolário desse princípio é o fato de que, quando o paradigma de uma velha crença é quebrado, deve-se fazer isso na presença de outras pessoas para ter um efeito amplamente difundido.

Com toda a probabilidade, algum corredor em algum lugar do mundo poderia ter corrido 1,6 km em quatro minutos um mês antes que Roger Bannister o fizesse. E se essa pessoa fez isso na privacidade da pista de seu próprio quintal, onde os únicos seres que a observavam foram os *pets* de sua família, como isso poderia ser aceito por outras pessoas? Como o som de uma árvore que cai na floresta sem ninguém para ouvi-lo, quem jamais saberia disso? De modo claro e evidente, nossos triunfos pessoais precisam ser experimentados por outras pessoas para que elas possam ser ancoradas como uma possibilidade na vida dessas pessoas. Cada vez que encontramos um milagre, atualizamos os programas de crença *deles* e enviamos à consciência um novo plano para a realidade.

Já vimos muitas vezes esse princípio em ação. De Buda, Jesus e Maomé a Gandhi, Madre Teresa e Martin Luther King, Jr., cada pessoa viveu uma nova maneira de estar na presença das outras pessoas. Elas o fizeram dentro da própria consciência que decidiram mudar. Podemos ter ouvido sobre esses poderosos exemplos de transformação durante tanto tempo que hoje os consideramos perfeitamente normais. Porém, um olhar mais atento para a maneira como esses mestres semearam novas ideias em um paradigma existente é nada menos que algo espantoso.

O que tornou tão poderosas as suas realizações foi a maneira como implementaram suas mudanças. É fácil para um programador sentar-se em algum lugar em um escritório com uma visão panorâmica do mundo virtual de um computador e ver onde as mudanças precisam ser feitas. Uma vez que esses lugares foram identificados, o programador pode isolar partes do programa e modificá-las ligeiramente ou reescrevê-las totalmente uma vez ou outra até que o resultado seja exatamente o desejado.

A chave aqui é que o programador esteja fora do programa olhando para o seu interior de uma perspectiva em que é fácil ver o que é necessário. Então, em um certo sentido, os programadores são como zagueiros de segunda-feira de manhã refletindo sobre um jogo que já foi disputado, e onde fica evidente, em retrospectiva, o que deveria ter acontecido. Eles estão assistindo ao jogo do lado de fora do campo! E aqui está a razão pela qual isso torna o que você e eu fazemos muito mais poderoso.

No computador quântico que é a nossa consciência, *não* estamos do lado de fora do campo. Estamos dentro do mesmo programa que tentamos mudar! Estamos à procura de significado, cura, paz e abundância dentro do próprio programa onde experimentamos a falta de tudo isso. No jargão da ciência da computação, quando um programa tem capacidade para avaliar uma situação em constante mudança e de chegar a uma nova resposta, diz-se que ele tem inteligência. E como a inteligência é gerada pela máquina, diz-se que é artificial.

Um exemplo recente de inteligência artificial que chegou às manchetes mundiais é o computador chamado Deep Blue.[10] Planejado especificamente como um programa de xadrez, Deep Blue venceu o Jogo 1 (Game 1) contra o campeão mundial que reinava na época, Garry Kasparov, em 10 de fevereiro de 1996, partida que foi vista em todo o mundo. Posteriormente, Kasparov comentou que o programa de computador mostrou uma "inteligência profunda" e uma "criatividade" que nem mesmo um mestre do xadrez conseguia entender.

Em alguns aspectos, talvez não sejamos tão diferentes do Deep Blue. No computador-consciência do universo, estamos avaliando as condições que a vida lança em nosso caminho e fazendo as melhores escolhas possíveis usando as informações que temos. A chave aqui é que tendemos a tomar essas decisões com base no que *acreditamos* sobre nossas capacidades e limites dentro do universo. Quando reconhecemos que a realidade cotidiana é a paleta que exibe nossas possibilidades, em vez de ser o reflexo de nossas limitações, o que podemos ter considerado inconcebível no passado agora está no âmbito de nosso alcance. De repente, tudo o que jamais poderíamos imaginar, e provavelmente coisas que nem sequer jamais consideramos, torna-se possível dentro dessa maneira de pensar.

No início deste livro, usei os padrões de som na água como uma analogia para a maneira como nossas "ondas de crença" ondulam através do material (ou "estofo") quântico de que o universo é feito. Sem descrever exatamente como as ondulações se movem, o que essa ideia expressa era que a experiência a qual chamamos de "crença" tem um efeito que se estende muito além de nosso corpo, onde ela é criada. Nesse efeito, encontramos nosso poder.

À medida que aprendemos a aprimorar a qualidade de nossas crenças de maneira muito precisa, estamos aprendendo a transformar as ondas de crença da doença em cura, os padrões da guerra em paz, e do fracasso e da carência em sucesso e abundância em nosso mundo. O que poderia ser mais poderoso? O que poderia ser mais sagrado? É de se admirar o fato de que tudo, desde religiões a nações, foi construído em torno do poder de nossas crenças?

CAPÍTULO SETE

Guia do Usuário para o Universo

"Toda a sua vida pode mudar em um segundo, sem que você jamais venha sequer a saber quando isso acontecerá."
– do filme **Antes e Depois (Before and After)**, *conforme citado por* **Laurence Galian** *em The Sun at Midnight: The Revealed Mysteries of the Ahlul Bayt Sufis*

"Cada ser humano é o autor de sua própria saúde ou de sua própria doença."
– **Buda** (cerca de 563 a.C. – cerca de 483 a.C.)

Anos atrás, assisti a um episódio de Jornada nas Estrelas: A Nova Geração (*Star Trek: The Next Generation*) que mudou tudo em que eu acreditava sobre realidade virtual. A linha da história começa com a tripulação da *Enterprise* explorando uma área não mapeada do espaço profundo. Nesse episódio em particular, ela faz a surpreendente descoberta de que um sol distante está prestes a explodir em uma supernova. O que torna esse evento tão significativo é o fato de que ele acontece em um sistema solar com um planeta semelhante à Terra que sustenta vida humana – pessoas que têm a certeza de serão destruídas em poucas horas pela explosão de seu sol.

O problema surge do anseio da tripulação da *Enterprise* para salvar aqueles seres humanos, o que se opõe à sua diretriz básica de evitar, a todo custo, perturbar o desenvolvimento de qualquer civilização menos avançada. Se o capitão e sua equipe subitamente os "teleportassem" para o planeta em uma missão de resgate, eles certamente seriam considerados deuses pela civilização em desenvolvimento, e essas percepções mudariam para sempre o curso de sua história. Mas não se preocupem! Para salvar os habitantes sem ofendê-los com a perspectiva delusória de uma nova religião, a tripulação imagina um plano brilhante.

Usando seus recursos de teletransporte e realidade virtual (os quais estão atualmente em vários estágios de desenvolvimento no mundo real), eles decidem esperar até que a noite chegue e os habitantes do planeta estejam dormindo. Em seguida, eles teleportam cuidadosamente toda a população para uma simulação na *Enterprise* projetada para imitar sua realidade – uma realidade *virtual*. Depois disso, eles os levariam a um novo lar em outro sistema solar que se parece, que os faz sentir e que funciona exatamente como seu planeta em vias de ser destruído. Quando as pessoas acordarem de seu sono, elas nunca saberão o que aconteceu. Elas não saberão que dispararam pelo espaço a uma velocidade de um zilhão de quilômetros por hora na realidade virtual de um mundo simulado. E se eles suspeitassem que algo aconteceu, isso lhes pareceria apenas um sonho. Para eles, tudo soaria perfeitamente normal. Eles logo se encontrariam em um mundo seguro e familiar e nunca o conheceriam de maneira diferente.

No entanto, até mesmo os melhores planos podem dar errado, e os eventos nesse episódio em particular não constituem exceção. De início, tudo parece dar certo. Enquanto dormiam, os habitantes são teleportados para sua realidade virtual. Quando eles acordam, aceitam o local em que se encontram como sua situação real – eles se mantêm assim, isto é, até que os sistemas de energia da nave estelar falhem e não conseguem mais manter ativa a simulação do computador. De repente, a realidade virtual começa a desmoronar: as rochas piscam, descolorem e ficam transparentes; o firmamento muda do céu azul para a cúpula do *holodeck* da nave estelar; e os técnicos, que eram invisíveis para os habitantes presos à simulação, aparecem repentinamente. Eu nem precisaria dizer que todo o enredo muda; e o bem-intencionado resgate torna-se um exercício em sensibilidade, verdade e emoção humana.

Meu ponto essencial é simplesmente este: os habitantes do planeta não sabiam que estavam em uma realidade virtual até que ela começou a falhar. Essa é toda a ideia de uma simulação – *supõe-se* que ela seja tão real que podemos usá-la para dominar nossas habilidades como pilotos, atletas ou criadores, como se ela fosse a coisa real. Então, se estivéssemos em uma simulação virtual projetada para imitar uma dimensão superior, ou um céu, aqui na Terra, será que algum dia saberíamos disso?

A Vida é Real, ou é um Sonho: Podemos Dizer Qual a Diferença?

Quando algo é verdadeiro, não é incomum descobrir que a verdade aparece em vários lugares diferentes e de várias maneiras. Nossa experiência da beleza em outras pessoas é um exemplo perfeito. Quando encontramos pessoas que nos atraem porque as reconhecemos como verdadeiramente belas, por dentro e por fora, sua beleza é atemporal e permanente. Como as vemos por meio de nossa percepção de atratividade, não importa o quão estreitamente examinemos suas vidas, elas permanecem belas para nós. Eles são belas quando acordam e se levantam, quando fazem seu trabalho, quando cometem erros, e no fim do dia. Lançando luz sobre esse fenômeno, o poeta elisabetano Fulke Greville afirmou: "O critério da verdadeira beleza é que ela aumenta ao ser examinada".[1]

Assim como Greville acreditava que a beleza se sustenta sob exame minucioso, esperamos que o tema subjacente a uma verdade universal permaneça consistente por mais que o exploremos. O Dilúvio bíblico oferece um exemplo perfeito desse tema. Ao longo de toda a história e das culturas, a narrativa de um imenso dilúvio é recontada ao redor do mundo. Narrada em vários continentes, em diferentes idiomas e envolvendo diversas pessoas, os detalhes e o resultado são quase idênticos. É esse tema consistente – bem como as evidências que o sustentam – que nos leva a acreditar que em algum ponto de nosso passado distante um grande dilúvio realmente ocorreu.

Apresentando pontos em comum com a maneira como o relato do dilúvio aparece em muitas tradições, o nascimento do universo e a história de nossas origens são recontados com uma consistência notável em diferentes visões de mundo. A linha de base que entretece conjuntamente essas narrativas é a descrição do nosso mundo como um sonho/ilusão/projeção de coisas que acontecem em outro domínio. E agora precisamos considerar, entre essas visões, as novas evidências de que a Terra é uma simulação.

Quando pensamos em tal possibilidade, reconhecemos que ela não é tão diferente das ideias que formam a base para quase todas as mais importantes tradições espirituais da atualidade. Em uma linha que vai da cosmologia hinduísta – a qual descreve o universo como um sonho de Vishnu – até a visão sustentada pelo povo de Kalahari, do sul da

África – a qual afirma que estamos sonhando nossa própria existência, as tradições espirituais retratam nossa realidade considerando-a como a sombra de outra realidade – uma realidade que é ainda mais real do que esta que vivemos. O que é interessante aqui é fato de que o tema das narrativas não muda. Independentemente de quando elas começaram, a ideia de que este mundo é ilusório é uma constante, mesmo nos relatos mais antigos da criação.

Por exemplo, os habitantes aborígenes da Austrália podem ser rastreados ao longo de uma linhagem de sangue contínua que começou há, pelo menos, cinquenta mil anos, e possivelmente antes. Durante todo esse imenso período, sua narrativa da criação foi preservada. Assim como novas teorias sugerem que um antigo programador moldou nosso mundo, os aborígines descrevem os *wondjinas*, os seres ancestrais que criaram este mundo sonhando com sua existência. O que é importante aqui é que cada uma dessas tradições descreve nossa conexão com outro reino além daquele que podemos perceber do nosso ponto de vista aqui na Terra.

Durante sua vida, o físico pioneiro David Bohm nos ofereceu uma visão de mundo semelhante em linguagem moderna. Por meio de expressões como *ordem implicada* e *ordem explicada*, Bohm via nosso mundo como a sombra ou a projeção de eventos que estão acontecendo em algum outro lugar.[2] Em sua visão, esse algum lugar era uma realidade mais profunda de onde emergem os eventos de nosso mundo. De maneira semelhante aos ensinamentos das tradições indígenas, a obra de Bohm demonstrou que esse outro reino é muito real, talvez ainda mais real do que a *nossa* realidade. Novamente, o que acontece é que não conseguimos vê-la de onde estamos agora.

Exceto pela sua linguagem, essas perspectivas paralelizam o que as grandes religiões têm proclamado ao longo dos séculos. O tema que elas compartilham é o de que vivemos em um mundo temporário, no qual estamos nos testando, nos treinando e nos preparando para alguma coisa que ainda está por vir, em um reino que ainda não nos é visível. Embora as narrativas sobre exatamente o que é essa "alguma coisa" e sobre como podemos chegar lá variem entre as tradições, todas parecem lidar com o poder da crença e com nossa capacidade para acreditar que os desejos do nosso coração podem trazer esse "mistério" à existência.

Dessa perspectiva, quando nos encontramos em situações que nos desafiam e nos testam, estamos na verdade aprimorando nossas habilidades de crença para uso em um lugar identificado por nomes que se estendem de Nirvana e de quinto mundo a dimensões superiores e ao céu. No caso de falharmos em dominar essas forças aqui, recebemos uma oportunidade adicional, sob condições ainda mais intensas, em outro sonho, que as tradições cristãs simplesmente chamam de inferno. É a partir dessas crenças antigas que a ideia de vida como uma simulação fica realmente interessante.

Se Estivéssemos Vivendo em uma Simulação, Saberíamos Disso?

Quando, como cientista, comecei a considerar nosso mundo como uma simulação e a crença como a linguagem da maestria, a primeira questão que me veio à mente era: *Por quê?* Qual seria o propósito? Que fim poderia possivelmente justificar o esforço necessário para criar uma realidade artificial do tamanho de todo o universo? Minha primeira iniciativa foi examinar as expressões *simulação* e *realidade virtual* para saber o que realmente significam. As definições que encontrei me permitiram aproximar mais um passo da resposta à minha pergunta inicial.

O *American Heritage College Dictionary* define *realidade virtual* como "uma simulação de computador de um sistema real ou imaginário que permite a um usuário realizar operações no sistema simulado e mostrar os efeitos em tempo real".[3] Em outras palavras, é um ambiente artificial de ação e realimentação, no qual podemos descobrir os efeitos do nosso comportamento e as consequências de nossa conduta em um ambiente "seguro". Embora essa definição seja interessante, quando a combinamos com a descrição de uma simulação, ela oferece um contexto moderno para algumas das mais misteriosas tradições religiosas do passado – especialmente aquelas que descrevem nossas possibilidades milagrosas.

A definição de *simulação* pelo mesmo dicionário etimológico é breve, mas poderosa: "A imitação ou representação de uma situação potencial".[4] Essa definição não soa estranhamente semelhante à da nossa experiência da Terra em relação ao céu? Quando juntamos essas duas definições e as consideramos no contexto de nossas crenças mais profundas e de nossas mais estimadas tradições espirituais, as implicações que resultam dessa junção são desconcertantes. Elas descrevem precisamente as mesmas informações que nos são comunicadas por textos milenares – especificamente, que estamos vivendo na "representação temporária de uma situação potencial" (o céu ou uma dimensão superior) que nos permite aprender as regras aqui antes de chegarmos à coisa real.

Talvez seja essa a melhor maneira de pensar no que está acontecendo atualmente em nosso mundo. Estamos recebendo maiores oportunidades, sob condições mais extremas, com consequências mais poderosas para que possamos descobrir quais de nossas crenças funcionam e quais não funcionam. A intensidade com a qual as oportunidades parecem estar surgindo em nosso caminho sugere que é importante aprendermos logo essas lições, antes de nos encontrarmos em um lugar onde tais habilidades são imprescindíveis.

Nos últimos anos, compartilhei essa possibilidade com o público ao vivo em todo o mundo. A resposta foi esmagadoramente, quase unanimemente, positiva. Talvez o motivo disso seja porque nosso mundo de alta tecnologia nos tenha preparado para tal ideia. Talvez seja porque a descrição da matriz de Max Planck e o filme baseado em suas ideias já tenham plantado a semente para a existência de uma realidade maior. Por qualquer razão, quase universalmente, os participantes do público não apenas aceitam o fato de que tal possibilidade existe, mas também sentem como se estivessem prontos para o surgimento de algo assim ao longo de toda a sua vida.

Quando penso a respeito do por que algumas pessoas podem estar tão dispostas a aceitar o que soa para outras como uma ideia tão radical, duas possibilidades vêm à mente:

1. Podemos simplesmente estar prontos para uma nova história de nossa existência – ou, pelo menos, para uma versão atualizada da história existente – que nos diz quem somos e como o universo começou.
2. A ideia de vivermos em um estado de realidade virtual soa tão verdadeira e toca algo tão profundo em nosso interior que estivemos esperando as palavras certas para que elas desencadeassem exatamente essa possibilidade em nossa memória.

Quando olhamos para os paralelismos entre uma simulação virtual e um descrição religiosa da vida, o reconhecimento da conexão é inequívoco. Eis aqui um resumo de alto nível que compara as duas visões da realidade.

Comparação entre Realidade Virtual e Realidade Espiritual	
Realidade Virtual	Realidade Espiritual
1. Criada por um programador	1. Criada por um Poder Superior / Deus
2. Tem um ponto de partida e um ponto final	2. Tem um começo e um fim temporal
3. Regras e usuário melhoram com a prática	3. Lições repetidas até que sejam dominadas
4. O usuário está conectado "fora" da simulação	4. Estamos conectados com o eu superior / fonte / Deus
5. O usuário tem pontos de entrada e saída	5. Experimentamos o nascimento e a morte
6. O usuário define a experiência a partir de dentro	6. A realidade espelha nossa experiência

As semelhanças são impressionantes. Exceto pela linguagem, essas duas maneiras de pensar o mundo soam quase idênticas.

"Quase Certamente, Vivemos em uma Simulação": As Evidências

Em 2002, Nick Bostrom, destacado filósofo da Universidade de Oxford, e diretor do Future of Humanity Institute, levou um passo adiante a ideia radical de que vivemos em uma realidade virtual. Em uma linguagem ousada, ele explorou essa ideia em um artigo "não absurdo" (*no-nonsense*) intitulado "Are You Living in a Computer Simulation?" [Você Está Vivendo em uma Simulação de Computador?] no qual ele aplica os rigores da matemática e da lógica para nos oferecer uma maneira concreta de considerar, de um modo ou de outro, se a "realidade" é de fato real ou não.[5]

Ele começa descrevendo a possibilidade de uma civilização futura que sobreviveu às ameaças da guerra, das doenças e dos desastres naturais para se tornar o que ele chama de "pós-humano". Em seguida, identifica três cenários por meio de uma análise estatística complexa (omitida aqui para simplificar) e argumenta que pelo menos um deles é verdadeiro. As possibilidades são as seguintes:

1. Algum evento catastrófico (como uma guerra global, um desastre natural, doenças generalizadas, e assim por diante) nos destruirá antes mesmo de alcançarmos o estágio pós-humano.
2. Atingiremos o estágio pós-humano, mas temos pouco interesse em criar simulações da realidade do tamanho do universo.
3. Chegaremos ao estágio pós-humano e, como temos interesse e/ou necessidade de criar um mundo virtual, realmente faremos isso.

Em uma seção do artigo, que descreve o que ele chama de "o núcleo do argumento da simulação", Bostrom faz uma pergunta fundamental: *"Se houvesse uma possibilidade substancial de que nossa civilização chegará ao estágio pós-humano e que ela executará o que ele chama de 'simulações ancestrais', então por que não estamos vivendo essa simulação agora?"*

Com base nas tendências atuais da ciência, Bostrom supõe, logicamente, que uma civilização pós-humana tecnologicamente madura incluiria um enorme poder de computação.[6] Com esse "fato empírico" em mente, sua estatística mostra que pelo menos uma de suas três proposições precisa ser verdadeira.

Se a primeira ou a segunda for verdadeira, então a probabilidade de que estamos vivendo em uma simulação é pequena. A terceira possibilidade é onde tudo realmente fica interessante – se *ela* for verdadeira, conclui Bostrom, "é *quase certo que vivemos em uma simulação* [os itálicos são meus]".[7] Em outras palavras, se é provável que nossa espécie irá sobreviver a eventos que ameaçam o nosso futuro, e se ela tiver o interesse ou a necessidade de criar um mundo simulado, então a tecnologia que acompanhará tais condições nos permitirá fazê-lo. Isso leva à conclusão de que as probabilidades favorecem a ideia de que tudo isso já aconteceu e que já estamos vivendo em um universo simulado.

As evidências sugerem que, quase certamente, vivemos em uma realidade virtual.

Independentemente de como podemos nos sentir a respeito de tal conclusão ou de como ela pode parecer surpreendente, o que eu acredito ser importante aqui é o fato de que toda a ideia de que vivemos em uma realidade virtual seja levada tão a sério que lhe dediquemos efetivamente o tempo e a energia necessários para explorá-la como uma solução perfeitamente real para o mistério de nossa existência.

Reconhecendo que temos o poder de destruir a nós mesmos – como descreve a primeira possibilidade no artigo de Bostrom, embora venha de uma perspectiva muito diferente sobre o assunto –, o astrofísico britânico Stephen Hawking sugere que precisamos encontrar outro mundo para habitar se a espécie humana quiser sobreviver. Durante uma conferência de imprensa em 2006, em Hong Kong, ele afirmou: "Não encontraremos lugar algum tão bom quanto a Terra, a não ser que viajemos para outro sistema estelar".[8]

Embora eu certamente compreenda o pensamento por trás da visão de Hawking, e, em última análise, acredite que os seres humanos *viverão* em outros mundos, também sinto que, a fim de desenvolver a tecnologia necessária para isso, teremos de responder à pergunta apresentada neste livro: "*Qual é o papel que a crença desempenha em nosso mundo?*" Pode muito bem ocorrer que, quando descobrirmos como o universo e a crença realmente funcionam, teremos menos necessidade de fazer com que outro planeta torne-se nosso lar. Conforme dominarmos nosso poder de crença, a Terra mudará como resultado de nossas lições e refletirá nosso desejo de viver vidas sustentáveis, cooperativas e pacíficas.

Quando combinamos as evidências que nos sugerem que já estamos vivendo em um estado de realidade virtual com a sabedoria das tradições indígenas, as quais nos dizem que o universo é um sonho que espelha nossas crenças, de repente toda a ideia de que temos o poder de mudar o mundo torna-se mais plausível. Vale a pena explorar as evidências de que *a própria* crença é a linguagem que traz alegria ou sofrimento à nossa vida – e com uma nova urgência!

Tudo isso leva a questões ainda mais profundas. "*Quem* poderia ser o responsável pela experiência virtual de um universo inteiro? Quem colocou tudo isso junto, e quem escreveu o código?" Embora os filmes gostem de responder a tais questões supondo a existência de um misterioso "arquiteto" à espreita nos bastidores, podemos descobrir que a resposta é, na verdade, algo muito mais simples... e ainda mais intenso e profundo.

Será que o Grande Programador nos Deixou um Manual do Usuário?

No começo do filme *Contato* (*Contact*), a personagem principal, a dra. Arroway, interpretada por Jodie Foster, faz parte de uma equipe de pesquisa que recebe uma mensagem criptografada vinda do espaço profundo. Antes que possa decodificá-la, a equipe precisa encontrar uma chave que lhe diga que suas traduções estão corretas. Mas, em vez de uma chave oculta enterrada em um texto ou em uma fórmula matemática complexa, esse código é descoberto em um lugar onde seus programadores tinham certeza de que ele permaneceria seguro: na própria mensagem. Ao traduzir uma frase simples dentro dele, a equipe da dra. Arroway desvenda o segredo do primeiro cartão de visita interestelar.

Talvez o mesmo princípio se aplique à descoberta do segredo de como nossas crenças funcionam em uma realidade simulada. A pista sobre "quem" é responsável pode estar na identificação de quem é o beneficiário de tal experiência. Quem domina melhor as regras de um tal mundo prático? A resposta é óbvia, mas misteriosa. São aqueles que habitam a própria simulação. Somos *nós*!

Podemos apenas descobrir que *somos os grandes programadores* que criaram este mundo prático para nós mesmos. Podemos descobrir que *concordamos* em mergulhar no laço de realimentação de uma simulação para dominar nosso coração. Que melhor maneira de aprender como viver em um domínio que ainda viremos a habitar?

Se for esse o caso, então faz ainda mais sentido olhar para dentro do mistério daquilo que criamos a fim de encontrar as regras de nossa criação. Como mencionamos antes, faz pouca diferença se acreditamos que realmente vivemos em um tal lugar simulado ou se simplesmente usamos isso como uma metáfora para o que experimentamos na vida.

O importante é que, reais ou virtuais, estamos aqui e agora. E as regras do "aqui" são as que estamos aprendendo a dominar.

Jürgen Schmidhuber, do Instituto Dalle Molle para a Inteligência Artificial, na Suíça, é um dos principais proponentes da ideia de que nosso mundo é o resultado de um grande computador cósmico. Faltando apenas as palavras que dizem: "*Em uma galáxia muito, muito distante...*", Schmidhuber deixa poucas dúvidas a respeito de como ele acredita que nosso universo começou, afirmando: "Há muito tempo, o Grande Programador escreveu um programa que roda todos os universos possíveis em Seu Grande Computador".[9] Em seu artigo intitulado "A Computer Scientist's View of Life, the Universe, and Everything" [Uma Visão da Vida, do Universo e de Tudo por um Cientista de Computador], ele oferece um argumento técnico, mas convincente, semelhante à análise de Bostrom, propondo que é mais provável *estarmos* vivendo em uma realidade virtual do que não estarmos.

Então, o que essas análises significam? Se estamos aqui, em um mundo de possibilidades infinitas, para dominar o que significa estar em um tal lugar, será que alguém nos deixou as instruções? O Grande Programador de Schmidhuber nos deixou um manual do usuário? Se deixou, saberíamos reconhecê-lo se o encontrássemos?

Nos últimos trezentos anos mais ou menos, temos confiado nas "leis" da física para nos dizer as regras do nosso mundo: o que é possível e o que não é. Na maioria das vezes, essas leis parecem ter funcionado bem... pelo menos elas o fazem no mundo cotidiano. No entanto, como mencionamos antes, há lugares onde as leis da física não funcionam, como no domínio muito pequeno das partículas quânticas. Embora possa parecer que este mundo infinitesimal desempenha um papel tão insignificante em nossa vida que poderíamos perfeitamente considerar o fracasso das leis da física em seu âmbito como um efeito marginal, nada poderia estar mais longe da verdade. O próprio lugar onde as leis colapsam é precisamente onde nossa realidade começa.

O fato de que as leis da física como as conhecemos atualmente não parecem universais nos diz que é preciso haver outras regras que governam nossa realidade. Se pudermos encontrá-las e aprender o que significam em nossa vida, então as instruções sobre o que é possível e o que não é ficam claras. É aqui que entra o poder da crença. Como a crença é considerada um dos efeitos que não são levados em consideração pela física convencional, eles podem justamente nos apontar o caminho para compreendermos como nossa simulação funciona.

No Capítulo 1, compartilhei com o leitor a história da minha experiência no Pueblo Taos. Quando alguém perguntou ao nosso guia nativo norte-americano sobre suas tradições de cura "secretas", ele respondeu que a melhor maneira de esconder alguma coisa é "mantê-la exposta à vista de todos". Seu comentário é uma reminiscência da maneira como o código da mensagem para a dra. Arroway estava localizada, bem à vista na própria mensagem, e nos leva a perguntar: *"Será que algo semelhante aconteceu conosco?"* Será que o nosso manual do usuário para a realidade está sendo apresentado a nós sob uma forma tão abundante que, embora estejamos procuramos por pistas sutis, nós o perdemos completamente?... Acredito que a resposta é *sim*.

O manual do usuário para a realidade é a própria realidade. Que melhor maneira de mostrar como funciona um universo refletido do que ter o *feedback* instantâneo de relacionamentos, abundância, saúde e alegria – ou a falta de tudo isso – para que possamos ver o que funciona e o que não funciona? Podemos tentar *esta* maneira de ser (ou *aquela* maneira de ser), e se tivermos a sabedoria de reconhecer como nosso mundo muda quando modificamos nossas crenças, teremos nosso guia do usuário inscrito não no papel, mas em toda uma vida de experiências. Tudo se resume a padrões de energia, às maneiras como esses padrões interagem e como os afetamos com nossas crenças.

A Prece como um Programa

Nos capítulos anteriores, exploramos as descobertas e tradições lembrando-nos de que a crença, bem como a maneira como nos sentimos a respeito dela, é a linguagem que faz com que os fatos aconteçam no mundo. A beleza da crença está no fato de que não precisamos entendê-la para nos beneficiarmos dela em nossa vida. E essa é a mensagem dos mestres do nosso passado.

Nas palavras de sua época, professores como Buda, Jesus, Krishna, os Anciões nativos norte-americanos e outros fizeram o possível para compartilhar o segredo que nos liberta de sermos vítimas da vida. Em um sentido muito real, eles eram os programadores mestres da consciência, bem como os arquitetos das eras. E eles não tentaram manter o segredo de reorganizar os átomos para fazer milagres para si mesmos – eles também nos ensinaram o código para fazermos o mesmo e nos tornarmos programadores da realidade. Nós herdamos seus ensinamentos. Por mais místicas que suas palavras possam nos parecer atualmente você é capaz de imaginar como teriam soado, há dois mil e quinhentos anos, para uma população em grande parte analfabeta?

Buda, por exemplo, era um homem muito à frente de seu tempo. Quando lhe pediram para explicar nosso papel nos eventos que acontecem no mundo, sua resposta foi clara, concisa e profunda: "Todas as coisas aparecem e desaparecem por causa da concorrência de causas e condições".[10] Ele também disse: "Nada existe inteiramente sozinho; tudo está relacionado a todas as outras coisas".[11] Que palavras poderosas e eloquentes! O que elas teriam significado para as pessoas de sua época? Uma vez que Buda descobriu essa verdade por si mesmo, ele passou o restante de sua vida ensinando alunos sobre como podemos mudar o mundo mudando a nós mesmos.

De maneira semelhante, Jesus ensinou que precisamos *nos tornar* em vida os próprios fatos e perspectivas que escolhemos vivenciar no mundo. Procurando por uma maneira de demonstrar que nossa realidade quântica espelhará aquilo que nós damos a ela para ela trabalhar, ele advertiu seus seguidores para não serem influenciados pela raiva e pela injustiça daqueles ao seu redor. Em vez disso, Jesus demonstrou que nossas crenças têm o poder de nos mudar, e quando mudamos a nós mesmos, mudamos nosso mundo.

Para vivenciar essas crenças poderosas, os mestres do passado escolheram apenas as palavras certas, concebidas para provocar exatamente os sentimentos certos, a fim de criar os efeitos certos. Hoje, chamamos seus programas de crença de "orações", "preces", e podemos pensar nelas como instruções para a consciência. Quando proferimos as palavras do código, elas são planejadas para criar as crenças de cura e os milagres baseados no coração. O Pai-Nosso é um belo exemplo.

Quando examinamos essa prece poderosa como um código, notamos que as palavras se encaixam no arcabouço preciso dos programas de computador descritos no Capítulo 2. No que pode muito bem ser a mais antiga e mais amplamente documentada descrição de um tal programa, Jesus nos deixou um modelo, um gabarito, explicando como podemos falar com a essência quântica do universo, e como fazê-lo de uma maneira que ele reconheça. Em uma linguagem que é tão clara e elegante hoje como era há dois mil anos, Jesus começa suas instruções de programação afirmando de maneira simples e direta como o código deve ser usado: "*Dessa maneira, portanto, orai*". Aqui, a linguagem é importante. É claro que ele não disse para orar somente usando essas palavras *exatas*. Em vez disso, ele nos convidou a orar *de modo parecido com esse*, ou dessa forma, ou "dessa maneira". Temos opções.

Seguindo sua advertência, ele declarou as palavras do programa planejado para comunicar ao universo os desejos do nosso coração. Embora o Pai-Nosso possa ser familiar a você, vamos examiná-lo por meio dos olhos de um programador cósmico. Quando o fazemos, ele claramente cai em nossas três categorias familiares dos comandos *começar*, *trabalhar* e *completar*.

O Código	Comando do Programa	Propósito
Pai-Nosso Pai-Nosso que estás no céu Santificado seja O vosso nome. Venha a nós O vosso reino, Seja feita a vossa vontade Assim na terra como no céu.	Comando *Começar*	Abrir o Campo

Esse grupo de declarações marca claramente o início, ou o *começo*, do nosso código da consciência. Elas não nos pedem para fazer algo ou para ser algo – são declarações de adoração, reconhecendo o poder da força que estamos prestes a acessar. Quando as lemos da perspectiva da prece como um código, elas são planejadas para inspirar em nós um sentido de abertura e de grandeza. É essa emergência de sentimentos que abre o caminho da possibilidade, que se dirige do nosso coração para o campo quântico. E o comando Começar claramente nos deixa com um sentimento muito diferente das palavras presentes na próxima parte do código.

O Código	Comando do Programa	Propósito
O pão nosso de cada dia nos dai hoje, Perdoai as nossas dívidas, assim como nós perdoamos os nossos devedores. E não nos deixeis cair em tentação, mas livrai-nos do mal.	Comando *Trabalhar*	Criar o sentimento

Essas declarações são os comandos Trabalhar. Em vez de nos inspirar com o sentimento de que estamos prestes a nos comunicar com o próprio universo, elas fornecem a ação para a prece se realizar. Nesse caso, essa ação é o sentimento que provém de ser aliviado dos fardos identificados na prece. Quando acreditamos que temos tudo de que precisamos para nossas famílias e para nós mesmos, experimentamos uma sensação de alívio. Quando sentimos que estamos livres da tensão entre nós e aqueles a quem estamos em dívida, então sentimos que somos conduzidos pelo caminho certo e envolvidos em uma sensação curativa de paz e gratidão. Esse é o trabalho que o programa é planejado para realizar.

O Código	Comando do Programa	Propósito
Pois vosso é o reino, o poder e a glória, para sempre. Amém.	Comando *Completar*	Concluir os agradecimentos

Com as instruções do comando Completar, mais uma vez há uma mudança bem definida de tom e de sentido. Elas não estão mais informando ao nosso programa sobre o que fazer; em vez disso, são planejadas para proporcionar um sentido de encerramento. Quando as pronunciamos, sentimos essa completude como uma liberação em nosso corpo. Nossa prece não é deixada demorando-se como uma proposição aberta; em vez disso, tem um fim. É limpa, clara e completa. Quando declaramos que o universo está nas mãos de um poder maior e sentimos que estamos alinhados com esse poder para dar vida às nossas palavras, encontramos um sentido de empoderamento. Depois de usar esse modelo, ou gabarito, sabemos que nossa prece foi realizada.

A beleza do Pai-Nosso é sua tradição e sua simplicidade. Por meio de uma planta, um planejamento, que mudou pouco em mais de dois mil anos, recebemos a estrutura de um código cósmico para abrir o campo das possibilidades infinitas. Assim como o código de um programa de computador nos liga aos mecanismos invisíveis que permitem à máquina fazer o que ela faz, as palavras dessa prece são planejadas para manifestar as condições que nos ligam às forças da criação. Nas palavras da prece, encontramos o grande segredo para programar o universo, e ele está escondido à vista de todos!*

---

* O grande poeta romântico inglês Samuel Taylor Coleridge, cuja fama se deve, em particular, ao seu conhecido poema psicodélico Kubla Khan – Uma Visão em um Sonho, publicado em 1816, sugeriu que o poderoso poder evocativo da poesia, e da experiência poética, exigia, para sua eficácia, uma atitude prévia do leitor, que ele chamou de "suspensão da descrença". Um século e meio depois, a geração psicodélica aprendeu que toda a experiência psicodélica estava sob a égide da suspensão da descrença. A canção The Island, provavelmente criada por influência do tema de A Ilha, o último grande romance de Aldous Huxley, seria gravada em 1966 e incluída no álbum Ballroom. The Island só foi lançada em 1968, por outra banda de seu criador, Curt Boettcher, The Millenium, mas sem o belo vocal feminino, mais espontâneo e sugestivo, da versão original. Depois de ficarem três décadas enterradas, as canções de Ballroom foram redescobertas e lançadas em um CD triplo, Magic Time, por volta da virada do milênio: "A Ilha está chamando / A Ilha é minha terra / E também poderia ser sua terra se você / Não tivesse tanto medo de ir até lá / Disseram-lhe que você não pode / Portanto, se é nisso que você quer acreditar / Você não irá a lugar algum". A crença a que The Island se refere é aquela que dá o primeiro impulso à procura iniciática do mistério da Ilha. Ou você o nega ou o aceita. Se você o aceita, o Mistério se abre para você. Se você o nega, o Mistério se torna uma ameaça para o seu ego. Você se refugia em crenças falsas, como acontece atualmente, quando espíritos ansiosos pela experiência religiosa caem como presas fáceis nas redes do literalismo dos evangélicos, no negacionismo dos governos hipócritas e na aridez do racionalismo acadêmico, em suma, em todas as variedades do dualismo cego e ignorante. Mas aqueles que aceitam o Mistério reconhecem que "A Ilha está chamando – ela está chamando / E ela está aí, dentro de você /A Ilha, a Ilha, a Ilha, / Está cercada pelo mar de você." E para ouvir esse chamado, a única chave possível, como mostra o presente livro, é "crer". (N. do T.)

> **Tente isto:** Olhe com atenção para as grandes preces de outras tradições. Verifique por si mesmo se e como seus autores usaram os gabaritos dos comandos *começar*, *trabalhar* e *completar* que vemos no Pai-Nosso para falar ao universo.

Um Guia do Usuário para o Universo

No último capítulo de *A Matriz Divina*, listei os destaques do livro como uma série de chaves que resumem os princípios descritos ao longo de suas páginas. Como este livro se encaixa com esse material, fiz algo semelhante aqui, listando os códigos de crença que foram destacados em cada capítulo.

Nos seis primeiros capítulos, essas ideias foram desenvolvidas em uma sequência precisa – elas têm uma ordem, e há uma razão para isso. Cada uma delas é oferecida no contexto das ideias que a precedem, enquanto prepara o caminho para aquelas que a seguem. De maneira semelhante às chaves de *A Matriz Divina*, convido você para considerar a seguinte sequência de códigos de crença, um de cada vez. Permita a cada um deles seu próprio mérito como um poderoso agente de mudança.

Em seu livro *The Prophet* (*O Profeta*), Khalil Gibran nos lembra: "Trabalho é amor tornado visível".[12] Dessa perspectiva, é por meio de suas ações que você mostra o seu carinho pela própria vida, e por isso, eu o convido a *trabalhar* com seus códigos de crença. Permita que eles se tornem o seu amor tornado visível. Leia cada um deles e pondere, discuta, compartilhe e viva com eles até que eles façam sentido para você. Juntos, esses passos podem se tornar seu programa de consciência para mudar você e seu mundo.

Código de Crença 1: Experimentos mostram que o foco da nossa atenção muda a própria realidade e sugerem que vivemos em um universo interativo.

Código de Crença 2: Vivemos nossa vida com base no que acreditamos sobre nosso mundo, nós mesmos, nossas capacidades e nossos limites.

Código de Crença 3: A ciência é uma linguagem – uma das muitas que descrevem a nós, o universo, nosso corpo e como tudo funciona.

Código de Crença 4: Se as partículas de que somos feitos podem se comunicar umas com as outras instantaneamente, podem estar em dois lugares ao mesmo tempo, e podem até mesmo mudar o passado graças a escolhas feitas no presente, então nós também podemos.

Código de Crença 5: Nossas crenças têm o poder de mudar o fluxo de eventos no universo – elas têm, literalmente, o poder de interromper e redirecionar o tempo, a matéria e o espaço, e os eventos que ocorrem dentro deles.

Código de Crença 6: Assim como podemos rodar um programa simulado que parece real e que sentimos como real, estudos sugerem que o próprio universo pode ser o resultado do processamento (*output* ou saída) de uma imensa e antiga simulação – um programa de computador – que começou há muito tempo. Nesse caso, conhecer o código do programa é conhecer as regras da própria realidade.

Código de Crença 7: Quando pensamos no universo como um programa, os átomos representam "*bits*" de informação que trabalham exatamente da maneira familiar como os *bits* de computador o fazem. Eles estão "ligados", como matéria física, ou "desligados", como ondas invisíveis.

Código de Crença 8: A natureza usa alguns padrões simples, autossimilares e repetitivos – fractais – para encaixar átomos nos padrões familiares de tudo, desde elementos e moléculas até rochas, árvores e nós mesmos.

Código de Crença 9: Se o universo é feito de padrões que se repetem, então o fato de compreendermos algo coisa em pequena escala nos fornece uma poderosa janela para formas semelhantes em grande escala.

Código de Crença 10: A crença é o "programa" que cria padrões na realidade.

Código de Crença 11: O que nós *acreditamos* que seja verdadeiro na vida pode ser mais poderoso do que aquilo que outros aceitam como verdadeiro.

Código de Crença 12: Precisamos aceitar o poder da crença para podermos recorrer a ele em nossa vida.

Código de Crença 13: A crença é definida como a certeza que vem de aceitarmos o que nós *pensamos que é verdadeiro* em nossa mente em união com o que nós *sentimos que é verdadeiro* em nosso coração.

Código de Crença 14: A crença é expressa no coração, onde nossas experiências são traduzidas nas ondas elétricas e magnéticas que interagem com o mundo físico.

Código de Crença 15: As crenças, e os sentimentos que temos sobre elas, constituem a linguagem que "fala" ao material (ou "estofo") quântico que constrói nossa realidade.

Código de Crença 16: A mente subconsciente é muito mais ampla e mais rápida que a mente consciente, e pode responder por noventa por cento de nossas atividades de cada dia.

Código de Crença 17: Muitas das nossas crenças mais profundamente sustentadas são subconscientes e começam quando o estado do nosso cérebro nos permite absorver as ideias de outras pessoas antes dos 7 anos de idade.

Código de Crença 18: Em nossos maiores desafios da vida, com frequência descobrimos que nossas crenças mais profundamente ocultas estão expostas e disponíveis para a cura.

Código de Crença 19: Nossas crenças sobre feridas não resolvidas podem criar efeitos físicos com poder para nos causar danos ou até mesmo de nos matar.

Código de Crença 20: Quando nossa alma fica ferida, nossa dor é transmitida para dentro do corpo como a qualidade espiritual da força vital com que alimentamos cada célula.

Código de Crença 21: Os mesmos princípios que nos permitem ferir a nós mesmos até a morte também funcionam no sentido contrário, permitindo-nos curar a nós mesmos no caminho da vida.

Código de Crença 22: Nossa crença em uma força única para tudo o que acontece no mundo, ou em duas forças opostas e conflitantes – uma boa e a outra má – desempenha um papel em nossa experiência de vida, saúde, relacionamentos e abundância.

Código de Crença 23: Para curar a batalha antiga entre a escuridão e a luz, podemos descobrir que ela se refere menos a derrotar uma ou a outra, e mais a escolher nossa relação com ambas.

Código de Crença 24: Um milagre que é possível para qualquer pessoa é possível para todos.

Código de Crença 25: Em uma realidade participatória, estamos criando nossa experiência, bem como experimentando aquilo que criamos.

Código de Crença 26: Em 1998, cientistas confirmaram que, para influenciar fótons, basta "observá-los", e descobriram que quanto mais intensa for a observação, maior será a influência do observador sobre a maneira como essas partículas se comportam.

Código de Crença 27: A Regra Principal da Realidade é esta: precisamos *nos tornar* em nossa vida o que escolhemos experimentar no mundo.

Código de Crença 28: Tendemos a experimentar na vida aquilo com que nos identificamos em nossas crenças.

Código de Crença 29: Por diferentes razões, que refletem as variações nas maneiras como aprendemos, tanto a lógica como os milagres nos oferecem um caminho até os recessos mais profundos de nossas crenças.

Código de Crença 30: Para mudar nossas crenças por meio da lógica de nossa mente, precisamos nos convencer de uma nova possibilidade por meio de fatos indiscutíveis que levam a uma conclusão inevitável.

Código de Crença 31: O poder de um milagre está no fato de que nós não precisamos compreender *por que* ele funciona. Precisamos, no entanto, estar dispostos a aceitar o que ele traz à nossa vida.

A Cura Espontânea pela Crença

Quase universalmente, compartilhamos um sentido de que há mais coisas a que podemos ter acesso do que aquelas que atingem nosso olho. Em algum lugar bem fundo em nosso mundo interior, *sabemos* que possuímos poderes milagrosos que simplesmente não exploramos – pelo menos não nesta vida. Também sabemos que temos capacidade para trazer os milagres de nossa imaginação até a realidade de nossa vida. Talvez seja *porque* estamos cientes de que essas coisas são possíveis que encontramos força para amar sem medo e compartilhar, com abnegação, de um mundo que, com frequência, parece perigosamente fora de controle.

Desde o tempo em que éramos crianças, fantasiávamos sobre nossos poderes inexplorados e não aproveitados. Imaginamos realizar ações que ultrapassam o domínio do que outras pessoas dizem que é possível – voar entre as nuvens, por exemplo, e conversar com animais e com seres que outras pessoas não podem ver. Por que não? Quando ainda somos crianças, não aprendemos de maneira diferente. Quando somos crianças, não aprendemos que os fatos não existem a menos que possamos vê-los, e que milagres não podem acontecer em nossa vida. Porém, à luz do que nós acreditamos, vemos essas coisas e reconhecemos milagres em todo o nosso redor.*

* Em uma das "joias psicodélicas" de 1968 desenterradas na virada do milênio pelos prospectores que buscavam o que chamavam de Graal escondido em meio à imensa produção musical da década de 1960, o LP Creation of Sunlight destaca, na canção que abre o disco, "David", a percepção livre da criança em oposição ao mundo coisificado e definitivo do adulto. Para os cultuadores da geração psicodélica, as crianças eram mestres em se desprender da realidade fake do mundo adulto. Sem nenhum proselitismo das drogas psicodélicas, que revelaram a toda essa geração o papel revolucionário do polimorfo, aberto e desprendido "crer para ver" (em oposição à visão monocrática, monolítica e fechada na gaiola do "ver para crer"), elas apenas deram partida àquele que talvez seja um dos principais movimentos de descoberta e exploração dos tempos modernos: "David dobra sua mente / Com histórias de castelos no céu / E oceanos feitos de tortas de limão / ...David toca a lua / e guarda um pedaço de luz solar escondido em seu quarto... / A vida é apenas uma fantasia / Se você deixá-la como está. / ... pois o faz-de-conta (make-believe) é realidade / para uma criança". (N. do T.)

Como descrevemos neste livro, quer estejamos falando sobre o universo, o mundo ou nosso corpo, os milagres da vida são, em última análise, as expressões de algo que começa bem no fundo de nós. Eles resultam de nossa capacidade verdadeiramente espantosa para transformar a energia quântica no material da realidade. A transformação acontece graças ao poder de nossas crenças. Nada mais e nada menos!

O que significaria para você se pudesse, de repente, despertar suas paixões mais profundas e suas maiores aspirações e trazê-las à vida? Você não gostaria de descobrir? É exatamente a isso que este livro diz respeito.

Tudo começa com o nosso poder de nos libertar dos falsos limites do passado. Por intermédio da cura de nossas crenças, descobrimos como – com a graça e a facilidade que resultam de experimentarmos a nós mesmos como partes do mundo, em segmentos separadas dele. Quando fazemos isso, nós nos tornamos sementes dos milagres da vida, bem como dos próprios milagres.

No espaço puro das nossas crenças, onde todas as coisas começam, podemos ver doenças horríveis como o HIV desaparecerem do nosso corpo, assim como o menino de 4 anos de idade que demonstrou precisamente esse milagre em 1995, enquanto era estudado na Escola de Medicina da UCLA[13] (Universidade da Califórnia em Los Angeles). Também podemos nos ver transcendendo os limites do nosso passado, como Amanda Dennison fez em sua caminhada recorde sobre brasas em 2005. No entanto, mesmo no vislumbre de tais possibilidades, ainda precisamos de algum elemento real para nos lembrar – algum elemento que nos diga, para além de qualquer dúvida, que nosso potencial miraculoso é real, e não apenas uma ideia que inventamos porque queríamos que ela fosse verdadeira.

Nosso mundo cotidiano é esse elemento.

Na vida, descobrimos, de várias maneiras, os lembretes de como podemos compartilhar o poder de nossas crenças. Às vezes, isso pode acontecer de uma maneira ostensivamente visível, que não pode deixar de ser percebida, e às vezes ocorre tão sutilmente que só nós conseguiremos saber. Quando vemos outras pessoas, por exemplo, florescendo em seus mais destacados pontos fortes, em vez de vê-las murcharem em sua fraqueza ocasional, nossas crenças se tornam a semente para curar suas percepções. Quando aceitamos nossa própria perfeição em vez de focalizarmos as inadequações que outros são rápidos em nos apontar, experimentamos a mesma cura para nós.

Nosso trabalho consiste em olhar o mundo à procura de razões para acreditar em nós mesmos. Cada vez que encontramos uma, ela substitui as limitações que nós mesmos podemos ter mantido no passado. É quando nos abandonamos a essa nova possibilidade que quebramos o velho paradigma dos falsos limites e descobrimos a cura espontânea de nossas crenças.

"Seu trabalho é descobrir o seu mundo e então,
com todo o seu coração, entregar-se a ele."
– Buda

AGRADECIMENTOS

A Cura Espontânea pela Crença é uma síntese das pesquisas, descobertas e apresentações que começaram com uma pequena plateia em uma sala de visitas em Denver, Colorado, em 1986. Embora seja impossível mencionar o nome de cada pessoa cujo trabalho está refletido neste livro, aproveito essa oportunidade para expressar minha mais profunda gratidão às seguintes pessoas:

Cada uma das que compõem o pessoal realmente fantástico da Hay House. Ofereço minha mais sincera apreciação e meu muito obrigado a Louise Hay, Reid Tracy e Ron Tillinghast, por sua visão e dedicação à maneira verdadeiramente extraordinária de fazer negócios e que se tornou a marca registrada do sucesso da Hay House. Para Reid Tracy, presidente e CEO, mais uma vez envio minha mais profunda gratidão por sua fé em mim e em meu trabalho. Para Jill Kramer, diretora-editorial, muito, muito obrigado por suas opiniões honestas, por sua orientação, por estar magicamente presente junto ao seu telefone todas as vezes em que eu ligava para você, e pelos anos de experiência que traz a cada uma de nossas conversas.

A Courtney Pavone, minha assessora de imprensa; a Alex Freemon, meu editor de texto; Jacqui Clark, diretor de publicidade; Jeannie Liberati, diretora de vendas; Margarete Nielson, diretora de *marketing*; Nancy Levin, diretora de eventos; Georgene Cevasco, gerente de edição de áudio; e Rocky George, extraordinário engenheiro de áudio – eu não poderia pedir um grupo melhor de pessoas para trabalhar, ou uma equipe mais dedicada para apoiar o meu trabalho. Seu entusiasmo e profissionalismo são insuperáveis. Estou orgulhoso por fazer parte de tudo de bom que a família Hay House traz para o nosso mundo.

Ned Leavitt, meu agente literário: muito obrigado pela sabedoria e integridade que você traz a cada marco que cruzamos juntos. Graças à sua orientação, "pastoreando" nossos livros ao longo do mundo editorial, alcançamos mais pessoas do que jamais conseguimos antes com nossa mensagem empoderadora de esperança e possibilidade. Embora aprecie profundamente sua orientação impecável, sou especialmente grato por sua confiança e amizade.

Stephanie Gunning, muita gratidão por sua paciência, sua clareza e a dedicação que se reflete em tudo o que você faz. Mais que tudo, obrigado por compartilhar a jornada que me ajuda a aprimorar minhas palavras enquanto honra a integridade de minha mensagem como minha extraordinária editora da linha de frente.

Lauri Willmot, minha gerente de escritório favorita (e única): Você tem a minha admiração contínua e incontáveis agradecimentos por sua dedicação, paciência e sempre pronta disposição para se adaptar às mudanças em nossas vidas. Muito obrigado por estar aí há quase dez anos, e especialmente quando isso é importante!

Robin e Jerry Miner, todos da Source Books, e todas as suas afiliadas que se tornaram nossa família espiritual – minha profunda gratidão e meus sinceros agradecimentos por permanecerem comigo ao longo dos anos. Amo todos vocês.

Para minha mãe, Sylvia, e meu irmão, Eric, obrigado por seu apoio mesmo nos momentos em que vocês podem não ter me compreendido ou concordado com minhas decisões. Ao longo de uma vida de mudanças dramáticas que nem sempre foram fáceis, permanecemos uma família: pequena, porém próxima. Conforme nossa jornada continua, vejo com maior clareza a benção que vocês são na minha vida, e a cada dia a minha gratidão por vocês cresce enquanto meu amor se aprofunda.

Ao meu querido amigo Bruce Lipton, conhecer você e Margaret e viajar pelo mundo juntos tem sido uma inspiração, uma honra e uma bênção. Meus mais sinceros agradecimentos por sua mente brilhante, seu trabalho transformador da vida, seu lindo coração e, acima de tudo, o presente da sua amizade.

A Jonathan Goldman, meu irmão em espírito e querido amigo na vida. Saber que posso contar com sua sabedoria, amor e apoio significa mais do que eu poderia expressar. Meus dias são mais ricos com você neles, e eu incluo você e Andi entre as grandes bênçãos da minha vida.

À única pessoa que me vê no meu melhor e no meu pior, Kennedy, minha amada esposa e parceira de vida – muito obrigado por seu amor perseverante, por seu apoio inabalável, por sua mente brilhante e por sua paciência pelos nossos dias realmente longos, nossas noites realmente curtas e nossos "bom dia!" vindos do outro lado do mundo. Acima de tudo, obrigado pela bênção de nossa jornada conjunta, por acreditar em mim, sempre, e por compartilhar exatamente as palavras certas que curam por caminhos que você nunca poderia saber!

Um agradecimento muito especial a todos os que apoiaram nosso trabalho, livros, gravações e apresentações ao vivo ao longo dos anos. Estou honrado pela sua confiança e admirado pela sua visão de um mundo melhor. Graças à sua presença, aprendi a me tornar um ouvinte melhor e a escutar as palavras que me permitem compartilhar nossa mensagem empoderadora de esperança e possibilidade. A todos, permaneço sempre grato.

NOTAS

Introdução

1. Declarado pelo físico John Archibald Wheeler e citado em uma versão *on-line* de *Science & Spirit* no artigo "The Beauty of Truth" (2007). Website: **ww.sciencespirit.org/article_detail.org /article_detail.php?article_id=308**.

2. Citação do físico Albert Einstein em um artigo em *Discover,* "Einstein's Gift for Simplicity" (30 de setembro de 2004). Website: **http://discovermagazine.com/2004/sep/einsteins-gift-for-simplicity/article_view?b_start:int=1&-C=**.

3. Gregg Braden. *The Divine Matrix: Bridging Time, Space, Miracles, and Belief.* Carlsbad, CA: Hay House, 2007, p. 54. [*A Matriz Divina: Uma Jornada Através do Tempo, do Espaço, dos Milagres e da Fé.* São Paulo: Cultrix, 2008.]

4. Malcolm W. Browne. "Signal Travels Farther and Faster Than Light", Thomas Jefferson National Accelerator Facility. Newport News, VA) *newsletter on-line* (22 de julho de 1997. *Website*: **www.cebaf.gov/news/internet/1997/spooky.html.**

5. Esse efeito foi registrado pela primeira vez na Rússia: P. P. Gariaev, K. V. Grigor'ev, A. A. Vasil'ev, V. P. Poponin e V. A. Shcheglov, "Investigation of the Fluctuation Dynamics of DNA Solutions by Laser Correlation Spectroscopy", *in Bulletin of the Lebedev Physics Institute,* nos 11-2, 1992, pp. 23-30; conforme citado por Vladimir Poponin em um artigo *on-line,* "The DNA Phantom Effect: Direct Measurement of a New Field in the Vacuum Substructure", *in Update on DNA Phantom Effect* (19 de março de 2002). The Weather Master Website: **www.twm.co.nz/DNAPhantom.htm.**

6. Glen Rein e Rollin McCraty. "Structural Changes in Water and DNA Associated with New Physiologically Measurable States", *in Journal of Scientific Exploration,* vol. 8, nº 3, 1994, pp. 438-39.

7. Um belo exemplo de aplicação do que sabemos sobre paz interior em uma situação de guerra é encontrado no estudo pioneiro realizado por David W. Orme-Johnson, Charles N. Alexander, John L. Davies, Howard M. Chandler e Wallace E. Larimore, "International Peace Project in the Middle East", *in The Journal of Conflict Resolution,* vol. 32, nº 4, dezembro de 1988, p. 778.

8. Um segundo exemplo de aplicação do que conhecemos a respeito do poder focalizado do sentimento e da crença a uma condição envolvendo ameaça da vida pode ser encontrado em *101 Miracles of Natural Healing,* vídeo instrucional passo a passo que apresenta o método de cura Chi-Lel™, criado por seu fundador, o dr. Pang Ming. *Website*: **www.chi-lel-qigong.com.**

9. Opinião expressa por Martin Rees, professor da Royal Society Research da Universidade de Cambridge e citada no artigo da *BBC News* "Sir Martin Rees: Prophet of Doom?", 25 de abril de 2003. *Website*: **http://news.bbc.co.uk/1/hi/in_depth/uk/ 2000/newsmakers/2976279.stm.**

10. George Musser, "The Climax of Humanity", introdução a *Crossroads for Planet Earth,* edição especial da *Scientific American,* setembro de 2005. *Website*: **http://www.sciam.com/is sue.cfm?issueDate=Sep-05.**

11. *Ibid.*

12. Kahlil Gibran. *The Prophet.* Nova York: Alfred A. Knopf, 1998, p. 56.

13. Coleman Barks, trad. *The Illuminated Rumi.* Nova York: Broadway Books, 1997, p. 8.

Capítulo 1

1. Proferido por Donald Rumsfeld, secretário de Defesa dos EUA, durante uma palestra no quartel-general da OTAN em Bruxelas, Bélgica, 6 de junho de 2002. *Website*: **http://www.defenselink.mil/transcripts/transcript.aspx?transcriptid=2636.**

2. Lowell A. Goldsmith, "Editorial: Passing the Torch", *Journal of Investigative Dermatology* (2002), no *website* da *Nature*: **http://www.nature.com/jid/journal/v118/n6/full/5601498 a.html.**

3. Jay Winsten, deão associado, e Frank Stanton, diretor do Center for Health Communication, da Harvard School of Public Health, "Media & Public Health: Obesity Wars," 9 de maio de 2005. *Website*: **http://www.huffingtonpost.com/jay-winston/ media-public-health-ob_b_468.html.**

4. Escrito por Albert Einstein e dirigido ao seu amigo Maurice Solovine, fevereiro de 1951. *The Expanded Quotable Einstein,* Alice Calaprice, org. Princeton, NJ: Princeton University Press, 2000, p. 256.

5. Max Planck, extraído de uma palestra proferida em Florença, Itália, em 1944, "Das Wesen der Materie" [A Essência/Natureza/Caráter da Matéria]. Fonte: *Archiv zur Geschichte der Max-Planck-Gesellschaft,* Abt. Va, Rep. 11 Planck, Nr. 1797.

A seguir, incluí uma parte dessa palestra no original alemão com as traduções em inglês e português logo em seguida.

Original em alemão: *"Als Physiker, der sein ganzes Leben der nüchternen Wissenschaft, der Erforschung der Materie widmete, bin ich sicher von dem Verdacht frei, für einen Schwarmgeist gehalten zu werden. Und so sage ich nach meinen Erforschungen des Atoms dieses: Es gibt keine Materie an sich. Alle Materie entsteht und besteht nur durch eine Kraft, welche die Atomteilchen in Schwingung bringt und sie zum winzigsten Sonnensystem des Alls zusammenhält. Da es im ganzen Weltall aber weder eine intelligente Kraft noch eine ewige Kraft gibt – es ist der Menschheit nicht gelungen, das heißersehnte Perpetuum mobile zu erfinden – so müssen wir hinter dieser Kraft einen* **bewußten intelligenten *Geist*** *annehmen. Dieser Geist ist der Urgrund aller Materie."*

Tradução em inglês: *"As a man who has devoted his whole life to the most clear-headed science, to the study of matter, I can tell you as a result of my research about the atoms this much: There is no matter as such! All matter originates and exists only by virtue of a force which brings the particles of an atom to vibration and holds this most minute solar system of the atom together... We must assume behind this force the existence of a conscious and intelligent Mind. This Mind is the matrix of all matter."*

Tradução em português: "Como um homem que dedicou toda a sua vida à mais luminosa das ciências lúcidas, ao estudo da matéria, posso, como resultado de minhas pesquisas sobre os átomos, afirmar a vocês o seguinte: A matéria como tal não existe! Toda matéria se origina e existe somente em virtude de uma força que leva as partículas de um átomo a vibrar e a manter estreitamente coeso esse minúsculo sistema solar do átomo. [...] Precisamos admitir que, por trás dessa força, existe uma Mente inteligente e consciente. Essa Mente é a matriz de toda matéria."

6. *The Expanded Quotable Einstein:* p. 220.

7. Mirjana R. Gearhart. "Forum: John A. Wheeler: From the Big Bang to the Big Crunch", *Cosmic Search,* vol. 1, nº 4, 1979. *Website*: **http://www.bigear.org/vol1no4/wheeler.htm.**

8. Konrad Zuse. *Calculating Space,* tradução em inglês, fevereiro de 1970. Registrado em catálogo como MIT Technical Translation AZT-70-164-GEMIT, Massachusetts Institute of Technology (Project MAC). *Website*: **http://www.mit.edu.**

9. Extraído do simpósio em alemão "Ist das Universum ein Computer?" (O Universo É um Computador?), 6 e 7 de novembro de 2006. *Website*: **http://www.dtmb.de/Webmuseum/Informati kjahr-Zuse/body2_en.html.**

10. Seth Lloyd. *Programming the Universe: A Quantum Computer Scientist Takes On the Cosmos*. Nova York: Alfred A. Knopf, 2006, p. 3.

11. Extraído de uma entrevista com o cientista em computação quântica Seth Lloyd, "Life, the Universe, and Everything", *Wired,* edição 14.03, março de 2006. *Website*: **http://www.wired.com/wired/archive/14.03/play.html?pg=4.**

12. Trecho extraído de *Programming the Universe,* onde o universo é descrito como um computador, no website da Random House: **http://www.randomhouse.com/catalog/display.pperl?is bn=9781400033867&view=excerpt.**

13. "Life, the Universe, and Everything."

14. *Ibid.*

15. *Ibid.*

16. *Programming the Universe:* orelha da capa frontal.

17. John Wheeler durante uma conferência proferida em 1989, citada por Kevin Kelly, "God Is the Machine", *Wired,* edição 10.12, dezembro de 2002. *Website*: **http://www.wired.co m/wired/archive/10.12/holytech.html.**

18. Jürgen Schmidhuber. "A Computer Scientist's View of Life, the Universe, and Everything", *Lecture Notes in Computer Science, vol. 1337: Foundations of Computer Science: Potential – Theory – Cognition,* Christian Freksa, *et al.*, orgs. (Berlim: Springer-Verlag, 1997): pp. 201-208. Disponível junto ao Dalle Molle Institute for Artificial Intelligence *Website*: **http://www.idsia.ch/~juergen/everything/node1.html.**

19. *Ibid.*

20. John Wheeler, citado por John Horgan. *The End of Science: Facing the Limits of Knowledge in the Twilight of the Scientific Age* (Londres: Abacus, 1998). Website: **http://suif.stanf ord.edu/~jeffop/WWW/wheeler.txt.**

21. "The Gospel of Thomas", traduzido e introduzido por membros do Coptic Gnostic Library Project do Institute for Antiquity and Christianity (Claremont, CA). Extraído de *The Nag Hammadi Library,* James M. Robinson, org. San Francisco: Harper SanFrancisco, 1990, p. 137.

Capítulo 2

1. John Wheeler, citado por F. David Peat em *Synchronicity: The Bridge Between Matter and Mind.* Nova York: Bantam Books, 1987, p. 4.

2. *Ibid.*

3. "Quantum Theory Demonstrated: Observation Affects Reality", adaptado de um *news release* pelo Weizmann Institute of Science, em Rehovot, Israel, 27 de fevereiro de 1998. *Website*: **http://www.science-daily.com/releases/1998/02/ 980227055013. htm.**

4. H. K. Beecher. "The Powerful Placebo", *in Journal of the American Medical Association,* vol. 159, no 17, 24 de dezembro de 1955, pp.1.602-1.606.

5. Anton J. M. de Craen, Ted J. Kaptchuk, Jan G. D. Tijssen, e J. Kleijnen. "Placebos and Placebo Effects in Medicine: Historical Overview", *in Journal of the Royal Society of Medicine,* vol. 92, nº 10, outubro de 1999,

pp. 511-515. *Website*: **http://www. pubmedcentral.nih.gov/pagerender.fcgi?artid=1297390&page index=1.**

6. Margaret Talbot. "The Placebo Prescription", *in The New York Times*, 9 de janeiro de 2000. *Website*: **http://query.ny times.com/gst/fullpage.html?res=9C01E6D71E38F93AA35752C0A9669C8B63&sec=health&spon=&pagewanted=2.**

7. Andy Coghlan. "Placebos Effect Revealed in Calmed Brain Cells", *in New Scientist.com,* 16 de maio de 2004. *Website*: **http://www.newscientist.com/article/dn4996.html.**

8. *Ibid.*

9. Franklin G. Miller. "William James, Faith, and the Placebo Effect", *in Perspectives in Biology and Medicine,* vol. 48, nº 2, primavera de 2005, pp. 273-281.

10. "Today's College Students Experience More Anxiety", 13 de junho de 2007, no Yale Medical Group Website: **http://www.yalemedical group.org/news/child_607.html.**

11. *Ibid.*

12. Arthur J. Barsky, *et al.* "Nonspecific Medication Side Effects and the Nocebo Phenomenon", *in Journal of the American Medical Association,* vol. 287, nº 5, 6 de fevereiro de 2002.

13. Robert e Michèle Root-Bernstein. *Honey, Mud, Maggots, and Other Medical Marvels: The Science Behind Folk Remedies and Old Wives' Tales.* Nova York: Houghton Mifflin, 1998.

14. Home page para o Framingham Heart Study on the National Heart, Lung, and Blood Institute Website: **http://www.nhlbi.nih.gov/about/framingham/index.html.**

15. Rebecca Voelker. "Nocebos Contribute to Host of Ills", *in Journal of the American Medical Association,* vol. 275, nº 5, 7 de fevereiro de 1996, pp. 345-47.

16. "International Peace Project in the Middle East", p. 778.

17. *Merriam-Webster Online Dictionary. Website*: **http://mwl.merriam-webster.com/dictionary/faith.**

18. *Ibid.*, **http://mw1.merriam-webster.com/dictionary/bel ief.**

19. *Ibid.*, **http://mw1.merriam-webster.com/dictionary/sci ence.**

20. Albert Einstein, citado pelo físico Michio Kaku em um artigo *on-line*, "M-Theory: The Mother of all SuperStrings: An Introduction to M-Theory", 2005. *Website*: **http://mkaku.org/ articles/m_theory.html.**

21. Doc Childre e Howard Martin, com Donna Beech. *The HeartMath Solution: The Institute of HeartMath's Revolutionary Program for Engaging the Power of the Heart's Intelligence.* Nova York: HarperCollins Publishers, 1999, pp. 33-4.

22. *Ibid.*, p. 24.

23. A mudança nos níveis de energia causada por um campo magnético externo é denominada efeito Zeeman. *Website*: **http://bcs.whfreeman.com/tiplermodernphysics4e/content/cat_020/zeeman.pdf.**

24. A mudança nos níveis de energia causada por um campo elétrico externo é chamada de efeito Stark. *Website*: **http://www. physics.csbsju.edu/QM/H.10.html.**

25. O Institute of HeartMath Research Center realiza pesquisas básicas sobre fisiologia emocional e interações coração-cérebro, estudos clínicos e organizacionais, e fisiologia da aprendizagem e do desempenho ótimo. Essas estatísticas foram extraídas de um resumo *on-line* das comunicações entre o cérebro e o coração, intitulado "Head-Heart Interactions". *Website*: **http://www.heartmath.org/research/science-of-theheart/soh_2 0.html.**

26. Neville. *The Law and the Promise.* Marina del Rey, CA: DeVorss, 1961, p. 44.

27. "The Gospel of Thomas", p. 131.

28. *Ibid.*, p. 137.

29. Rebecca Saxe. "Reading Your Mind: How Our Brains Help Us Understand Other People", *in Boston Review*, fevereiro/março de 2004. *Website*: **http://bostonreview.net/BR29.1/sax e.html.**

30. *The Law and the Promise*, p. 57.

31. William James. "Does 'Consciousness' Exist?" Publicado pela primeira vez em *Journal of Philosophy, Psychology, and Scientific Methods,* vol. 1, 1904, pp. 477-491. *Website*: **http://ev ans-experientialism.freewebspace.com/james_wm03.htm.**

Capítulo 3

1. Daniel C. Dennett. *Consciousness Explained*. Boston: Back Bay Books, 1992, p. 433.

2. O cérebro humano processa informações com velocidades que variam de 100 a 1.000 teraflops (1 teraflop = 1 trilhão de flops, isto é, 1.000.000.000.000 de operações por segundo). Na Universidade de Indiana, o Big Red (um dos 50 mais rápidos supercomputadores do mundo) tem, teoricamente, um desempenho de pico de mais de 20 teraflops, e conseguiu obter mais de 15 teraflops de computações numéricas.

3. Daniel Goleman. "Pribram: The Magellan of Brain Science", *inPsychology Today,* vol. 12, nº 9, 1979, pp. 72s. *Website*: **http://www.sybervision.com/Golf/hologram9.htm.**

4. *Ibid.*

5. Bruce H. Lipton. *The Biology of Belief: Unleashing the Power of Consciousness, Matter, & Miracles*. Santa Rosa, CA: Mountain of Love/Elite Books, 2005, p.166.

6. Palavras de Santo Inácio de Loyola, fundador da ordem jesuíta, citadas por Keith Birney, "Give Me a Child..." *in New Scientist,* edição 2.583, 23 de dezembro de 2006), p. 2.710. *Website*: **http://www.newscientist.com/article/mg19225832.700-giveme-a-child.html.**

7. William James. *Talks to Teachers on Psychology: and to Students on Some of Life's Ideals*, originalmente publicado em 1899; Nova York: Henry Holt and Company, 1915, p. 77.

8. *The Biology of Belief*, p. 26.

9. Robert Collier (1885-1950) foi um autor norte-americano de vários livros sobre psicologia popular e espiritualidade, que incluem *The Secret of the Ages, God in You, The Secret of Power, The Magic Word* e *The Law of the Higher Potential.* A coletânea de suas citações inspiracionais pode ser encontrada no QuoteLeaf *Website*: **http://www.inspirationandmotivation.com/robert-collier-quotes.html.**

Capítulo 4

1. "Chill Out: It Does the Heart Good", *news release* da Universidade de Duke citando um estudo técnico da relação entre resposta emocional e saúde do coração, conduzido por James Blumental, pesquisador do Centro Médico da Universidade de Duke, e originalmente publicado no *The Journal of Consulting and Clinical Psychology. Website*: **http://Dukemednews.org/ne ws/article.php?id=353.**

2. Brigid McConville. "Learning to Forgive", *in Namaste,* julho de 2000. Hoffman Institute Website: **http://www.quadrinit.com /articles/article4a.htm.**

3. "Intense Emotions Can Kill You", *in Stress Management Corner,* no TMI Website: **http://www.tmius.com/6smcorn.HT ML.**

Capítulo 5

1. *Website* de Amanda Dennison: **http://www.firewalks.ca/Press_Release.html.**

2. Alexis Huicochea. "Man Lifts Car Off Pinned Cyclist", *in Arizona Daily Star,* 28 de julho de 2006. *Website*: **http://www.az starnet.com/sn/printDS/139760.**

3. "Woman Lifts 20 Times Body Weight", *in BBC News,* 4 de agosto de 2005. *Website*: **http://news.bbc.co.uk/2/hi/uk_news/england/wear/4746665.stm.**

4. Palavras de Albert Einstein em um comunicado dirigido à Academia Prussiana de Ciências, em Berlim, Alemanha, em 27 de janeiro de 1921. *The Expanded Quotable Einstein*, p. 240.

5. *The Lankāvatāra Sūtra: A Mahayana Text,* D. T. Suzuki, trad., 1932. *Website*: **http://lirs.ru/do/lanka_eng/lanka-nondi acritical.htm.**

6. *The Divine Matrix,* p. 71. [*A Matriz Divina: Uma Jornada Através do Tempo, do Espaço, dos Milagres e da Fé*. São Paulo: Cultrix, 2008.]

7. "Quantum Theory Demonstrated: Observation Affects Reality."

8. "Forum: John A. Wheeler: From the Big Bang to the Big Crunch."

9. Palavras de Albert Einstein à sua aluna Esther Salaman. *The Expanded Quotable Einstein*, p. 202.

10. Michael Wise, Martin Abegg, Jr. e Edward Cook. *The Dead Sea Scrolls: A New Translation*. San Francisco: HarperSan Francisco, 1996, p. 365.

11. Neville. *The Power of Awareness*. Marina del Rey, CA: DeVorss, 1952, p. 98.

12. *Ibid.*

13. William James (1842-1910) foi um psicólogo pioneiro e um homem considerado por muitos como o maior filósofo da América do Norte. Biografia e citações em Answers *Website*: **http://www.answers.com/topic/william-james?cat=technology.**

14. *The Power of Awareness*, p. 10.

15. *The Law and the Promise*, p. 9.

16. *Ibid.*, p. 44.

Capítulo 6

1. Para mais informações sobre Michael Hedges, visite o *website*: **http://www.nomadland.com/Point_A.htm.**

2. William James citado em ThinkExist *Website*: **http://www 3.thinkexist.com/quotes/william_james/4.html.**

3. Geoff Heath. "Beliefs and Identity", artigo de seminário editado por Bowland Press, novembro de 2005. *Website*: **http://www.bowlandpress.com/seminar_docs/Beliefs_and_Identity.pdf.**

4. John D. Barrow. "Living in a Simulated Universe", Centre for Mathematical Sciences, Universidade de Cambridge. *Website*: **http://www.simulation-argument.com/barrowsim.pdf.**

5. *The American Heritage College Dictionary, Third Edition*. Boston: Houghton Mifflin Company, 1977, p. 870.

6. Jonah Lehrer. "Built to Be Fans", *in Seed*, verão de 2004, p. 34. *Website*: **http//www.seedmagazine.com/news/2006/02/built_to_be _ fans.php.**

7. *Ibid.*, p. 38.

8. "John 14:12", trecho do aramaico de Peshitta; George M. Lamsa, trad.; *Holy Bible: From the Ancient Eastern Text.* Nova York: HarperOne, 1985, p. 1.072.

9. "Built to Be Fans."

10. Jonathan Schaeffer. "Kasparov versus Deep Blue: The Re-match", *in International Computer Chess Association Journal,* vol. 20, nº 2, 1997, pp. 95-102. *Website*: **http://www.cs.vu.nl/ ~aske/db.html.**

Capítulo 7

1. Fulke Greville (1554-1628), poeta e filósofo inglês, citado em Creative Quotations Website: **http://creativequotations. com/one/673.htm.**

2. David Bohm. *Wholeness and the Implicate Order*. Londres: Routledge, 1980, p. 237. [*A Totalidade e a Ordem Implicada*. São Paulo: Cultrix, 1992 (fora de catálogo.)]

3. *The American Heritage College Dictionary, Third Edition:* p. 1.508.

4. *Ibid.*, p. 1.271.

5. Nick Bostrom. "Are You Living in a Computer Simulation?" *in Philosophical Quarterly,* vol. 53, no 211, 2003, pp. 243-55. *Website*: **http://www.simulationargument.com.**

6. *Ibid.*

7. *Ibid.*

8. Palavras de Stephen Hawking em uma palestra proferida em Hong Kong, e citadas por Sylvia Hui, "Hawking Says Humans Must Colonize Space", *in Associated Press,* 13 de junho de 2006. *Website*: **http://space.com/news/060613_ap_hawking_ space.html.**

9. "A Computer Scientist's View of Life, the Universe, and Everything."

10. Palavras ditas pelo príncipe indiano Siddhartha Gautama (cerca de 563 a.C. – cerca de 483 a.C.), o Buda, fundador do budismo. *Website*: **http://thinkexist.com/quotation/all_things_appear_and_disappear_because_of_the/143657.html.**

11. *Ibid.*

12. *The Prophet*, p. 28.

13. J. Raloff. "Baby's AIDS Virus Infection Vanishes", *in Science News*, vol. 147, nº 13, 1o de abril de 1995, p. 196. *Website*: **http://www.sciencenews.org/pages/pdfs/data/1995/147-13/147 13-03. pdf.**